北大社普通高等教育“十三五”数字化建设规划教材

U0356989

线性代数

（第二版）

主　编　周　勇　李继猛

北京大学出版社
PEKING UNIVERSITY PRESS

内 容 简 介

本教材是按照线性代数课程教学基本要求而编写的.

全书共 7 章,即行列式、矩阵、向量组与向量空间、线性方程组、矩阵对角化、二次型、线性空间与线性变换简介. 本书每章均配有典型例题和习题,书后附有部分习题参考答案.

本教材适合高等院校非数学专业本科学生使用,也可供科技工作者参考.

总　　序

数学是人一生中学得最多的一门功课.中小学里就已开设了很多数学课程,涉及算术、平面几何、三角、代数、立体几何、解析几何等众多科目,看起来洋洋大观、琳琅满目,但均属于初等数学的范畴,实际上只能用来解决一些相对简单的问题,面对现实世界中一些复杂的情况则往往无能为力.正因为如此,在大学学习阶段,专攻数学专业的学生不必说了,就是广大非数学专业的大学生,也都必须选学一些数学基础课程,花相当多的时间和精力学习高等数学,这就对非数学专业的大学数学基础教材提出了迫切的需求.

这些年来,各种大学数学基础教材已经林林总总地出版了许多,但平心而论,除少数精品以外,大多均偏于雷同,难以使人满意.而学习数学这门学科,关键又在理解与熟练,同一类型的教材只需精读一本好的就足够了.这样,精选并推出一些优秀的大学数学基础教材,就理所当然地成为编辑出版这套教材的宗旨.

大学数学基础课程的名目并不多,所涵盖的内容又大体上相似,但教材的编写不仅仅是材料的堆积和梳理,更体现编写者的教学思想和理念.同一门课程,应该鼓励有不同风格的教材来诠释和体现;针对不同程度的教学对象,也应该有不同层次的教材来使用和适应.特别是,大学非数学专业是一个相当广泛的概念,对分属工程类、财经管理类、医药类、农林类、社科类,甚至文史类的众多大学生,不分青红皂白,一刀切地采用统一的数学教材进行教学,很难密切联系有关专业的实际,很难充分针对有关专业的迫切需要和特殊要求,是不值得提倡的.相反,通过教材编写者和相应专业工作者的密切结合和协作,针对该专业的特点编写出来的教材,才能特色鲜明、有血有肉,才能深受欢迎,并产生重要而深远的影响.这是专业类大学数学基础教材应有的定位和标准,也是大家的迫切期望,但却是当前明显的短板,因而使我们对这套教材可以大有作为有了足够的信心和依据.

说得更远一些,我们一些教师往往把数学看成定义、公式、定理及证明的堆积,千方百计地要把这些知识灌输到学生头脑中去,但却忘记了有关数学最根本的三件事:一是数学知识的来龙去脉——从哪儿来,又可以到哪儿去.割断数学与生动活泼的现实世界的血肉联系,学生就不会有学习数学持续的积极性.二是数学的精神实质和思想方法.只讲知识,不讲精神,只讲技巧,不讲思想,学生就不可能学到数学的精髓,不能对数学有真正的领悟.三是数学的人文内涵.数学在人类认识世界和改造世界的过程中起着关键的、不可代替的作用,是人类文明的坚实基础和重要支柱.不自觉地接受数学文化的熏陶,是不可能真正走近数学、了解数学、领悟数学并热爱数学的.在数学教学中抓住了上面这三点,就抓住了数学的灵魂,学生对数学的学习就一定会更有成效.但客观地说,现有的大学数学基础教材,能够真正体现这三方面要求的,恐怕为数不多.这一现实为大学数学基础教材的编写提供了广阔的发展空间,很多探索有待进行,很多经验有待总结,可以说是任重而道远.从这个意义上说,由北京大学出版社推出的这套大学数学教材实际上已经为一批有特色、高品质的大学数学基础教材的面世搭建了一个很好的平台,特别值得称道,也相信一定会得到各方面广泛而有力的支持.

特为之序.

李大潜

李大潜简介

前　言

数学是一门重要而应用广泛的学科，被誉为锻炼思维的体操和人类智慧之冠上最明亮的宝石. 不仅如此，数学还是各类科学技术的基础，它的应用几乎涉及所有的学科领域. 近年来，随着我国经济建设与科学技术的迅速发展，高等教育进入了一个飞速发展时期，已经突破了以前的精英式教育模式，发展成为一种在终身学习的大背景下极具创造和再创性的基础学科教育. 高等学校教育教学观念不断更新，教学改革不断深入，办学规模不断扩大，数学课程开设的专业覆盖面也不断增大. 党的二十大报告首次将教育、科技、人才工作专门作为一个独立章节进行系统阐述和部署，明确指出："教育、科技、人才是全面建设社会主义现代化国家的基础性、战略性支撑."这让广大教师深受鼓舞，更要勇担"为党育人，为国育才"的重任，迎来一个大有可为的新时代. 为了适应这一发展需要，本教材的编者经过多次研究讨论，编写了一套高质量的高等院校非数学专业的数学系列教材.

本教材是按照线性代数课程教学基本要求编写而成的. 全书共 7 章，即行列式、矩阵、向量组与向量空间、线性方程组、矩阵对角化、二次型、线性空间与线性变换简介. 本书每章均配有典型例题和习题，书后附有部分习题参考答案.

本教材内容经典、体系完备、结构合理、重点难点叙述详尽、通俗易懂，特别是在例题和习题选择配置方面，更是循序渐进，层次分明，集启发性、实用性和新颖性于一体，从而增强了本书的适用性. 本书适合高等院校非数学专业本科学生使用，也可供科技工作者参考.

本教材由周勇、李继猛主编. 苏文华、赵子平构思并设计了全书在线课程等教学资源的结构与配置，吴浪、邓之豪编辑了教学资源的内容，沈辉、陆璇撰写了演示视频的文字材料，蔡晓龙、胡锐参与了动画后期制作及教学资源的信息化实现，袁晓辉、谷任盟审查了全书配套在线课程的教学资源，苏娟、滕京霖提供了版式和装帧设计方案，在此一并致谢. 借此机会，感谢北京大学出版社的编辑们为本书出版付出的辛勤努力. 书中有不妥之处，恳请同行和读者批评指正.

编　者

目　录

第一章 行列式

知识框图

课程思政案例

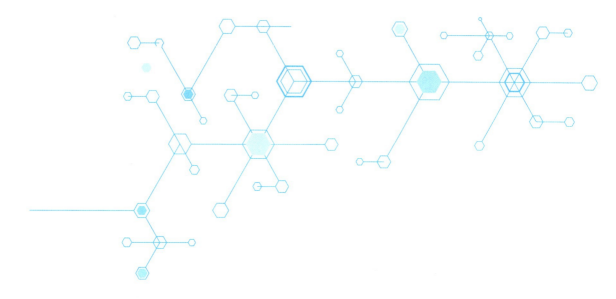

第一节　二阶与三阶行列式

一、二元线性方程组与二阶行列式

对于二元线性方程组

$$\begin{cases}a_{11}x_1+a_{12}x_2=b_1,\\a_{21}x_1+a_{22}x_2=b_2,\end{cases}\tag{1.1}$$

使用加减消元法,当 $a_{11}a_{22}-a_{12}a_{21}\neq 0$ 时,方程组(1.1)有解

$$\begin{cases}x_1=\dfrac{b_1a_{22}-a_{12}b_2}{a_{11}a_{22}-a_{12}a_{21}},\\[2ex]x_2=\dfrac{a_{11}b_2-b_1a_{21}}{a_{11}a_{22}-a_{12}a_{21}}.\end{cases}\tag{1.2}$$

式(1.2)中的分子、分母都是由4个数分两组各自相乘再相减而得的.注意到分母 $a_{11}a_{22}-a_{12}a_{21}$ 是由方程组(1.1)的4个系数确定的,把这4个系数按它们在方程组(1.1)中的位置,排成2行2列(横排称行、竖排称列)的数表

$$\begin{matrix}a_{11} & a_{12}\\ a_{21} & a_{22}\end{matrix}.\tag{1.3}$$

表达式 $a_{11}a_{22}-a_{12}a_{21}$ 称为由数表(1.3)所确定的二阶行列式,记作

$$\begin{vmatrix}a_{11} & a_{12}\\ a_{21} & a_{22}\end{vmatrix},\tag{1.4}$$

数 $a_{ij}(i=1,2;\ j=1,2)$ 称为行列式(1.4)的元素.元素 a_{ij} 的第1个下标 i 称为行标,表明该元素位于行列式的第 i 行,第2个下标 j 称为列标,表明该元素位于行列式的第 j 列.

上述二阶行列式的定义可用对角线法则来记忆.如图1-1所示,从左上角到右下角的连线(实线)叫作主对角线,从右上角到左下角的连线(虚线)叫作次对角线,而二阶行列式等于主对角线连接的两个元素的乘积减去次对角线连接的两个元素的乘积.

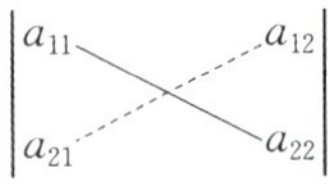

图1-1

例 1.1

$$\begin{vmatrix} 3 & -2 \\ 2 & 1 \end{vmatrix} = 3\times 1-(-2)\times 2=7.$$

二、三阶行列式

定义 1.1 设有 9 个数排成 3 行 3 列的数表

$$\begin{matrix} a_{11} & a_{12} & a_{13} \\ a_{21} & a_{22} & a_{23} \\ a_{31} & a_{32} & a_{33} \end{matrix}, \tag{1.5}$$

用记号

$$\begin{vmatrix} a_{11} & a_{12} & a_{13} \\ a_{21} & a_{22} & a_{23} \\ a_{31} & a_{32} & a_{33} \end{vmatrix}$$

表示代数和

$$a_{11}a_{22}a_{33}+a_{12}a_{23}a_{31}+a_{13}a_{21}a_{32}-a_{13}a_{22}a_{31}-a_{12}a_{21}a_{33}-a_{11}a_{23}a_{32},$$

称为由数表(1.5)所确定的三阶行列式.

三阶行列式表示的代数和,也可以用对角线法则来记忆,如图 1-2 所示,其中各实线连接的 3 个元素的乘积是代数和中的正项,各虚线连接的 3 个元素的乘积是代数和中的负项.

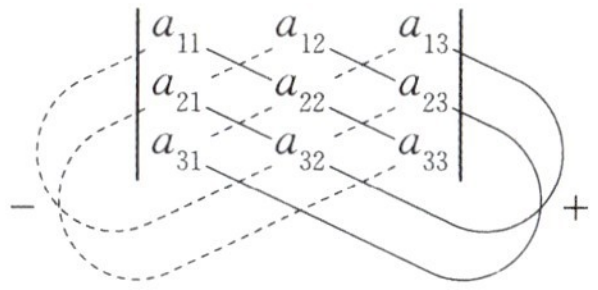

图 1-2

例 1.2

计算三阶行列式

$$D=\begin{vmatrix} 1 & 2 & 3 \\ 2 & -2 & -1 \\ -3 & 4 & -5 \end{vmatrix}.$$

解 由对角线法则,有

$$\begin{aligned} D &= 1\times(-2)\times(-5)+2\times(-1)\times(-3)+3\times 2\times 4 \\ &\quad -3\times(-2)\times(-3)-2\times 2\times(-5)-1\times(-1)\times 4=46. \end{aligned}$$

例 1.3

试问不等式 $\begin{vmatrix} a & 1 & 0 \\ 1 & a & 0 \\ 4 & 1 & 1 \end{vmatrix} > 0$ 成立的充要条件是什么?

解 由对角线法则,有

$$\begin{vmatrix} a & 1 & 0 \\ 1 & a & 0 \\ 4 & 1 & 1 \end{vmatrix} = a^2 - 1.$$

由于 $a^2 - 1 > 0$ 当且仅当 $|a| > 1$,因此不等式 $\begin{vmatrix} a & 1 & 0 \\ 1 & a & 0 \\ 4 & 1 & 1 \end{vmatrix} > 0$ 成立的充要条件是 $|a| > 1$.

第二节 n 阶行列式

微课视频

一、全排列及其逆序数

把 n 个不同元素按某种次序排成一列,称为这 n 个元素的**全排列**(也简称**排列**). n 个不同元素所能构成的排列的总个数,一般用 P_n 表示,且

$$P_n = n!.$$

对于 n 个不同元素,先规定各元素间有一个**标准次序**(如对于 n 个不同的自然数,可规定由小到大为标准次序),于是在这 n 个不同元素的任一排列中,当某两个元素的先后次序与标准次序不同时,就称这两个元素构成了一个**逆序**. 一个排列中所有逆序的总数,称为该排列的**逆序数**,排列 $i_1 i_2 \cdots i_n$ 的逆序数记作 $\tau(i_1 i_2 \cdots i_n)$.

例如,对于排列 32514 而言,4 与 5 构成一个逆序,1 与 3,2,5 分别构成逆序,3 与 2 也构成一个逆序,所以 $\tau(32514) = 5$.

下面介绍逆序数的计算方法. 不失一般性,不妨设 n 个元素为 1 至 n 这 n 个自然数,规定由小到大为标准次序,且设 $i_1 i_2 \cdots i_n$ 为这 n 个自然数的一个排列. 自右至左先计算最后一位数字 i_n 的逆序数(显然它等于排在 i_n 前面且比 i_n 大的数字的个数),再依次计算数字 $i_{n-1}, i_{n-2}, \cdots, i_2$ 的逆序数,然后把所有数字的逆序数加起来,就是排列 $i_1 i_2 \cdots i_n$ 的逆序数.

例 1.4

计算 $\tau[135\cdots(2n-1)246\cdots(2n)]$.

解 观察排列 $135\cdots(2n-1)246\cdots(2n)$ 可知，前 n 个数 $1,3,5,\cdots,2n-1$ 之间没有构成逆序，后 n 个数 $2,4,6,\cdots,2n$ 之间也没有构成逆序，只有前 n 个数与后 n 个数之间才构成逆序.

数 $2n$ 最大且排在最后，故逆序数为 0；

数 $2n-2$ 的前面有数 $2n-1$ 比它大，故逆序数为 1；

数 $2n-4$ 的前面有数 $2n-1,2n-3$ 比它大，故逆序数为 2；

……

数 2 前面有 $n-1$ 个数比它大，故逆序数为 $n-1$.

因此有

$$\tau[135\cdots(2n-1)246\cdots(2n)]=0+1+2+\cdots+(n-1)=\frac{n(n-1)}{2}.$$

逆序数为奇数的排列叫作**奇排列**，逆序数为偶数的排列叫作**偶排列**.

二、对换

在排列中，将任意两个元素对调，其余元素保持不动，这种得到新排列的方法叫作**对换**. 将相邻两个元素对换，叫作**相邻对换**.

定理 1.1 将一个排列中任意两个元素对换，排列改变奇偶性.

证 先证相邻对换的情形.

设排列为 $a_1a_2\cdots a_mabb_1b_2\cdots b_n$，对换相邻元素 a 与 b 后，该排列变为 $a_1a_2\cdots a_mbab_1b_2\cdots b_n$. 显然，所得新排列中除 a,b 两个元素的顺序改变外，其他任意两个元素和任意一个元素与 a 或 b 之间的顺序都没有改变. 因此，当 $a>b$ 时，经相邻对换后，a 的逆序数不变，b 的逆序数减少 1，当 $a<b$ 时，经相邻对换后，a 的逆序数增加 1，b 的逆序数不变，所以新排列与原排列的奇偶性不同.

再证一般对换的情形.

设排列为 $a_1a_2\cdots a_mab_1b_2\cdots b_nbc_1c_2\cdots c_p$，对换元素 a 与 b 后，该排列变为 $a_1a_2\cdots a_mbb_1b_2\cdots b_nac_1c_2\cdots c_p$. 可以把它看作先将原排列做 n 次相邻对换变成 $a_1a_2\cdots a_mb_1b_2\cdots b_nabc_1c_2\cdots c_p$，再做 $n+1$ 次相邻对换变成 $a_1a_2\cdots a_mbb_1b_2\cdots b_nac_1c_2\cdots c_p$. 因此，经 $2n+1$ 次相邻对换后，排列 $a_1a_2\cdots a_mab_1b_2\cdots b_nbc_1c_2\cdots c_p$ 变为 $a_1a_2\cdots a_mbb_1b_2\cdots b_nac_1c_2\cdots c_p$，所以这两个排列的奇偶性不同.

三、n 阶行列式的定义

为了给出 n 阶行列式的定义，我们先观察三阶行列式的定义. 前面已经

介绍,三阶行列式的定义为

$$\begin{vmatrix} a_{11} & a_{12} & a_{13} \\ a_{21} & a_{22} & a_{23} \\ a_{31} & a_{32} & a_{33} \end{vmatrix} = a_{11}a_{22}a_{33} + a_{12}a_{23}a_{31} + a_{13}a_{21}a_{32} - a_{13}a_{22}a_{31} - a_{12}a_{21}a_{33} - a_{11}a_{23}a_{32}. \tag{1.6}$$

由定义可看出:

(1) 式(1.6)右端的每一项都是3个元素的乘积,这3个元素分别位于三阶行列式的不同行、不同列;每一项中3个元素的第1个下标(行标)依次为1,2,3,即排成了标准次序,第2个下标(列标)排成了 $p_1p_2p_3$,它是1,2,3这3个数的某一个排列;项数恰好等于1,2,3这3个数排列的总个数.因此,除正、负号外,式(1.6)右端的每一项都可以写成如下形式:

$$a_{1p_1}a_{2p_2}a_{3p_3},$$

其中 $p_1p_2p_3$ 是1,2,3的某一个排列,其项数等于 $P_3 = 3!$.

(2) 式(1.6)右端各项的正、负号与列标排列的逆序数有关.易验证,带正号的项的列标排列都是偶排列,带负号的项的列标排列都是奇排列.因此,式(1.6)右端各项所带符号由该项的列标排列的奇偶性所决定,从而各项可表示为

$$(-1)^{\tau(p_1p_2p_3)}a_{1p_1}a_{2p_2}a_{3p_3}.$$

综合(1),(2),三阶行列式可以写成

$$\begin{vmatrix} a_{11} & a_{12} & a_{13} \\ a_{21} & a_{22} & a_{23} \\ a_{31} & a_{32} & a_{33} \end{vmatrix} = \sum (-1)^{\tau(p_1p_2p_3)}a_{1p_1}a_{2p_2}a_{3p_3},$$

其中 $\sum$ 表示对1,2,3这3个数的全体排列 $p_1p_2p_3$ 对应的项进行求和.

由此,我们引入 n 阶行列式的定义.

定义 1.2 设有 n^2 个数排成 n 行 n 列的数表

$$\begin{matrix} a_{11} & a_{12} & \cdots & a_{1n} \\ a_{21} & a_{22} & \cdots & a_{2n} \\ \vdots & \vdots & & \vdots \\ a_{n1} & a_{n2} & \cdots & a_{nn} \end{matrix}.$$

做出该数表中位于不同行、不同列的 n 个数的乘积 $a_{1p_1}a_{2p_2}\cdots a_{np_n}$,并冠以符号 $(-1)^{\tau(p_1p_2\cdots p_n)}$,即得

$$(-1)^{\tau(p_1p_2\cdots p_n)}a_{1p_1}a_{2p_2}\cdots a_{np_n}. \tag{1.7}$$

由于 $p_1p_2\cdots p_n$ 为自然数 $1,2,\cdots,n$ 的一个排列,这样的排列共有 $n!$ 个,因而形如式(1.7)的项共有 $n!$ 项,所有这 $n!$ 项的代数和

$$\sum (-1)^{\tau(p_1p_2\cdots p_n)}a_{1p_1}a_{2p_2}\cdots a_{np_n}$$

称为 n 阶行列式,记为

$$\begin{vmatrix} a_{11} & a_{12} & \cdots & a_{1n} \\ a_{21} & a_{22} & \cdots & a_{2n} \\ \vdots & \vdots & & \vdots \\ a_{n1} & a_{n2} & \cdots & a_{nn} \end{vmatrix},$$

简记为 $\det(a_{ij})$,其中数 a_{ij} 称为行列式 $\det(a_{ij})$ 的元素,即

$$\begin{vmatrix} a_{11} & a_{12} & \cdots & a_{1n} \\ a_{21} & a_{22} & \cdots & a_{2n} \\ \vdots & \vdots & & \vdots \\ a_{n1} & a_{n2} & \cdots & a_{nn} \end{vmatrix} = \sum (-1)^{\tau(p_1 p_2 \cdots p_n)} a_{1p_1} a_{2p_2} \cdots a_{np_n}. \qquad (1.8)$$

按定义 1.2 定义的二阶、三阶行列式,与用对角线法则定义的二阶、三阶行列式是一致的.特别地,当 $n=1$ 时,一阶行列式 $|a|=a$,注意与绝对值记号的区别.

主对角线以上(下)的元素全为零的行列式叫作下(上)三角形行列式.特别地,除主对角线上的元素外,其他元素全为零的行列式叫作对角形行列式.

例 1.5

按行列式的定义计算下三角形行列式

$$D = \begin{vmatrix} a_{11} & & & \\ a_{21} & a_{22} & & \\ \vdots & \vdots & \ddots & \\ a_{n1} & a_{n2} & \cdots & a_{nn} \end{vmatrix},$$

其中未写出的元素全为零(以后均如此规定).

解 由定义 1.2 知,n 阶行列式中共有 $n!$ 项,其一般项为

$$(-1)^{\tau} a_{1p_1} a_{2p_2} \cdots a_{np_n},$$

其中 $\tau=\tau(p_1 p_2 \cdots p_n)$.注意到下三角形行列式 D 的第 1 行中除 a_{11} 外其余元素全为零,故非零项只有取 a_{11}.在第 2 行中除 a_{21}, a_{22} 外全是零,故非零项应在 a_{21}, a_{22} 中取一个且只能取一个.因为 a_{11} 是第 1 行第 1 列的元素,即取 $p_1=1$,从而 $p_2, p_3, \cdots, p_n$ 不能再取1,所以取 $p_2=2$,即第 2 行只能取 a_{22}.以此类推,第 n 行只能取 $p_n=n$,即取 a_{nn}.因此,有

$$D = \begin{vmatrix} a_{11} & & & \\ a_{21} & a_{22} & & \\ \vdots & \vdots & \ddots & \\ a_{n1} & a_{n2} & \cdots & a_{nn} \end{vmatrix} = a_{11} a_{22} \cdots a_{nn},$$

即下三角形行列式等于主对角线上元素的乘积.

同理,可得上三角形行列式

$$\begin{vmatrix} a_{11} & a_{12} & \cdots & a_{1n} \\ & a_{22} & \cdots & a_{2n} \\ & & \ddots & \vdots \\ & & & a_{nn} \end{vmatrix} = a_{11}a_{22}\cdots a_{nn},$$

对角形行列式

$$\begin{vmatrix} a_{11} & & & \\ & a_{22} & & \\ & & \ddots & \\ & & & a_{nn} \end{vmatrix} = a_{11}a_{22}\cdots a_{nn}.$$

例 1.6

证明:

$$\begin{vmatrix} & & & a_{1n} \\ & & a_{2,n-1} & \\ & \begin{matrix} & \\ \cdot^{\cdot^{\cdot}} \end{matrix} & & \\ a_{n1} & & & \end{vmatrix} = (-1)^{\frac{n(n-1)}{2}} a_{1n}a_{2,n-1}\cdots a_{n1}.$$

证 由行列式的定义,有

$$\begin{vmatrix} & & & a_{1n} \\ & & a_{2,n-1} & \\ & \begin{matrix} & \\ \cdot^{\cdot^{\cdot}} \end{matrix} & & \\ a_{n1} & & & \end{vmatrix} = (-1)^{\tau} a_{1n}a_{2,n-1}\cdots a_{n1},$$

其中 $\tau=\tau[n(n-1)\cdots 1]$ 为排列 $n(n-1)\cdots 1$ 的逆序数. 又

$$\tau[n(n-1)\cdots 1]=(n-1)+(n-2)+\cdots+1=\frac{(n-1)n}{2},$$

故结论得以证明.

四、n 阶行列式定义的其他形式

利用定理 1.1,我们来讨论 n 阶行列式定义的其他形式.

对于行列式的任一项

$$(-1)^{\tau(p_1p_2\cdots p_n)} a_{1p_1}a_{2p_2}\cdots a_{ip_i}\cdots a_{jp_j}\cdots a_{np_n},$$

其中 $12\cdots i\cdots j\cdots n$ 为自然排列,对换 a_{ip_i} 与 a_{jp_j} 后,该项变成

$$(-1)^{\tau(p_1p_2\cdots p_n)} a_{1p_1}a_{2p_2}\cdots a_{jp_j}\cdots a_{ip_i}\cdots a_{np_n}.$$

这时,该项的值不变,而行标排列与列标排列同时做了一次相应的对换. 设新的行标排列 $12\cdots j\cdots i\cdots n$ 的逆序数为 τ_1,则 τ_1 为奇数. 设新的列标排列

$p_1 p_2 \cdots p_j \cdots p_i \cdots p_n$ 的逆序数为 τ_2，则

$$(-1)^{\tau_2} = -(-1)^{\tau(p_1 p_2 \cdots p_n)}.$$

故

$$(-1)^{\tau(p_1 p_2 \cdots p_n)} = (-1)^{\tau_1 + \tau_2},$$

于是

$$(-1)^{\tau(p_1 p_2 \cdots p_n)} a_{1p_1} a_{2p_2} \cdots a_{ip_i} \cdots a_{jp_j} \cdots a_{np_n} = (-1)^{\tau_1 + \tau_2} a_{1p_1} a_{2p_2} \cdots a_{jp_j} \cdots a_{ip_i} \cdots a_{np_n}.$$

这就说明，对换行列式的任一项中两元素的次序，该项的行标排列与列标排列同时做了一次对换，因此行标排列与列标排列的逆序数之和并不改变奇偶性. 经过一次对换如此，经过多次对换亦如此. 于是，行列式的任一项经过若干次对换后，使其列标排列 $p_1 p_2 \cdots p_n$（逆序数为 $\tau(p_1 p_2 \cdots p_n)$）变为自然排列（逆序数为零），行标排列则相应地从自然排列变为某个新的排列. 设此新排列为 $q_1 q_2 \cdots q_n$，则有

$$(-1)^{\tau(p_1 p_2 \cdots p_n)} a_{1p_1} a_{2p_2} \cdots a_{np_n} = (-1)^{\tau(q_1 q_2 \cdots q_n)} a_{q_1 1} a_{q_2 2} \cdots a_{q_n n}.$$

又若 $p_i = j$，则 $q_j = i$（这是因为 $a_{ip_i} = a_{ij} = a_{q_j j}$）. 可见，排列 $q_1 q_2 \cdots q_n$ 由排列 $p_1 p_2 \cdots p_n$ 唯一确定.

由此可得 n 阶行列式的如下定义.

定理 1.2 n 阶行列式 $D = \det(a_{ij})$ 也可定义为

$$D = \sum (-1)^{\tau(q_1 q_2 \cdots q_n)} a_{q_1 1} a_{q_2 2} \cdots a_{q_n n}. \tag{1.9}$$

证 按定义 1.2，有

$$D = \sum (-1)^{\tau(p_1 p_2 \cdots p_n)} a_{1p_1} a_{2p_2} \cdots a_{np_n}.$$

记

$$D_1 = \sum (-1)^{\tau(q_1 q_2 \cdots q_n)} a_{q_1 1} a_{q_2 2} \cdots a_{q_n n}.$$

按上面的讨论可知，对于 D 中任一项 $(-1)^{\tau(p_1 p_2 \cdots p_n)} a_{1p_1} a_{2p_2} \cdots a_{np_n}$，总有 D_1 中唯一的一项 $(-1)^{\tau(q_1 q_2 \cdots q_n)} a_{q_1 1} a_{q_2 2} \cdots a_{q_n n}$ 与之对应并相等；反之，对于 D_1 中任一项 $(-1)^{\tau(q_1 q_2 \cdots q_n)} a_{q_1 1} a_{q_2 2} \cdots a_{q_n n}$，同理总有 D 中唯一的一项 $(-1)^{\tau(p_1 p_2 \cdots p_n)} a_{1p_1} a_{2p_2} \cdots a_{np_n}$ 与之对应并相等，所以 $D = D_1$.

更一般地，有 n 阶行列式的如下定义.

定理 1.3 n 阶行列式可定义为

$$D = \sum (-1)^{\tau_1 + \tau_2} a_{p_1 q_1} a_{p_2 q_2} \cdots a_{p_n q_n}, \tag{1.10}$$

其中 $\tau_1 = \tau(p_1 p_2 \cdots p_n)$，$\tau_2 = \tau(q_1 q_2 \cdots q_n)$.

第三节　行列式的性质

记行列式

$$D=\begin{vmatrix} a_{11} & a_{12} & \cdots & a_{1n} \\ a_{21} & a_{22} & \cdots & a_{2n} \\ \vdots & \vdots & & \vdots \\ a_{n1} & a_{n2} & \cdots & a_{nn} \end{vmatrix},$$

将其中的行与列互换,即把 D 中的各行换成相应的列,得到行列式

$$\begin{vmatrix} a_{11} & a_{21} & \cdots & a_{n1} \\ a_{12} & a_{22} & \cdots & a_{n2} \\ \vdots & \vdots & & \vdots \\ a_{1n} & a_{2n} & \cdots & a_{nn} \end{vmatrix}.$$

上式称为行列式 D 的**转置行列式**,记作 D^{T}(或 D').

性质 1　$D=D^{\mathrm{T}}$.

证　记行列式 $D=\det(a_{ij})$ 的转置行列式为

$$D^{\mathrm{T}}=\begin{vmatrix} b_{11} & b_{12} & \cdots & b_{1n} \\ b_{21} & b_{22} & \cdots & b_{2n} \\ \vdots & \vdots & & \vdots \\ b_{n1} & b_{n2} & \cdots & b_{nn} \end{vmatrix},$$

则 $b_{ij}=a_{ji}(i,j=1,2,\cdots,n)$,于是按定义 1.2,有

$$\begin{aligned} D^{\mathrm{T}} &= \sum(-1)^{\tau(p_1p_2\cdots p_n)}b_{1p_1}b_{2p_2}\cdots b_{np_n} \\ &= \sum(-1)^{\tau(p_1p_2\cdots p_n)}a_{p_11}a_{p_22}\cdots a_{p_nn}. \end{aligned}$$

由定理 1.2 知,$D^{\mathrm{T}}=D$.

性质 1 表明,在行列式中行与列有相同的地位,凡是有关行的性质对列同样成立,反之亦然.

性质 2　交换行列式的两行(或列),行列式改变符号.

证　设行列式

$$D_1=\begin{vmatrix} b_{11} & b_{12} & \cdots & b_{1n} \\ b_{21} & b_{22} & \cdots & b_{2n} \\ \vdots & \vdots & & \vdots \\ b_{n1} & b_{n2} & \cdots & b_{nn} \end{vmatrix}$$

是由行列式 $D=\det(a_{ij})$ 交换第 $i,j(i<j)$ 两行得到的. 当 $k\neq i,j$ 时,$b_{kp}=a_{kp}(p=1,2,\cdots,n)$;当 $k=i$ 或 j 时,$b_{ip}=a_{jp},b_{jp}=a_{ip}(p=1,2,\cdots,n)$. 于是,有

$$\begin{aligned}D_1&=\sum(-1)^{\tau(p_1p_2\cdots p_i\cdots p_j\cdots p_n)}b_{1p_1}b_{2p_2}\cdots b_{ip_i}\cdots b_{jp_j}\cdots b_{np_n}\\&=\sum(-1)^{\tau(p_1p_2\cdots p_i\cdots p_j\cdots p_n)}a_{1p_1}a_{2p_2}\cdots a_{jp_i}\cdots a_{ip_j}\cdots a_{np_n}\\&=\sum(-1)^{\tau(p_1p_2\cdots p_i\cdots p_j\cdots p_n)}a_{1p_1}a_{2p_2}\cdots a_{ip_j}\cdots a_{jp_i}\cdots a_{np_n}\\&=-\sum(-1)^{\tau(p_1p_2\cdots p_j\cdots p_i\cdots p_n)}a_{1p_1}a_{2p_2}\cdots a_{ip_j}\cdots a_{jp_i}\cdots a_{np_n}\\&=-D.\end{aligned}$$

推论 1 若行列式有两行(或列)完全相同,则此行列式等于零.

证 把该行列式中完全相同的两行互换,有 $D=-D$,故 $D=0$.

性质 3 若行列式中某一行(或列)的各元素有公因子,则可将公因子提到行列式符号的外面,即

$$\begin{vmatrix}a_{11}&a_{12}&\cdots&a_{1n}\\\vdots&\vdots&&\vdots\\ka_{i1}&ka_{i2}&\cdots&ka_{in}\\\vdots&\vdots&&\vdots\\a_{n1}&a_{n2}&\cdots&a_{nn}\end{vmatrix}=k\begin{vmatrix}a_{11}&a_{12}&\cdots&a_{1n}\\\vdots&\vdots&&\vdots\\a_{i1}&a_{i2}&\cdots&a_{in}\\\vdots&\vdots&&\vdots\\a_{n1}&a_{n2}&\cdots&a_{nn}\end{vmatrix}.$$

推论 2 行列式的某一行(或列)所有元素都乘以同一个数 k,等于用数 k 乘以该行列式.

推论 3 当行列式的某一行(或列)的元素全为零时,该行列式等于零.

性质 4 若行列式中有两行(或列)的元素对应成比例,则该行列式等于零.

性质 5 若行列式的某一行(或列)的元素都是两数之和,例如

$$D=\begin{vmatrix}a_{11}&a_{12}&\cdots&a_{1i}+a'_{1i}&\cdots&a_{1n}\\a_{21}&a_{22}&\cdots&a_{2i}+a'_{2i}&\cdots&a_{2n}\\\vdots&\vdots&&\vdots&&\vdots\\a_{n1}&a_{n2}&\cdots&a_{ni}+a'_{ni}&\cdots&a_{nn}\end{vmatrix},$$

则 D 等于下列两个行列式之和:

$$D=\begin{vmatrix}a_{11}&a_{12}&\cdots&a_{1i}&\cdots&a_{1n}\\a_{21}&a_{22}&\cdots&a_{2i}&\cdots&a_{2n}\\\vdots&\vdots&&\vdots&&\vdots\\a_{n1}&a_{n2}&\cdots&a_{ni}&\cdots&a_{nn}\end{vmatrix}+\begin{vmatrix}a_{11}&a_{12}&\cdots&a'_{1i}&\cdots&a_{1n}\\a_{21}&a_{22}&\cdots&a'_{2i}&\cdots&a_{2n}\\\vdots&\vdots&&\vdots&&\vdots\\a_{n1}&a_{n2}&\cdots&a'_{ni}&\cdots&a_{nn}\end{vmatrix}.$$

证 由定义 1.2 可知,该行列式中各项都有第 i 列的一个元素 $a_{ki}+a'_{ki}$,从

而每一项均可拆成两项之和.

性质 6 把行列式的某一行(列)的各元素乘以同一数 k 后加到另一行(列)对应的元素上去,行列式的值不变.

例如,把行列式第 j 列的各元素乘以常数 k 后加到第 i 列的对应元素上,有

$$\begin{vmatrix} a_{11} & \cdots & a_{1i} & \cdots & a_{1j} & \cdots & a_{1n} \\ a_{21} & \cdots & a_{2i} & \cdots & a_{2j} & \cdots & a_{2n} \\ \vdots & & \vdots & & \vdots & & \vdots \\ a_{n1} & \cdots & a_{ni} & \cdots & a_{nj} & \cdots & a_{nn} \end{vmatrix} = \begin{vmatrix} a_{11} & \cdots & a_{1i}+ka_{1j} & \cdots & a_{1j} & \cdots & a_{1n} \\ a_{21} & \cdots & a_{2i}+ka_{2j} & \cdots & a_{2j} & \cdots & a_{2n} \\ \vdots & & \vdots & & \vdots & & \vdots \\ a_{n1} & \cdots & a_{ni}+ka_{nj} & \cdots & a_{nj} & \cdots & a_{nn} \end{vmatrix}.$$

以上没有给出性质的证明,读者可根据行列式的定义证明.

利用这些性质可简化行列式的计算. 为了表达简便,以 r_i 表示第 i 行(c_i 表示第 i 列),交换 i,j 两行(列)记为 $r_i \leftrightarrow r_j(c_i \leftrightarrow c_j)$,第 i 行(列)乘以数 k 记为 $kr_i(kc_i)$,第 j 行(列)的各元素乘以数 k 后加到第 i 行(列)的对应元素上记为 $r_i+kr_j(c_i+kc_j)$,第 i 行(列)提取公因子 k 记为 $r_i \div k(c_i \div k)$. 利用行列式的性质可将行列式化为上(或下)三角形行列式,从而算出行列式的值.

例 1.7

计算行列式

$$D=\begin{vmatrix} 2 & -5 & 1 & 2 \\ -3 & 7 & -1 & 4 \\ 5 & -9 & 2 & 7 \\ 4 & -6 & 1 & 2 \end{vmatrix}.$$

解

$$D \xlongequal{c_1 \leftrightarrow c_3} -\begin{vmatrix} 1 & -5 & 2 & 2 \\ -1 & 7 & -3 & 4 \\ 2 & -9 & 5 & 7 \\ 1 & -6 & 4 & 2 \end{vmatrix} \xlongequal[r_4-r_1]{\substack{r_2+r_1 \\ r_3-2r_1}} -\begin{vmatrix} 1 & -5 & 2 & 2 \\ 0 & 2 & -1 & 6 \\ 0 & 1 & 1 & 3 \\ 0 & -1 & 2 & 0 \end{vmatrix}$$

$$\xlongequal{r_2 \leftrightarrow r_3} \begin{vmatrix} 1 & -5 & 2 & 2 \\ 0 & 1 & 1 & 3 \\ 0 & 2 & -1 & 6 \\ 0 & -1 & 2 & 0 \end{vmatrix} \xlongequal[r_4+r_2]{r_3-2r_2} \begin{vmatrix} 1 & -5 & 2 & 2 \\ 0 & 1 & 1 & 3 \\ 0 & 0 & -3 & 0 \\ 0 & 0 & 3 & 3 \end{vmatrix}$$

$$\xlongequal{r_4+r_3} \begin{vmatrix} 1 & -5 & 2 & 2 \\ 0 & 1 & 1 & 3 \\ 0 & 0 & -3 & 0 \\ 0 & 0 & 0 & 3 \end{vmatrix} = 1\times1\times(-3)\times3=-9.$$

例 1.8

计算 n 阶行列式

$$D=\begin{vmatrix} a & b & b & \cdots & b \\ b & a & b & \cdots & b \\ b & b & a & \cdots & b \\ \vdots & \vdots & \vdots & & \vdots \\ b & b & b & \cdots & a \end{vmatrix}.$$

解 注意到行列式 D 的各行(列)元素相加之和相等这一特点,把第 2 列至第 n 列的各元素加到第 1 列对应元素上去,得

$$D\xlongequal{c_1+(c_2+c_3+\cdots+c_n)}\begin{vmatrix} a+(n-1)b & b & \cdots & b \\ a+(n-1)b & a & \cdots & b \\ \vdots & \vdots & & \vdots \\ a+(n-1)b & b & \cdots & a \end{vmatrix}$$

$$\xlongequal{c_1\div[a+(n-1)b]}[a+(n-1)b]\begin{vmatrix} 1 & b & \cdots & b \\ 1 & a & \cdots & b \\ \vdots & \vdots & & \vdots \\ 1 & b & \cdots & a \end{vmatrix}$$

$$\xlongequal[\substack{\cdots \\ r_n-r_1}]{\substack{r_2-r_1 \\ r_3-r_1}}[a+(n-1)b]\begin{vmatrix} 1 & b & \cdots & b \\ 0 & a-b & \cdots & 0 \\ \vdots & \vdots & & \vdots \\ 0 & 0 & \cdots & a-b \end{vmatrix}$$

$$=[a+(n-1)b](a-b)^{n-1}.$$

例 1.9

计算行列式

$$D=\begin{vmatrix} a & b & c & d \\ a & a+b & a+b+c & a+b+c+d \\ a & 2a+b & 3a+2b+c & 4a+3b+2c+d \\ a & 3a+b & 6a+3b+c & 10a+6b+3c+d \end{vmatrix}.$$

解 从第 4 行开始,依次将后一行减去前一行,得

$$D\xlongequal[r_2-r_1]{\substack{r_4-r_3 \\ r_3-r_2}}\begin{vmatrix} a & b & c & d \\ 0 & a & a+b & a+b+c \\ 0 & a & 2a+b & 3a+2b+c \\ 0 & a & 3a+b & 6a+3b+c \end{vmatrix}$$

$$\xlongequal[r_3-r_2]{r_4-r_3}\begin{vmatrix} a & b & c & d \\ 0 & a & a+b & a+b+c \\ 0 & 0 & a & 2a+b \\ 0 & 0 & a & 3a+b \end{vmatrix}$$

$$\xlongequal{r_4-r_3}\begin{vmatrix} a & b & c & d \\ 0 & a & a+b & a+b+c \\ 0 & 0 & a & 2a+b \\ 0 & 0 & 0 & a \end{vmatrix}=a^4.$$

可见,计算高阶行列式时,利用行列式的性质将其化为上(或下)三角形行列式,既简便又程序化.

例 1.10

设行列式

$$D=\begin{vmatrix} a_{11} & \cdots & a_{1k} & & & \\ \vdots & & \vdots & & & \\ a_{k1} & \cdots & a_{kk} & & & \\ c_{11} & \cdots & c_{1k} & b_{11} & \cdots & b_{1n} \\ \vdots & & \vdots & \vdots & & \vdots \\ c_{n1} & \cdots & c_{nk} & b_{n1} & \cdots & b_{nn} \end{vmatrix},$$

$$D_1=\begin{vmatrix} a_{11} & \cdots & a_{1k} \\ \vdots & & \vdots \\ a_{k1} & \cdots & a_{kk} \end{vmatrix},\quad D_2=\begin{vmatrix} b_{11} & \cdots & b_{1n} \\ \vdots & & \vdots \\ b_{n1} & \cdots & b_{nn} \end{vmatrix},$$

证明:$D=D_1D_2$.

证 对 D_1 做运算 r_i+kr_j,把 D_1 化为下三角形行列式,即

$$D_1=\begin{vmatrix} p_{11} & & \\ \vdots & \ddots & \\ p_{k1} & \cdots & p_{kk} \end{vmatrix}=p_{11}p_{22}\cdots p_{kk};$$

对 D_2 做运算 c_i+kc_j,把 D_2 化为下三角形行列式,即

$$D_2=\begin{vmatrix} q_{11} & & \\ \vdots & \ddots & \\ q_{n1} & \cdots & q_{nn} \end{vmatrix}=q_{11}q_{22}\cdots q_{nn}.$$

于是,对 D 的前 k 行做运算 r_i+kr_j,再对后 n 列做运算 c_i+kc_j,就把 D 化为下三角形行列式,即

$$D=\begin{vmatrix} p_{11} & & & & & \\ \vdots & \ddots & & & & \\ p_{k1} & \cdots & p_{kk} & & & \\ c_{11} & \cdots & c_{1k} & q_{11} & & \\ \vdots & & \vdots & \vdots & \ddots & \\ c_{n1} & \cdots & c_{nk} & q_{n1} & \cdots & q_{nn} \end{vmatrix}=p_{11}p_{22}\cdots p_{kk}q_{11}q_{22}\cdots q_{nn}=D_1D_2.$$

第四节 行列式按行(列)展开

将高阶行列式化为低阶行列式是计算行列式的又一途径，为此先引入余子式和代数余子式的概念.

在 n 阶行列式中，划去元素 a_{ij} 所在的行和列，余下的 $n-1$ 阶行列式(依原来的次序)称为元素 a_{ij} 的**余子式**，记为 M_{ij}. 余子式前面冠以符号 $(-1)^{i+j}$，称之为元素 a_{ij} 的**代数余子式**，记为 A_{ij}，即

$$A_{ij}=(-1)^{i+j}M_{ij}.$$

例如，在四阶行列式

$$\begin{vmatrix} a_{11} & a_{12} & a_{13} & a_{14} \\ a_{21} & a_{22} & a_{23} & a_{24} \\ a_{31} & a_{32} & a_{33} & a_{34} \\ a_{41} & a_{42} & a_{43} & a_{44} \end{vmatrix}$$

中，元素 a_{23} 的余子式和代数余子式分别为

$$M_{23}=\begin{vmatrix} a_{11} & a_{12} & a_{14} \\ a_{31} & a_{32} & a_{34} \\ a_{41} & a_{42} & a_{44} \end{vmatrix},\quad A_{23}=(-1)^{2+3}M_{23}=-M_{23}.$$

引理 1 若 n 阶行列式 D 的第 i 行所有元素除 a_{ij} 外全为零，则有

$$D=a_{ij}A_{ij}.$$

证 先证元素 a_{ij} 位于第 1 行第 1 列的情形，此时行列式

$$D=\begin{vmatrix} a_{11} & 0 & \cdots & 0 \\ a_{21} & a_{22} & \cdots & a_{2n} \\ \vdots & \vdots & & \vdots \\ a_{n1} & a_{n2} & \cdots & a_{nn} \end{vmatrix}.$$

这是第三节例 1.10 中当 $k=1$ 时的特殊情形，则按例 1.10 的结论，有

$$D=a_{11}M_{11}=a_{11}A_{11}.$$

再证一般情形,此时行列式

$$D=\begin{vmatrix} a_{11} & \cdots & a_{1j} & \cdots & a_{1n} \\ \vdots & & \vdots & & \vdots \\ 0 & \cdots & a_{ij} & \cdots & 0 \\ \vdots & & \vdots & & \vdots \\ a_{n1} & \cdots & a_{nj} & \cdots & a_{nn} \end{vmatrix}.$$

我们将 D 做如下变换:把 D 的第 i 行依次与第 $i-1$ 行,第 $i-2$ 行……第1行对调,这样元素 a_{ij} 就调到了第1行第 j 列的位置,调换次数为 $i-1$ 次;再把第 j 列依次与第 $j-1$ 列,第 $j-2$ 列……第1列对调,这样元素 a_{ij} 就调到了第1行第1列的位置,调换次数为 $j-1$ 次. 总共经过 $(i-1)+(j-1)$ 次对调,将元素 a_{ij} 调到第1行第1列的位置,且第1行其他元素均为零. 将所得的行列式记为 D_1,则

$$D_1=(-1)^{i+j-2}D=(-1)^{i+j}D.$$

而 a_{ij} 在 D_1 中的余子式仍然是 a_{ij} 在 D 中的余子式 M_{ij},于是利用前面的结果,有

$$D_1=a_{ij}M_{ij}.$$

故

$$D=(-1)^{i+j}D_1=(-1)^{i+j}a_{ij}M_{ij}=a_{ij}A_{ij}.$$

定理 1.4 行列式等于它的任一行(列)的各元素与其对应的代数余子式的乘积之和,即对于任一 n 阶行列式 $D=\det(a_{ij})$,有

$$D=a_{i1}A_{i1}+a_{i2}A_{i2}+\cdots+a_{in}A_{in}\quad (i=1,2,\cdots,n)$$

或

$$D=a_{1j}A_{1j}+a_{2j}A_{2j}+\cdots+a_{nj}A_{nj}\quad (j=1,2,\cdots,n).$$

证 因为

$$D=\begin{vmatrix} a_{11} & a_{12} & \cdots & a_{1n} \\ \vdots & \vdots & & \vdots \\ a_{i1}+0+\cdots+0 & 0+a_{i2}+0+\cdots+0 & \cdots & 0+\cdots+0+a_{in} \\ \vdots & \vdots & & \vdots \\ a_{n1} & a_{n2} & \cdots & a_{nn} \end{vmatrix}$$

$$=\begin{vmatrix} a_{11} & a_{12} & \cdots & a_{1n} \\ \vdots & \vdots & & \vdots \\ a_{i1} & 0 & \cdots & 0 \\ \vdots & \vdots & & \vdots \\ a_{n1} & a_{n2} & \cdots & a_{nn} \end{vmatrix}+\begin{vmatrix} a_{11} & a_{12} & \cdots & a_{1n} \\ \vdots & \vdots & & \vdots \\ 0 & a_{i2} & \cdots & 0 \\ \vdots & \vdots & & \vdots \\ a_{n1} & a_{n2} & \cdots & a_{nn} \end{vmatrix}+\cdots+\begin{vmatrix} a_{11} & a_{12} & \cdots & a_{1n} \\ \vdots & \vdots & & \vdots \\ 0 & 0 & \cdots & a_{in} \\ \vdots & \vdots & & \vdots \\ a_{n1} & a_{n2} & \cdots & a_{nn} \end{vmatrix},$$

所以根据引理 1,有

$$D = a_{i1}A_{i1} + a_{i2}A_{i2} + \cdots + a_{in}A_{in}$$
$$= \sum_{k=1}^{n} a_{ik}A_{ik} \quad (i = 1,2,\cdots,n).$$

类似地,我们可得到关于列的结论,即

$$D = a_{1j}A_{1j} + a_{2j}A_{2j} + \cdots + a_{nj}A_{nj}$$
$$= \sum_{k=1}^{n} a_{kj}A_{kj} \quad (j = 1,2,\cdots,n).$$

定理 1.4 称为行列式按行(列)展开法则. 利用这一法则并结合行列式的性质,可将行列式降阶,从而达到简化计算的目的.

例 1.11

再解第三节中例 1.7.

解 $$D = \begin{vmatrix} 2 & -5 & 1 & 2 \\ -3 & 7 & -1 & 4 \\ 5 & -9 & 2 & 7 \\ 4 & -6 & 1 & 2 \end{vmatrix} \xlongequal[c_4 - 2c_3]{\substack{c_1 - 2c_3 \\ c_2 + 5c_3}} \begin{vmatrix} 0 & 0 & 1 & 0 \\ -1 & 2 & -1 & 6 \\ 1 & 1 & 2 & 3 \\ 2 & -1 & 1 & 0 \end{vmatrix}$$

$$\xlongequal{\text{按第 1 行展开}} (-1)^{1+3} \begin{vmatrix} -1 & 2 & 6 \\ 1 & 1 & 3 \\ 2 & -1 & 0 \end{vmatrix} \xlongequal{r_1 - 2r_2} \begin{vmatrix} -3 & 0 & 0 \\ 1 & 1 & 3 \\ 2 & -1 & 0 \end{vmatrix}$$

$$\xlongequal{\text{按第 1 行展开}} (-1)^{1+1} \times (-3) \begin{vmatrix} 1 & 3 \\ -1 & 0 \end{vmatrix} = -9.$$

例 1.12

计算行列式

$$D_{2n} = \begin{vmatrix} a_n & & & & & b_n \\ & \ddots & & & \iddots & \\ & & a_1 & b_1 & & \\ & & c_1 & d_1 & & \\ & \iddots & & & \ddots & \\ c_n & & & & & d_n \end{vmatrix}.$$

解 按第 1 行展开,有

$$D_{2n} = a_n \begin{vmatrix} a_{n-1} & & & & & b_{n-1} & 0 \\ & \ddots & & & \iddots & & \\ & & a_1 & b_1 & & & \vdots \\ & & c_1 & d_1 & & & \\ & \iddots & & & \ddots & & \\ c_{n-1} & & & & & d_{n-1} & 0 \\ 0 & & & \cdots & & 0 & d_n \end{vmatrix}$$

$$+(-1)^{1+2n}\times b_n\begin{vmatrix} 0 & a_{n-1} & & & & & & b_{n-1} \\ & & \ddots & & & & \iddots & \\ \vdots & & & a_1 & b_1 & & & \\ & & & c_1 & d_1 & & & \\ & & \iddots & & & & \ddots & \\ 0 & c_{n-1} & & & & & & d_{n-1} \\ c_n & 0 & & & \cdots & & & 0 \end{vmatrix}$$

$$=a_nd_nD_{2(n-1)}-b_nc_nD_{2(n-1)}=(a_nd_n-b_nc_n)D_{2(n-1)}.$$

以此做递推公式,得

$$\begin{aligned} D_{2n}&=(a_nd_n-b_nc_n)D_{2(n-1)} \\ &=(a_nd_n-b_nc_n)(a_{n-1}d_{n-1}-b_{n-1}c_{n-1})D_{2(n-2)} \\ &\cdots\cdots \\ &=(a_nd_n-b_nc_n)(a_{n-1}d_{n-1}-b_{n-1}c_{n-1})\cdots(a_2d_2-b_2c_2)\begin{vmatrix} a_1 & b_1 \\ c_1 & d_1 \end{vmatrix} \\ &=(a_nd_n-b_nc_n)(a_{n-1}d_{n-1}-b_{n-1}c_{n-1})\cdots(a_1d_1-b_1c_1) \\ &=\prod_{i=1}^{n}(a_id_i-b_ic_i), \end{aligned}$$

其中记号“$\prod$”表示所有同类型因子的连乘积.

例 1.13

证明范德蒙德(Vandermonde)行列式

$$D_n=\begin{vmatrix} 1 & 1 & \cdots & 1 \\ x_1 & x_2 & \cdots & x_n \\ x_1^2 & x_2^2 & \cdots & x_n^2 \\ \vdots & \vdots & & \vdots \\ x_1^{n-1} & x_2^{n-1} & \cdots & x_n^{n-1} \end{vmatrix}=\prod_{n\geqslant i>j\geqslant 1}(x_i-x_j). \tag{1.11}$$

证 用数学归纳法证明. 当 $n=2$ 时,

$$D_2=\begin{vmatrix} 1 & 1 \\ x_1 & x_2 \end{vmatrix}=x_2-x_1=\prod_{2\geqslant i>j\geqslant 1}(x_i-x_j),$$

即式(1.11)成立. 假设式(1.11)对 $n-1$ 阶范德蒙德行列式成立,要证式(1.11)对 n 阶范德蒙德行列式成立. 为此,先将 D_n 降阶,从第 n 行开始,依次将后一行减去前一行的 x_1 倍,得

$$D_n=\begin{vmatrix} 1 & 1 & 1 & \cdots & 1 \\ 0 & x_2-x_1 & x_3-x_1 & \cdots & x_n-x_1 \\ 0 & x_2(x_2-x_1) & x_3(x_3-x_1) & \cdots & x_n(x_n-x_1) \\ \vdots & \vdots & \vdots & & \vdots \\ 0 & x_2^{n-2}(x_2-x_1) & x_3^{n-2}(x_3-x_1) & \cdots & x_n^{n-2}(x_n-x_1) \end{vmatrix}.$$

再按第 1 列展开,并提取每一列的公因子,有

$$D_n=(x_2-x_1)(x_3-x_1)\cdots(x_n-x_1)\begin{vmatrix}1&1&\cdots&1\\x_2&x_3&\cdots&x_n\\\vdots&\vdots&&\vdots\\x_2^{n-2}&x_3^{n-2}&\cdots&x_n^{n-2}\end{vmatrix}.$$

上式右端行列式是 $n-1$ 阶范德蒙德行列式,由归纳假设知,它等于 $\prod\limits_{n\geqslant i>j\geqslant 2}(x_i-x_j)$,故

$$\begin{aligned}D_n&=(x_2-x_1)(x_3-x_1)\cdots(x_n-x_1)\prod_{n\geqslant i>j\geqslant 2}(x_i-x_j)\\&=\prod_{n\geqslant i>j\geqslant 1}(x_i-x_j).\end{aligned}$$

显然,范德蒙德行列式不为零的充要条件是 $x_1,x_2,\cdots,x_n$ 互不相等.

由定理 1.4 可得下述推论.

推论 4 行列式任一行(列)各元素与另一行(列)对应元素的代数余子式乘积之和等于零,即对于任一 n 阶行列式 $D=\det(a_{ij})$,有

$$a_{i1}A_{j1}+a_{i2}A_{j2}+\cdots+a_{in}A_{jn}=0\quad(i\neq j)$$

或

$$a_{1i}A_{1j}+a_{2i}A_{2j}+\cdots+a_{ni}A_{nj}=0\quad(i\neq j).$$

证 作行列式($i\neq j$)

$$\begin{vmatrix}a_{11}&a_{12}&\cdots&a_{1n}\\\vdots&\vdots&&\vdots\\a_{i1}&a_{i2}&\cdots&a_{in}\\\vdots&\vdots&&\vdots\\a_{i1}&a_{i2}&\cdots&a_{in}\\\vdots&\vdots&&\vdots\\a_{n1}&a_{n2}&\cdots&a_{nn}\end{vmatrix}\begin{matrix}\\\\\leftarrow\text{第 } i \text{ 行}\\\\\leftarrow\text{第 } j \text{ 行}\\\\\\\end{matrix},$$

除其第 j 行与行列式 D 的第 j 行不相同外,其余各行均与 D 的对应行相同. 但因该行列式第 i 行与第 j 行完全相同,故该行列式为零. 将其按第 j 行展开,便得

$$a_{i1}A_{j1}+a_{i2}A_{j2}+\cdots+a_{in}A_{jn}=0.$$

同理,可证

$$a_{1i}A_{1j}+a_{2i}A_{2j}+\cdots+a_{ni}A_{nj}=0.$$

将定理 1.4 与推论 4 综合起来,得

$$\sum_{k=1}^{n}a_{ik}A_{jk}=\begin{cases}D, & i=j,\\0, & i\neq j\end{cases}\quad(i,j=1,2,\cdots,n)$$

或

$$\sum_{k=1}^{n}a_{ki}A_{kj}=\begin{cases}D, & i=j,\\0, & i\neq j\end{cases}\quad(i,j=1,2,\cdots,n).$$

下面介绍更一般的拉普拉斯(Laplace)展开定理.

先推广余子式的概念.

定义 1.3 在一个 n 阶行列式 D 中,任意取定 k 行 k 列 $(k\leqslant n)$,位于这些行与列交点处的 k^2 个元素,按原来的次序所构成的 k 阶行列式 M,称为行列式 D 的一个 k 阶子式;而在 D 中划去这 k 行 k 列后余下的元素,按原来的位置所构成的 $n-k$ 阶行列式 N,称为 k 阶子式 M 的余子式. 若 k 阶子式 M 在 D 中所在的行、列指标分别为 $i_1,i_2,\cdots,i_k$ 及 $j_1,j_2,\cdots,j_k$,则称

$$(-1)^{(i_1+i_2+\cdots+i_k)+(j_1+j_2+\cdots+j_k)}N$$

为 k 阶子式 M 的代数余子式.

例如,在五阶行列式

$$\begin{vmatrix} a_{11} & a_{12} & a_{13} & a_{14} & a_{15} \\ a_{21} & a_{22} & a_{23} & a_{24} & a_{25} \\ a_{31} & a_{32} & a_{33} & a_{34} & a_{35} \\ a_{41} & a_{42} & a_{43} & a_{44} & a_{45} \\ a_{51} & a_{52} & a_{53} & a_{54} & a_{55} \end{vmatrix}$$

中取第 2,5 行,第 1,4 列元素,则二阶子式

$$M=\begin{vmatrix} a_{21} & a_{24} \\ a_{51} & a_{54} \end{vmatrix}$$

的余子式为

$$N=\begin{vmatrix} a_{12} & a_{13} & a_{15} \\ a_{32} & a_{33} & a_{35} \\ a_{42} & a_{43} & a_{45} \end{vmatrix},$$

而代数余子式为 $(-1)^{2+5+1+4}N=N$.

定理 1.5(拉普拉斯展开定理) 设在 n 阶行列式 D 中任意取 $k\,(1\leqslant k\leqslant n-1)$ 行(列),则 D 等于由这 k 行(列)元素组成的一切 k 阶子式与它们对应的代数余子式的乘积之和.

证明从略.

例 1.14

用拉普拉斯展开定理计算行列式

$$D=\begin{vmatrix} 1 & 2 & 1 & 4 \\ 0 & -1 & 2 & 1 \\ 1 & 0 & 1 & 3 \\ 0 & 1 & 3 & 1 \end{vmatrix}.$$

解 若取第 1,2 行,则由这两行组成的一切二阶子式共有 $C_4^2=6$ 个,即

$$M_1=\begin{vmatrix}1 & 2\\0 & -1\end{vmatrix},\quad M_2=\begin{vmatrix}1 & 1\\0 & 2\end{vmatrix},\quad M_3=\begin{vmatrix}1 & 4\\0 & 1\end{vmatrix},$$

$$M_4=\begin{vmatrix}2 & 1\\-1 & 2\end{vmatrix},\quad M_5=\begin{vmatrix}2 & 4\\-1 & 1\end{vmatrix},\quad M_6=\begin{vmatrix}1 & 4\\2 & 1\end{vmatrix}.$$

它们对应的代数余子式分别为

$$A_1=\begin{vmatrix}1 & 3\\3 & 1\end{vmatrix},\quad A_2=-\begin{vmatrix}0 & 3\\1 & 1\end{vmatrix},\quad A_3=\begin{vmatrix}0 & 1\\1 & 3\end{vmatrix},$$

$$A_4=\begin{vmatrix}1 & 3\\0 & 1\end{vmatrix},\quad A_5=-\begin{vmatrix}1 & 1\\0 & 3\end{vmatrix},\quad A_6=\begin{vmatrix}1 & 0\\0 & 1\end{vmatrix}.$$

故由拉普拉斯展开定理，得

$$\begin{aligned}D&=M_1A_1+M_2A_2+\cdots+M_6A_6\\&=(-1)\times(-8)-2\times(-3)+1\times(-1)+5\times1-6\times3+(-7)\times1=-7.\end{aligned}$$

注 当取一行(列)，即 $k=1$ 时，拉普拉斯展开定理就是行列式按行(列)展开法则. 从例 1.14 的计算看到，采用拉普拉斯展开定理计算行列式一般并不简便，其应用主要是在理论上.

第五节 克拉默法则

微课视频

含有 n 个未知量 $x_1,x_2,\cdots,x_n$ 的 n 个线性方程的方程组

$$\begin{cases}a_{11}x_1+a_{12}x_2+\cdots+a_{1n}x_n=b_1,\\a_{21}x_1+a_{22}x_2+\cdots+a_{2n}x_n=b_2,\\\cdots\cdots\\a_{n1}x_1+a_{n2}x_2+\cdots+a_{nn}x_n=b_n\end{cases}\tag{1.12}$$

有与二元、三元线性方程组类似的结论，它的解可以用 n 阶行列式表示，即为下述的克拉默(Cramer)法则.

定理 1.6(克拉默法则) 若方程组(1.12)的系数行列式

$$D=\begin{vmatrix}a_{11} & a_{12} & \cdots & a_{1n}\\a_{21} & a_{22} & \cdots & a_{2n}\\\vdots & \vdots & & \vdots\\a_{n1} & a_{n2} & \cdots & a_{nn}\end{vmatrix}\neq0,$$

则该方程组有唯一解

$$x_1=\frac{D_1}{D},\quad x_2=\frac{D_2}{D},\quad \cdots,\quad x_n=\frac{D_n}{D},\tag{1.13}$$

其中 $D_j(j=1,2,\cdots,n)$ 是将 D 中的第 j 列元素换成方程组的常数项后所得的行列式,即

$$D_j=\begin{vmatrix} a_{11} & \cdots & a_{1,j-1} & b_1 & a_{1,j+1} & \cdots & a_{1n} \\ a_{21} & \cdots & a_{2,j-1} & b_2 & a_{2,j+1} & \cdots & a_{2n} \\ \vdots & & \vdots & \vdots & \vdots & & \vdots \\ a_{n1} & \cdots & a_{n,j-1} & b_n & a_{n,j+1} & \cdots & a_{nn} \end{vmatrix}.$$

证 先证式(1.13)是方程组(1.12)的解.

将式(1.13)代入方程组(1.12)的第 $i(i=1,2,\cdots,n)$ 个方程左端,得

$$a_{i1}\frac{D_1}{D}+a_{i2}\frac{D_2}{D}+\cdots+a_{in}\frac{D_n}{D}=\frac{1}{D}\sum_{j=1}^{n}a_{ij}D_j.$$

又 $D_j=b_1A_{1j}+b_2A_{2j}+\cdots+b_nA_{nj}=\sum\limits_{s=1}^{n}b_sA_{sj}$,所以

$$\begin{aligned}\frac{1}{D}\sum_{j=1}^{n}a_{ij}D_j&=\frac{1}{D}\sum_{j=1}^{n}a_{ij}\sum_{s=1}^{n}b_sA_{sj}=\frac{1}{D}\sum_{j=1}^{n}\sum_{s=1}^{n}a_{ij}A_{sj}b_s\\&=\frac{1}{D}\sum_{s=1}^{n}\left(\sum_{j=1}^{n}a_{ij}A_{sj}\right)b_s=\frac{1}{D}\cdot D\cdot b_i=b_i,\end{aligned}$$

即把式(1.13)代入方程组(1.12)的每个方程,它们均成立.因此,式(1.13)是方程组(1.12)的解.

再证若方程组(1.12)有解,则其解必由式(1.13)给出.

设 $x_1,x_2,\cdots,x_n$ 是方程组(1.12)的解,按行列式的性质,有

$$Dx_j=\begin{vmatrix} a_{11} & \cdots & a_{1j}x_j & \cdots & a_{1n} \\ a_{21} & \cdots & a_{2j}x_j & \cdots & a_{2n} \\ \vdots & & \vdots & & \vdots \\ a_{n1} & \cdots & a_{nj}x_j & \cdots & a_{nn} \end{vmatrix}.$$

把上述行列式的第 $1,2,\cdots,j-1,j+1,\cdots,n$ 列分别乘以 $x_1,x_2,\cdots,x_{j-1}$,$x_{j+1},\cdots,x_n$ 后加到第 j 列上去,该行列式的值不变,即

$$Dx_j=\begin{vmatrix} a_{11} & \cdots & \sum\limits_{j=1}^{n}a_{1j}x_j & \cdots & a_{1n} \\ a_{21} & \cdots & \sum\limits_{j=1}^{n}a_{2j}x_j & \cdots & a_{2n} \\ \vdots & & \vdots & & \vdots \\ a_{n1} & \cdots & \sum\limits_{j=1}^{n}a_{nj}x_j & \cdots & a_{nn} \end{vmatrix}=\begin{vmatrix} a_{11} & \cdots & b_1 & \cdots & a_{1n} \\ a_{21} & \cdots & b_2 & \cdots & a_{2n} \\ \vdots & & \vdots & & \vdots \\ a_{n1} & \cdots & b_n & \cdots & a_{nn} \end{vmatrix}=D_j.$$

因 $D\neq 0$,故 $x_j=\dfrac{D_j}{D}(j=1,2,\cdots,n)$,即若方程组(1.12)有解,则其解必由式(1.13)给出.

例 1.15

求解线性方程组

$$\begin{cases} x_1 - x_2 + x_3 + 2x_4 = 1, \\ x_1 + x_2 - 2x_3 + x_4 = 1, \\ x_1 + x_2 + x_4 = 2, \\ x_1 + x_3 - x_4 = 1. \end{cases}$$

解 因为

$$D = \begin{vmatrix} 1 & -1 & 1 & 2 \\ 1 & 1 & -2 & 1 \\ 1 & 1 & 0 & 1 \\ 1 & 0 & 1 & -1 \end{vmatrix} \xlongequal[r_4 - r_1]{\substack{r_2 - r_1 \\ r_3 - r_1}} \begin{vmatrix} 1 & -1 & 1 & 2 \\ 0 & 2 & -3 & -1 \\ 0 & 2 & -1 & -1 \\ 0 & 1 & 0 & -3 \end{vmatrix}$$

$$= \begin{vmatrix} 2 & -3 & -1 \\ 2 & -1 & -1 \\ 1 & 0 & -3 \end{vmatrix} \xlongequal{c_3 + 3c_1} \begin{vmatrix} 2 & -3 & 5 \\ 2 & -1 & 5 \\ 1 & 0 & 0 \end{vmatrix} = \begin{vmatrix} -3 & 5 \\ -1 & 5 \end{vmatrix} = -10,$$

$$D_1 = \begin{vmatrix} 1 & -1 & 1 & 2 \\ 1 & 1 & -2 & 1 \\ 2 & 1 & 0 & 1 \\ 1 & 0 & 1 & -1 \end{vmatrix} = -8, \quad D_2 = \begin{vmatrix} 1 & 1 & 1 & 2 \\ 1 & 1 & -2 & 1 \\ 1 & 2 & 0 & 1 \\ 1 & 1 & 1 & -1 \end{vmatrix} = -9,$$

$$D_3 = \begin{vmatrix} 1 & -1 & 1 & 2 \\ 1 & 1 & 1 & 1 \\ 1 & 1 & 2 & 1 \\ 1 & 0 & 1 & -1 \end{vmatrix} = -5, \quad D_4 = \begin{vmatrix} 1 & -1 & 1 & 1 \\ 1 & 1 & -2 & 1 \\ 1 & 1 & 0 & 2 \\ 1 & 0 & 1 & 1 \end{vmatrix} = -3,$$

所以

$$x_1 = \frac{-8}{-10} = \frac{4}{5}, \quad x_2 = \frac{-9}{-10} = \frac{9}{10}, \quad x_3 = \frac{-5}{-10} = \frac{1}{2}, \quad x_4 = \frac{-3}{-10} = \frac{3}{10}.$$

由此可见，用克拉默法则求解线性方程组并不方便，因它需要计算很多行列式，故只适用于求解未知量较少或某些特殊的线性方程组. 但把线性方程组的解用一般公式表示出来，这在理论上是重要的.

使用克拉默法则时必须注意：(1) 线性方程组中未知量的个数与方程的个数要相等；(2) 线性方程组的系数行列式不为零. 对于不符合这两个条件的线性方程组，将在以后的一般线性方程组中讨论.

常数项全为零的线性方程组

$$\begin{cases} a_{11}x_1 + a_{12}x_2 + \cdots + a_{1n}x_n = 0, \\ a_{21}x_1 + a_{22}x_2 + \cdots + a_{2n}x_n = 0, \\ \cdots\cdots \\ a_{n1}x_1 + a_{n2}x_2 + \cdots + a_{nn}x_n = 0 \end{cases} \tag{1.14}$$

称为**齐次线性方程组**;而常数项不全为零的线性方程组(1.12)称为**非齐次线性方程组**.

显然 $x_1 = x_2 = \cdots = x_n = 0$ 是方程组(1.14)的解,称为**零解**;若方程组(1.14)除零解外,还有 $x_1, x_2, \cdots, x_n$ 不全为零的解,则称为**非零解**.由克拉默法则,有以下定理.

定理 1.7 如果齐次线性方程组(1.14)的系数行列式 $D \neq 0$,则齐次线性方程组(1.14)只有零解.

定理 1.7′ 如果齐次线性方程组(1.14)有非零解,则它的系数行列式必为零.

定理 1.7′ 说明,系数行列式 $D = 0$ 是齐次线性方程组有非零解的必要条件,在后面还将证明这个条件也是充分的.

例 1.16

试问 λ 取何值时,齐次线性方程组

$$\begin{cases} (5-\lambda)x + 2y + 2z = 0, \\ 2x + (6-\lambda)y = 0, \\ 2x + (4-\lambda)z = 0 \end{cases}$$

有非零解?

解 若齐次线性方程组有非零解,则其系数行列式 $D = 0$.已知

$$D = \begin{vmatrix} 5-\lambda & 2 & 2 \\ 2 & 6-\lambda & 0 \\ 2 & 0 & 4-\lambda \end{vmatrix} = (5-\lambda)(6-\lambda)(4-\lambda) - 4(6-\lambda) - 4(4-\lambda)$$

$$= (5-\lambda)(2-\lambda)(8-\lambda),$$

故由 $D = 0$,得 $\lambda = 2, \lambda = 5$ 或 $\lambda = 8$.

第六节 典 型 例 题

例 1.17

设多项式

$$f(x)=\begin{vmatrix} -x & 3 & 1 & 3 & 0 \\ x & 3 & 2x & 11 & 4 \\ -1 & x & 0 & 4 & 3x \\ 2 & 21 & 4 & x & 5 \\ 1 & -7x & 3 & -1 & 2 \end{vmatrix},$$

试求 $f(x)$ 中 x^4 的系数.

解 $f(x)$ 中含因子 x 的元素有

$$a_{11}=-x,\quad a_{21}=x,\quad a_{23}=2x,\quad a_{32}=x,$$
$$a_{35}=3x,\quad a_{44}=x,\quad a_{52}=-7x,$$

因此含因子 x 的第 1,2,3,4,5 行元素的列标只能依次取

$$j_1=1,\quad j_2=1,3,\quad j_3=2,5,\quad j_4=4,\quad j_5=2.$$

于是含因子 x^4 的项中元素的列标只能取 $j_1=1,j_2=3,j_3=2,j_4=4$ 或 $j_2=1,j_3=5,j_4=4,j_5=2$,相应项的列标排列只有 13245 与 31542,即含因子 x^4 的相应项只有

$$(-1)^{\tau(13245)}a_{11}a_{23}a_{32}a_{44}a_{55}=4x^4,$$
$$(-1)^{\tau(31542)}a_{13}a_{21}a_{35}a_{44}a_{52}=21x^4.$$

故 $f(x)$ 中 x^4 的系数为 $21+4=25$.

例 1.18

证明:

$$\begin{vmatrix} ax+by & ay+bz & az+bx \\ ay+bz & az+bx & ax+by \\ az+bx & ax+by & ay+bz \end{vmatrix}=(a^3+b^3)\begin{vmatrix} x & y & z \\ y & z & x \\ z & x & y \end{vmatrix}.$$

证 利用行列式的性质,把等式左端的行列式拆成 2^3 个行列式的和,且这 2^3 个行列式中只有两个行列式不等于零,其余均因有两列成比例而等于零,即

$$\text{左端}=\begin{vmatrix} ax & ay & az \\ ay & az & ax \\ az & ax & ay \end{vmatrix}+\begin{vmatrix} by & bz & bx \\ bz & bx & by \\ bx & by & bz \end{vmatrix}$$
$$=a^3\begin{vmatrix} x & y & z \\ y & z & x \\ z & x & y \end{vmatrix}+b^3\begin{vmatrix} y & z & x \\ z & x & y \\ x & y & z \end{vmatrix}$$
$$=(a^3+b^3)\begin{vmatrix} x & y & z \\ y & z & x \\ z & x & y \end{vmatrix}.$$

例 1.19

计算行列式

$$D_n = \begin{vmatrix} \alpha+\beta & \alpha & 0 & \cdots & 0 & 0 \\ \beta & \alpha+\beta & \alpha & \cdots & 0 & 0 \\ 0 & \beta & \alpha+\beta & \cdots & 0 & 0 \\ \vdots & \vdots & \vdots & & \vdots & \vdots \\ 0 & 0 & 0 & \cdots & \alpha+\beta & \alpha \\ 0 & 0 & 0 & \cdots & \beta & \alpha+\beta \end{vmatrix}.$$

解 按第 1 列展开,可得 D_n 与其同类型的较低阶行列式的如下关系式:

$$D_n = (\alpha+\beta)D_{n-1} + (-1)^{2+1}\beta \begin{vmatrix} \alpha & 0 & \cdots & 0 & 0 \\ \beta & \alpha+\beta & \cdots & 0 & 0 \\ \vdots & \vdots & & \vdots & \vdots \\ 0 & 0 & \cdots & \alpha+\beta & \alpha \\ 0 & 0 & \cdots & \beta & \alpha+\beta \end{vmatrix}$$

$$= (\alpha+\beta)D_{n-1} - \alpha\beta D_{n-2},$$

即

$$D_n - \alpha D_{n-1} = \beta(D_{n-1} - \alpha D_{n-2})$$

或

$$D_n - \beta D_{n-1} = \alpha(D_{n-1} - \beta D_{n-2}).$$

由此递推下去,得

$$\begin{aligned} D_n - \alpha D_{n-1} &= \beta(D_{n-1} - \alpha D_{n-2}) = \beta \cdot \beta(D_{n-2} - \alpha D_{n-3}) = \cdots \\ &= \beta^{n-2}(D_2 - \alpha D_1). \end{aligned}$$

而

$$D_2 = \begin{vmatrix} \alpha+\beta & \alpha \\ \beta & \alpha+\beta \end{vmatrix} = (\alpha+\beta)^2 - \alpha\beta = \alpha^2 + \beta^2 + \alpha\beta, \quad D_1 = \alpha+\beta,$$

因此有

$$D_n - \alpha D_{n-1} = \beta^{n-2}\beta^2 = \beta^n. \tag{1.15}$$

同理,可得

$$D_n - \beta D_{n-1} = \alpha^n. \tag{1.16}$$

当 $\alpha \neq \beta$ 时,由式(1.15)和式(1.16)解得

$$D_n = \frac{\alpha^{n+1} - \beta^{n+1}}{\alpha - \beta};$$

当 $\alpha = \beta$ 时,由式(1.15)或式(1.16)继续递推下去,得

$$D_n = (n+1)\alpha^n.$$

例 1.20

计算 $n+1$ 阶行列式

$$D=\begin{vmatrix} x_0 & a_1 & a_2 & \cdots & a_n \\ b_1 & x_1 & 0 & \cdots & 0 \\ b_2 & 0 & x_2 & \cdots & 0 \\ \vdots & \vdots & \vdots & & \vdots \\ b_n & 0 & 0 & \cdots & x_n \end{vmatrix} \quad (x_1x_2\cdots x_n\neq 0).$$

解 $D \xlongequal[(i=2,3,\cdots,n+1)]{r_1-\frac{a_{i-1}}{x_{i-1}}r_i} \begin{vmatrix} x_0-\sum\limits_{i=1}^{n}\frac{a_ib_i}{x_i} & 0 & 0 & \cdots & 0 \\ b_1 & x_1 & 0 & \cdots & 0 \\ b_2 & 0 & x_2 & \cdots & 0 \\ \vdots & \vdots & \vdots & & \vdots \\ b_n & 0 & 0 & \cdots & x_n \end{vmatrix}$

$$=\left(x_0-\sum_{i=1}^{n}\frac{a_ib_i}{x_i}\right)x_1x_2\cdots x_n.$$

例 1.21

计算行列式

$$D_n=\begin{vmatrix} x_1 & a_2 & a_3 & \cdots & a_{n-1} & a_n \\ a_1 & x_2 & a_3 & \cdots & a_{n-1} & a_n \\ a_1 & a_2 & x_3 & \cdots & a_{n-1} & a_n \\ \vdots & \vdots & \vdots & & \vdots & \vdots \\ a_1 & a_2 & a_3 & \cdots & x_{n-1} & a_n \\ a_1 & a_2 & a_3 & \cdots & a_{n-1} & x_n \end{vmatrix} \quad (x_i\neq a_i, i=1,2,\cdots,n).$$

解 $D_n \xlongequal[(i=2,3,\cdots,n)]{r_i-r_1} \begin{vmatrix} x_1 & a_2 & \cdots & a_n \\ a_1-x_1 & x_2-a_2 & \cdots & 0 \\ \vdots & \vdots & & \vdots \\ a_1-x_1 & 0 & \cdots & x_n-a_n \end{vmatrix}$

$$=\prod_{i=1}^{n}(x_i-a_i)\begin{vmatrix} \frac{x_1}{x_1-a_1} & \frac{a_2}{x_2-a_2} & \cdots & \frac{a_n}{x_n-a_n} \\ -1 & 1 & \cdots & 0 \\ \vdots & \vdots & & \vdots \\ -1 & 0 & \cdots & 1 \end{vmatrix}$$

$$\xlongequal[(j=2,3,\cdots,n)]{c_1+c_j} \prod_{i=1}^{n}(x_i-a_i)\begin{vmatrix} 1+\sum\limits_{k=1}^{n}\frac{a_k}{x_k-a_k} & \frac{a_2}{x_2-a_2} & \cdots & \frac{a_n}{x_n-a_n} \\ 0 & 1 & \cdots & 0 \\ \vdots & \vdots & & \vdots \\ 0 & 0 & \cdots & 1 \end{vmatrix}$$

$$=\left(1+\sum_{k=1}^{n}\frac{a_k}{x_k-a_k}\right)\prod_{i=1}^{n}(x_i-a_i).$$

例 1.22

计算行列式

$$D=\begin{vmatrix}1&1&1&1\\a&b&c&d\\a^2&b^2&c^2&d^2\\a^4&b^4&c^4&d^4\end{vmatrix}.$$

解 当 a,b,c,d 中有两个相等时,显然 $D=0$.

当 a,b,c,d 互异时,因 D 中的各列元素均缺少 3 次幂的元素,故可在 D 中添加一行 3 次幂的元素.又为了构造五阶范德蒙德行列式,可再适当添加一列元素得到

$$f(x)=\begin{vmatrix}1&1&1&1&1\\a&b&c&d&x\\a^2&b^2&c^2&d^2&x^2\\a^3&b^3&c^3&d^3&x^3\\a^4&b^4&c^4&d^4&x^4\end{vmatrix}.$$

将上述行列式按最后一列展开,得到

$$f(x)=A_{15}+A_{25}x+A_{35}x^2+A_{45}x^3+A_{55}x^4.$$

因 $f(a)=f(b)=f(c)=f(d)=0$,故 a,b,c,d 为方程 $f(x)=0$ 的 4 个根.于是根据根与系数的关系,有 $a+b+c+d=-\dfrac{A_{45}}{A_{55}}$.而

$$A_{45}=(-1)^{4+5}D=-D,$$
$$A_{55}=(b-a)(c-a)(d-a)(c-b)(d-b)(d-c),$$

所以

$$\begin{aligned}D&=(a+b+c+d)A_{55}\\&=(a+b+c+d)(b-a)(c-a)(d-a)(c-b)(d-b)(d-c).\end{aligned}$$

例 1.23

计算行列式

$$D_n=\begin{vmatrix}1&x_1&x_1^2&\cdots&x_1^{n-2}&x_1^n\\1&x_2&x_2^2&\cdots&x_2^{n-2}&x_2^n\\\vdots&\vdots&\vdots&&\vdots&\vdots\\1&x_{n-1}&x_{n-1}^2&\cdots&x_{n-1}^{n-2}&x_{n-1}^n\\1&x_n&x_n^2&\cdots&x_n^{n-2}&x_n^n\end{vmatrix}.$$

解 将 D_n 增加一行、一列,使其变成 $n+1$ 阶范德蒙德行列式的转置行列式,即取

$$D_{n+1}=\begin{vmatrix}1 & x_1 & x_1^2 & \cdots & x_1^{n-2} & x_1^{n-1} & x_1^n\\ 1 & x_2 & x_2^2 & \cdots & x_2^{n-2} & x_2^{n-1} & x_2^n\\ \vdots & \vdots & \vdots & & \vdots & \vdots & \vdots\\ 1 & x_n & x_n^2 & \cdots & x_n^{n-2} & x_n^{n-1} & x_n^n\\ 1 & y & y^2 & \cdots & y^{n-2} & y^{n-1} & y^n\end{vmatrix}.$$

于是有

$$\begin{aligned}D_{n+1}=D_{n+1}^{\mathrm{T}}&=\prod_{i=1}^{n}(y-x_i)\prod_{n\geqslant i>j\geqslant 1}(x_i-x_j)\\&=(y-x_1)(y-x_2)\cdots(y-x_n)\prod_{n\geqslant i>j\geqslant 1}(x_i-x_j)\\&=[y^n-(x_1+x_2+\cdots+x_n)y^{n-1}+\cdots+(-1)^n x_1x_2\cdots x_n]\cdot\prod_{n\geqslant i>j\geqslant 1}(x_i-x_j).\end{aligned}$$

若把 D_{n+1} 按最后一行展开,得

$$\begin{aligned}D_{n+1}&=a_ny^n+y^{n-1}(-1)^{n+1+n}D_n+\cdots+a_0\\&=a_ny^n+(-D_n)y^{n-1}+\cdots+a_0,\end{aligned}$$

即 y^{n-1} 的系数恰好是 $-D_n$. 比较上面两式中 y^{n-1} 的系数,便得

$$D_n=\left(\sum_{i=1}^{n}x_i\right)\prod_{n\geqslant i>j\geqslant 1}(x_i-x_j).$$

例 1.24

设行列式

$$D=\begin{vmatrix}1 & 2 & 3 & 4 & 5\\ 5 & 5 & 5 & 3 & 3\\ 3 & 2 & 5 & 4 & 2\\ 2 & 2 & 2 & 1 & 1\\ 4 & 6 & 5 & 2 & 3\end{vmatrix},$$

求 $A_{31}+A_{32}+A_{33}$ 及 $A_{34}+A_{35}$,其中 A_{3j} 为元素 a_{3j} 的代数余子式($j=1,2,3,4,5$).

解 将 D 中第 3 行的元素依次换成 5,5,5,3,3,则替换后的行列式中第 2 行与第 3 行的对应元素完全相同,于是它的值等于 0. 新行列式按第 3 行展开,则有

$$5(A_{31}+A_{32}+A_{33})+3(A_{34}+A_{35})=0. \tag{1.17}$$

同理,将 D 中第 3 行的元素换成第 4 行的对应元素,新行列式按第 3 行展开,则有

$$2(A_{31}+A_{32}+A_{33})+A_{34}+A_{35}=0. \tag{1.18}$$

解式(1.17) 和式(1.18),得

$$A_{31}+A_{32}+A_{33}=0,\quad A_{34}+A_{35}=0.$$

例 1.25

求三次多项式 $f(x)=a_0+a_1x+a_2x^2+a_3x^3$ 的系数 a_0,a_1,a_2 和 a_3，使得 $f(x)$ 满足

$$f(-1)=0,\quad f(1)=4,\quad f(2)=3,\quad f(3)=16.$$

解 根据题意，得

$$\begin{aligned}f(-1)&=a_0-a_1+a_2-a_3=0,\\f(1)&=a_0+a_1+a_2+a_3=4,\\f(2)&=a_0+2a_1+4a_2+8a_3=3,\\f(3)&=a_0+3a_1+9a_2+27a_3=16.\end{aligned}$$

这是一个关于 4 个未知量 a_0,a_1,a_2,a_3 的线性方程组.根据克拉默法则，因

$$D=48,\quad D_1=336,\quad D_2=0,\quad D_3=-240,\quad D_4=96,$$

故

$$a_0=7,\quad a_1=0,\quad a_2=-5,\quad a_3=2.$$

习 题 一

1. 用对角线法则计算下列行列式：

(1) $\begin{vmatrix}2&1\\-1&2\end{vmatrix}$；

(2) $\begin{vmatrix}x-1&1\\x^2&x^2+x+1\end{vmatrix}$；

(3) $\begin{vmatrix}a&b\\a^2&b^2\end{vmatrix}$；

(4) $\begin{vmatrix}1&1&1\\3&1&4\\8&9&5\end{vmatrix}$；

(5) $\begin{vmatrix}0&a&0\\b&0&c\\0&d&0\end{vmatrix}$；

(6) $\begin{vmatrix}1&2&3\\3&1&2\\2&3&1\end{vmatrix}$.

2. 求下列排列的逆序数：

(1) 34215；

(2) 4312；

(3) $n(n-1)\cdots 21$；

(4) $13\cdots(2n-1)(2n)\cdots 42$.

3. 写出四阶行列式 $\det(a_{ij})$ 中所有含因子 $a_{11}a_{23}$ 的项.

4. 计算下列行列式：

(1) $\begin{vmatrix}4&1&2&4\\1&2&0&2\\10&5&2&0\\0&1&1&7\end{vmatrix}$；

(2) $\begin{vmatrix}0&1&1&1\\1&0&1&1\\1&1&0&1\\1&1&1&0\end{vmatrix}$；

(3) $\begin{vmatrix}-ab&ac&ae\\bd&-cd&de\\bf&cf&-ef\end{vmatrix}$；

(4) $\begin{vmatrix}a&1&0&0\\-1&b&1&0\\0&-1&c&1\\0&0&-1&d\end{vmatrix}$；

(5) $\begin{vmatrix} a-b-c & 2a & 2a \\ 2b & b-a-c & 2b \\ 2c & 2c & c-a-b \end{vmatrix}$；　(6) $\begin{vmatrix} -2 & 2 & -4 & 0 \\ 4 & -1 & 3 & 5 \\ 3 & 1 & -2 & -3 \\ 2 & 0 & 5 & 1 \end{vmatrix}$；

(7) $\begin{vmatrix} 1 & 2 & 2 & \cdots & 2 \\ 2 & 2 & 2 & \cdots & 2 \\ 2 & 2 & 3 & \cdots & 2 \\ \vdots & \vdots & \vdots & & \vdots \\ 2 & 2 & 2 & \cdots & n \end{vmatrix}$；　(8) $\begin{vmatrix} a & 0 & \cdots & 0 & 1 \\ 0 & a & \cdots & 0 & 0 \\ \vdots & \vdots & & \vdots & \vdots \\ 0 & 0 & \cdots & a & 0 \\ 1 & 0 & \cdots & 0 & a \end{vmatrix}$.

5. 证明下列等式：

(1) $\begin{vmatrix} a^2 & ab & b^2 \\ 2a & a+b & 2b \\ 1 & 1 & 1 \end{vmatrix}=(a-b)^3$；　(2) $\begin{vmatrix} a^2 & (a+1)^2 & (a+2)^2 & (a+3)^2 \\ b^2 & (b+1)^2 & (b+2)^2 & (b+3)^2 \\ c^2 & (c+1)^2 & (c+2)^2 & (c+3)^2 \\ d^2 & (d+1)^2 & (d+2)^2 & (d+3)^2 \end{vmatrix}=0$；

(3) $\begin{vmatrix} x & -1 & 0 & \cdots & 0 & 0 \\ 0 & x & -1 & \cdots & 0 & 0 \\ \vdots & \vdots & \vdots & & \vdots & \vdots \\ 0 & 0 & 0 & \cdots & x & -1 \\ a_n & a_{n-1} & a_{n-2} & \cdots & a_2 & x+a_1 \end{vmatrix}=x^n+a_1x^{n-1}+\cdots+a_{n-1}x+a_n$.

6. 计算下列各题：

(1) 设 x_1,x_2,x_3 是方程 $x^3+px+q=0$ 的 3 个根，计算行列式

$$\begin{vmatrix} x_1 & x_2 & x_3 \\ x_3 & x_1 & x_2 \\ x_2 & x_3 & x_1 \end{vmatrix};$$

(2) 已知多项式 $f(x)=\begin{vmatrix} x & x & 1 & 0 \\ 1 & x & 2 & 3 \\ 2 & 3 & x & 2 \\ 1 & 1 & 2 & x \end{vmatrix}$，用行列式的定义求 $f(x)$ 中 x^3 的系数；

(3) 设行列式

$$D=\begin{vmatrix} a & b & c & d \\ c & b & d & a \\ d & b & c & a \\ a & b & d & c \end{vmatrix},$$

求 $A_{14}+A_{24}+A_{34}+A_{44}$，其中 A_{i4} 为元素 a_{i4} 的代数余子式 $(i=1,2,3,4)$；

(4) 设 n 阶行列式

$$D=\begin{vmatrix} x & a & \cdots & a \\ a & x & \cdots & a \\ \vdots & \vdots & & \vdots \\ a & a & \cdots & x \end{vmatrix},$$

求 $A_{n1}+A_{n2}+\cdots+A_{nn}$.

7. 计算下列行列式(D_k 为 k 阶行列式):

(1) $D_n=\begin{vmatrix} x_1-m & x_2 & \cdots & x_n \\ x_1 & x_2-m & \cdots & x_n \\ \vdots & \vdots & & \vdots \\ x_1 & x_2 & \cdots & x_n-m \end{vmatrix}$;

(2) $D_n=\begin{vmatrix} 1 & 2 & 3 & \cdots & n-1 & n \\ 1 & -1 & 0 & \cdots & 0 & 0 \\ 0 & 2 & -2 & \cdots & 0 & 0 \\ \vdots & \vdots & \vdots & & \vdots & \vdots \\ 0 & 0 & 0 & \cdots & n-1 & 1-n \end{vmatrix}$;

(3) $D_{2n}=\begin{vmatrix} a & & & & & b \\ & \ddots & & & \iddots & \\ & & a & b & & \\ & & c & d & & \\ & \iddots & & & \ddots & \\ c & & & & & d \end{vmatrix}$;

(4) $D_n=\begin{vmatrix} 1+a_1 & 1 & \cdots & 1 \\ 1 & 1+a_2 & \cdots & 1 \\ \vdots & \vdots & & \vdots \\ 1 & 1 & \cdots & 1+a_n \end{vmatrix}$,其中 $a_i\neq 0(i=1,2,\cdots,n)$(提示:将最后一列元素写成两个元素之和);

(5) $D=\begin{vmatrix} 1+x & 1 & 1 & 1 \\ 1 & 1-x & 1 & 1 \\ 1 & 1 & 1+y & 1 \\ 1 & 1 & 1 & 1-y \end{vmatrix}$.

8. 用克拉默法则求解下列线性方程组:

(1) $\begin{cases} x+2y+z=0, \\ 2x-y+z=1, \\ x-y+2z=3; \end{cases}$

(2) $\begin{cases} x_1-2x_2+3x_3-4x_4=4, \\ x_2-x_3+x_4=-3, \\ x_1+3x_2+x_4=1, \\ -7x_2+3x_3+x_4=-3. \end{cases}$

9. λ,μ 取何值时,齐次线性方程组

$$\begin{cases} \lambda x_1+x_2+x_3=0, \\ x_1+\mu x_2+x_3=0, \\ x_1+2\mu x_2+x_3=0 \end{cases}$$

有非零解?

10. 在 xOy 平面上,(x_1,y_1),(x_2,y_2) 和 (x_3,y_3) 这 3 点共线,证明:

$$\begin{vmatrix} x_1 & y_1 & 1 \\ x_2 & y_2 & 1 \\ x_3 & y_3 & 1 \end{vmatrix}=0.$$

第二章

矩　阵

知识框图

课程思政案例

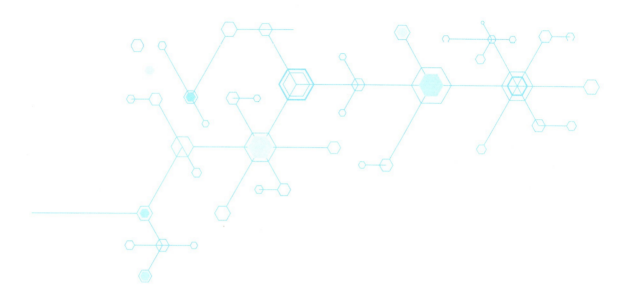

第一节　矩阵的概念

引例 1　在平面解析几何中，当坐标轴逆时针旋转 θ 角时，新坐标 (x',y') 与旧坐标 (x,y) 之间存在如下的变换公式：

$$\begin{cases} x = x'\cos\theta - y'\sin\theta, \\ y = x'\sin\theta + y'\cos\theta. \end{cases}$$

显然，这种新、旧坐标之间的关系完全可以由变换公式中系数构成的数表

$$\begin{matrix} \cos\theta & -\sin\theta \\ \sin\theta & \cos\theta \end{matrix}$$

来确定.

引例 2　设含有 n 个未知量 $x_i\,(i=1,2,\cdots,n)$ 的 m 个方程的线性方程组

$$\begin{cases} a_{11}x_1 + a_{12}x_2 + \cdots + a_{1n}x_n = b_1, \\ a_{21}x_1 + a_{22}x_2 + \cdots + a_{2n}x_n = b_2, \\ \cdots\cdots \\ a_{m1}x_1 + a_{m2}x_2 + \cdots + a_{mn}x_n = b_m, \end{cases} \tag{2.1}$$

其中 $a_{ij}\,(i=1,2,\cdots,m;j=1,2,\cdots,n)$ 为方程组的系数，$b_i\,(i=1,2,\cdots,m)$ 为常数项. 为了便于研究和求解线性方程组，我们把系数和常数项取出并按原来的位置排成下列数表：

$$\begin{matrix} a_{11} & a_{12} & \cdots & a_{1n} & b_1 \\ a_{21} & a_{22} & \cdots & a_{2n} & b_2 \\ \vdots & \vdots & & \vdots & \vdots \\ a_{m1} & a_{m2} & \cdots & a_{mn} & b_m \end{matrix}. \tag{2.2}$$

下面给出这样的数表的一般定义.

定义 2.1　由 $m\times n$ 个数 $a_{ij}\,(i=1,2,\cdots,m;j=1,2,\cdots,n)$ 排成 m 行 n 列的数表

$$\begin{matrix} a_{11} & a_{12} & \cdots & a_{1n} \\ a_{21} & a_{22} & \cdots & a_{2n} \\ \vdots & \vdots & & \vdots \\ a_{m1} & a_{m2} & \cdots & a_{mn} \end{matrix}$$

称为 m 行 n 列的**矩阵**，简称 **$m\times n$ 矩阵**. 为了表示它是一个整体，总是加一个括号，一般用黑体大写字母表示，记作

$$\boldsymbol{A}=\begin{pmatrix} a_{11} & a_{12} & \cdots & a_{1n} \\ a_{21} & a_{22} & \cdots & a_{2n} \\ \vdots & \vdots & & \vdots \\ a_{m1} & a_{m2} & \cdots & a_{mn} \end{pmatrix}, \tag{2.3}$$

其中 a_{ij} 表示矩阵$\boldsymbol{A}$第 i 行第 j 列的元素. 矩阵(2.3)也可简记为$\boldsymbol{A}=(a_{ij})_{m\times n}$ 或$\boldsymbol{A}=(a_{ij})$,$m\times n$ 矩阵$\boldsymbol{A}$ 也记为$\boldsymbol{A}_{m\times n}$.

当 $m=n$ 时,$\boldsymbol{A}$ 称为 n 阶方阵.

只有一行的矩阵

$$\boldsymbol{A}=(a_1 \quad a_2 \quad \cdots \quad a_n)$$

称为行矩阵. 为了避免元素间的混淆,行矩阵一般记作

$$\boldsymbol{A}=(a_1,a_2,\cdots,a_n).$$

只有一列的矩阵

$$\boldsymbol{A}=\begin{pmatrix} a_1 \\ a_2 \\ \vdots \\ a_n \end{pmatrix}$$

称为列矩阵.

若两个矩阵行数相等且列数相等,则称它们是同型的. 若矩阵 $\boldsymbol{A}=(a_{ij})_{m\times n}$ 与$\boldsymbol{B}=(b_{ij})_{m\times n}$ 同型,且它们的对应元素相等,即

$$a_{ij}=b_{ij} \quad (i=1,2,\cdots,m;j=1,2,\cdots,n),$$

则称矩阵 $\boldsymbol{A}$ 与$\boldsymbol{B}$ 相等,记为

$$\boldsymbol{A}=\boldsymbol{B}.$$

元素全为零的矩阵称为零矩阵,记为 $\boldsymbol{O}$. 注意,不同型的零矩阵是不相等的.

元素是实数的矩阵称为实矩阵,元素是复数的矩阵称为复矩阵. 本书中的矩阵除特别声明外,都是指实矩阵.

显然,在引例 2 中,当未知量 $x_1,x_2,\cdots,x_n$ 的顺序排定后,线性方程组(2.1) 与矩阵(2.2) 是一一对应的,于是可以用矩阵来研究线性方程组.

例 2.1

设一组变量 $x_1,x_2,\cdots,x_n$ 到另一组变量 $y_1,y_2,\cdots,y_m$ 的变换由如下 m 个线性表达式给出:

$$\begin{cases} y_1=a_{11}x_1+a_{12}x_2+\cdots+a_{1n}x_n, \\ y_2=a_{21}x_1+a_{22}x_2+\cdots+a_{2n}x_n, \\ \qquad\cdots\cdots \\ y_m=a_{m1}x_1+a_{m2}x_2+\cdots+a_{mn}x_n, \end{cases} \tag{2.4}$$

其中常数 $a_{ij}(i=1,2,\cdots,m;j=1,2,\cdots,n)$ 为变换(2.4)的系数. 这种从变量 $x_1,x_2,\cdots,x_n$ 到变量 $y_1,y_2,\cdots,y_m$ 的变换称为**线性变换**. 由线性变换(2.4)的系数所构成的 $m\times n$ 矩阵(2.3)称为**线性变换(2.4)的系数矩阵**.

例 2.2

将某种物资从 m 个产地 $A_1,A_2,\cdots,A_m$ 运往 n 个销地 $B_1,B_2,\cdots,B_n$. 用 $a_{ij}(i=1,2,\cdots,m;j=1,2,\cdots,n)$ 表示由产地 A_i 运往销地 B_j 的物资数量, 则调运方案可用矩阵(2.3)表示.

下面介绍几个重要的 n 阶方阵.

例 2.3

从变量 $x_1,x_2,\cdots,x_n$ 到变量 $y_1,y_2,\cdots,y_n$ 的线性变换

$$\begin{cases} y_1=x_1, \\ y_2=x_2, \\ \quad\cdots\cdots \\ y_n=x_n \end{cases}$$

称为**恒等变换**, 它的系数矩阵

$$\boldsymbol{E}=\begin{pmatrix} 1 & 0 & \cdots & 0 \\ 0 & 1 & \cdots & 0 \\ \vdots & \vdots & & \vdots \\ 0 & 0 & \cdots & 1 \end{pmatrix}$$

称为 **n 阶单位矩阵**, 简称**单位矩阵**. n 阶单位矩阵的特点是: 主对角线上的元素都是 1, 其他元素都为零, 即

$$\boldsymbol{E}=(\delta_{ij}),$$

其中

$$\delta_{ij}=\begin{cases} 1, & i=j, \\ 0, & i\neq j \end{cases} \quad (i,j=1,2,\cdots,n).$$

例 2.4

线性变换

$$\begin{cases} y_1=\lambda_1 x_1, \\ y_2=\lambda_2 x_2, \\ \quad\cdots\cdots \\ y_n=\lambda_n x_n \end{cases}$$

的系数矩阵

$$A=\begin{pmatrix}\lambda_1 & 0 & \cdots & 0\\ 0 & \lambda_2 & \cdots & 0\\ \vdots & \vdots & & \vdots\\ 0 & 0 & \cdots & \lambda_n\end{pmatrix}$$

称为**对角矩阵**. 对角矩阵的特点是：不在主对角线上的元素都为零. 特别地，当 $\lambda_1=\lambda_2=\cdots=\lambda_n$ 时，称此矩阵为**数量矩阵**.

方阵

$$A=\begin{pmatrix}a_{11} & a_{12} & \cdots & a_{1n}\\ 0 & a_{22} & \cdots & a_{2n}\\ \vdots & \vdots & & \vdots\\ 0 & 0 & \cdots & a_{nn}\end{pmatrix}$$

称为**上三角形矩阵**. 上三角形矩阵的特点是：主对角线以下的元素全为零，即当 $i>j$ 时，$a_{ij}=0$.

类似地，方阵

$$\begin{pmatrix}a_{11} & 0 & \cdots & 0\\ a_{21} & a_{22} & \cdots & 0\\ \vdots & \vdots & & \vdots\\ a_{n1} & a_{n2} & \cdots & a_{nn}\end{pmatrix}$$

称为**下三角形矩阵**. 下三角形矩阵的特点是：主对角线以上的元素全为零，即当 $i<j$ 时，$a_{ij}=0$.

第二节 矩阵的运算

一、矩阵的加法

微课视频

定义 2.2 设有两个 $m\times n$ 矩阵 $A=(a_{ij})_{m\times n}$，$B=(b_{ij})_{m\times n}$，那么矩阵

$$C=(c_{ij})_{m\times n}=(a_{ij}+b_{ij})_{m\times n}=\begin{pmatrix}a_{11}+b_{11} & a_{12}+b_{12} & \cdots & a_{1n}+b_{1n}\\ a_{21}+b_{21} & a_{22}+b_{22} & \cdots & a_{2n}+b_{2n}\\ \vdots & \vdots & & \vdots\\ a_{m1}+b_{m1} & a_{m2}+b_{m2} & \cdots & a_{mn}+b_{mn}\end{pmatrix}$$

称为**矩阵 A 与 B 的和**，记为

$$\boldsymbol{C}=\boldsymbol{A}+\boldsymbol{B}.$$

注　只有同型矩阵才能进行加法运算.

设$\boldsymbol{A},\boldsymbol{B},\boldsymbol{C},\boldsymbol{O}$均为$m\times n$矩阵,容易证明,矩阵的加法满足下列运算规律:

(1) 交换律　$\boldsymbol{A}+\boldsymbol{B}=\boldsymbol{B}+\boldsymbol{A}$;

(2) 结合律　$(\boldsymbol{A}+\boldsymbol{B})+\boldsymbol{C}=\boldsymbol{A}+(\boldsymbol{B}+\boldsymbol{C})$;

(3) $\boldsymbol{A}+\boldsymbol{O}=\boldsymbol{A}$.

设矩阵$\boldsymbol{A}=(a_{ij})_{m\times n}$,记

$$-\boldsymbol{A}=(-a_{ij})_{m\times n},$$

称$-\boldsymbol{A}$为$\boldsymbol{A}$的负矩阵. 显然,有

$$\boldsymbol{A}+(-\boldsymbol{A})=\boldsymbol{O}.$$

由此定义矩阵的减法为

$$\boldsymbol{A}-\boldsymbol{B}=\boldsymbol{A}+(-\boldsymbol{B}).$$

二、数与矩阵的乘法

定义 2.3　设矩阵$\boldsymbol{A}=(a_{ij})_{m\times n}$,$\lambda$是常数,则矩阵

$$\lambda\boldsymbol{A}=\boldsymbol{A}\lambda=(\lambda a_{ij})_{m\times n}=\begin{pmatrix}\lambda a_{11} & \lambda a_{12} & \cdots & \lambda a_{1n}\\ \lambda a_{21} & \lambda a_{22} & \cdots & \lambda a_{2n}\\ \vdots & \vdots & & \vdots\\ \lambda a_{m1} & \lambda a_{m2} & \cdots & \lambda a_{mn}\end{pmatrix}$$

称为数λ与矩阵$\boldsymbol{A}$的乘积.

设$\boldsymbol{A},\boldsymbol{B}$为$m\times n$矩阵,$\lambda,\mu$为常数,由定义可以证明,数与矩阵的乘法满足下列运算规律:

(1) $(\lambda\mu)\boldsymbol{A}=\lambda(\mu\boldsymbol{A})=\mu(\lambda\boldsymbol{A})$;

(2) $(\lambda+\mu)\boldsymbol{A}=\lambda\boldsymbol{A}+\mu\boldsymbol{A}$;

(3) $\lambda(\boldsymbol{A}+\boldsymbol{B})=\lambda\boldsymbol{A}+\lambda\boldsymbol{B}$;

(4) $1\cdot\boldsymbol{A}=\boldsymbol{A},(-1)\boldsymbol{A}=-\boldsymbol{A}$.

三、矩阵的乘法

定义 2.4　设矩阵$\boldsymbol{A}=(a_{ij})_{m\times s}$,$\boldsymbol{B}=(b_{ij})_{s\times n}$,则$m\times n$矩阵$\boldsymbol{C}=(c_{ij})_{m\times n}$称为矩阵$\boldsymbol{A}$与$\boldsymbol{B}$的乘积,记为

$$\boldsymbol{C}=\boldsymbol{AB},$$

其中

$$c_{ij}=a_{i1}b_{1j}+a_{i2}b_{2j}+\cdots+a_{is}b_{sj}=\sum_{k=1}^{s}a_{ik}b_{kj}$$
$$(i=1,2,\cdots,m;j=1,2,\cdots,n).$$

由此定义可以看出,矩阵$\boldsymbol{C}=\boldsymbol{AB}$中第$i$行第$j$列的元素$c_{ij}$等于矩阵$\boldsymbol{A}$中

第 i 行各元素与矩阵 $\boldsymbol{B}$ 中第 j 列对应元素的乘积之和.

注 只有当第 1 个矩阵(左矩阵)的列数等于第 2 个矩阵(右矩阵)的行数时,两个矩阵才能相乘.其行数与列数之间的关系可简记为

$$(m\times s)(s\times n)=(m\times n).$$

例 2.5

设矩阵

$$\boldsymbol{A}=\begin{pmatrix}1&0&3\\2&1&0\end{pmatrix},\quad \boldsymbol{B}=\begin{pmatrix}4&1\\-1&1\\2&0\end{pmatrix},$$

求 $\boldsymbol{AB}$.

解 因为 $\boldsymbol{A}$ 是 2×3 矩阵,$\boldsymbol{B}$ 是 3×2 矩阵,即 $\boldsymbol{A}$ 的列数等于 $\boldsymbol{B}$ 的行数,所以 $\boldsymbol{A}$ 与 $\boldsymbol{B}$ 可以相乘,且 $\boldsymbol{AB}$ 是 2×2 矩阵.由定义 2.4,有

$$\boldsymbol{AB}=\begin{pmatrix}1&0&3\\2&1&0\end{pmatrix}\begin{pmatrix}4&1\\-1&1\\2&0\end{pmatrix}=\begin{pmatrix}1\times4+0\times(-1)+3\times2&1\times1+0\times1+3\times0\\2\times4+1\times(-1)+0\times2&2\times1+1\times1+0\times0\end{pmatrix}$$

$$=\begin{pmatrix}10&1\\7&3\end{pmatrix}.$$

例 2.6

设矩阵 $\boldsymbol{A}=\begin{pmatrix}1&1\\-1&-1\end{pmatrix}$,$\boldsymbol{B}=\begin{pmatrix}1&-1\\-1&1\end{pmatrix}$,求 $\boldsymbol{AB}$ 与 $\boldsymbol{BA}$.

解 $$\boldsymbol{AB}=\begin{pmatrix}1&1\\-1&-1\end{pmatrix}\begin{pmatrix}1&-1\\-1&1\end{pmatrix}=\begin{pmatrix}0&0\\0&0\end{pmatrix},$$

$$\boldsymbol{BA}=\begin{pmatrix}1&-1\\-1&1\end{pmatrix}\begin{pmatrix}1&1\\-1&-1\end{pmatrix}=\begin{pmatrix}2&2\\-2&-2\end{pmatrix}.$$

关于矩阵的乘法,一般有 $\boldsymbol{AB}\neq\boldsymbol{BA}$.事实上,$\boldsymbol{AB}$ 有意义时,$\boldsymbol{BA}$ 不一定有意义,即使 $\boldsymbol{BA}$ 有意义,由例 2.6 可知,$\boldsymbol{AB}$ 也不一定等于 $\boldsymbol{BA}$.因此,在矩阵的乘法中必须注意矩阵相乘的顺序.$\boldsymbol{AB}$ 通常说成"$\boldsymbol{A}$ 左乘 $\boldsymbol{B}$"或"$\boldsymbol{B}$ 右乘 $\boldsymbol{A}$".故矩阵的乘法不满足交换律,即在一般情况下,$\boldsymbol{AB}\neq\boldsymbol{BA}$.

对于两个 n 阶方阵 $\boldsymbol{A}$,$\boldsymbol{B}$,若 $\boldsymbol{AB}=\boldsymbol{BA}$,则称 $\boldsymbol{A}$ 与 $\boldsymbol{B}$ 是**可交换**的.

由例 2.6 还可看出,当 $\boldsymbol{A}$,$\boldsymbol{B}$ 都不是零矩阵时,也可能有 $\boldsymbol{AB}=\boldsymbol{O}$,这是矩阵的乘法与数的乘法又一不同之处.

注 由 $\boldsymbol{AB}=\boldsymbol{O}$ 不能推出 $\boldsymbol{A}=\boldsymbol{O}$ 或 $\boldsymbol{B}=\boldsymbol{O}$ 的结论,由 $\boldsymbol{AB}=\boldsymbol{AC}$ 且 $\boldsymbol{A}\neq\boldsymbol{O}$

也不能推出 $\boldsymbol{B}=\boldsymbol{C}$ 的结论.

可以证明,矩阵的乘法满足以下运算规律,其中所涉及的运算均假定是可行的:

(1) 结合律 $(\boldsymbol{AB})\boldsymbol{C}=\boldsymbol{A}(\boldsymbol{BC})$;

(2) 分配律 $\boldsymbol{A}(\boldsymbol{B}+\boldsymbol{C})=\boldsymbol{AB}+\boldsymbol{AC}$,

$(\boldsymbol{B}+\boldsymbol{C})\boldsymbol{A}=\boldsymbol{BA}+\boldsymbol{CA}$;

(3) $\lambda(\boldsymbol{AB})=(\lambda\boldsymbol{A})\boldsymbol{B}=\boldsymbol{A}(\lambda\boldsymbol{B})$ (λ 为常数).

特别地,对于单位矩阵,容易验证

$$\boldsymbol{E}_m\boldsymbol{A}_{m\times n}=\boldsymbol{A}_{m\times n},\quad \boldsymbol{A}_{m\times n}\boldsymbol{E}_n=\boldsymbol{A}_{m\times n},$$

简记为

$$\boldsymbol{EA}=\boldsymbol{A},\quad \boldsymbol{AE}=\boldsymbol{A}.$$

由矩阵乘法的定义,线性变换(2.4)可表示为

$$\boldsymbol{y}=\boldsymbol{Ax},$$

其中 $\boldsymbol{A}$ 为矩阵(2.3),$\boldsymbol{x}=\begin{pmatrix}x_1\\x_2\\\vdots\\x_n\end{pmatrix}$,$\boldsymbol{y}=\begin{pmatrix}y_1\\y_2\\\vdots\\y_m\end{pmatrix}$.

例 2.7

设有两个线性变换

$$\begin{cases}y_1=a_{11}x_1+a_{12}x_2,\\y_2=a_{21}x_1+a_{22}x_2,\\y_3=a_{31}x_1+a_{32}x_2\end{cases}\tag{2.5}$$

与

$$\begin{cases}x_1=b_{11}t_1+b_{12}t_2+b_{13}t_3,\\x_2=b_{21}t_1+b_{22}t_2+b_{23}t_3,\end{cases}\tag{2.6}$$

试用矩阵表示从变量 t_1,t_2,t_3 到变量 y_1,y_2,y_3 的变换(这个变换称为线性变换(2.5)和线性变换(2.6)的乘积).

解 记

$$\boldsymbol{A}=\begin{pmatrix}a_{11}&a_{12}\\a_{21}&a_{22}\\a_{31}&a_{32}\end{pmatrix},\quad \boldsymbol{B}=\begin{pmatrix}b_{11}&b_{12}&b_{13}\\b_{21}&b_{22}&b_{23}\end{pmatrix},\quad \boldsymbol{x}=\begin{pmatrix}x_1\\x_2\end{pmatrix},\quad \boldsymbol{y}=\begin{pmatrix}y_1\\y_2\\y_3\end{pmatrix},\quad \boldsymbol{t}=\begin{pmatrix}t_1\\t_2\\t_3\end{pmatrix},$$

则线性变换(2.5)和线性变换(2.6)可分别表示为

$$\boldsymbol{y}=\boldsymbol{Ax},\quad \boldsymbol{x}=\boldsymbol{Bt},$$

所以

$$\boldsymbol{y}=\boldsymbol{Ax}=\boldsymbol{A}(\boldsymbol{Bt})=(\boldsymbol{AB})\boldsymbol{t}.$$

以上说明,线性变换的乘积仍为线性变换,它的系数矩阵为两线性变换系数矩阵的乘积.

在线性方程组(2.1)中,记

$$\boldsymbol{A}=\begin{pmatrix} a_{11} & a_{12} & \cdots & a_{1n} \\ a_{21} & a_{22} & \cdots & a_{2n} \\ \vdots & \vdots & & \vdots \\ a_{m1} & a_{m2} & \cdots & a_{mn} \end{pmatrix},\quad \boldsymbol{x}=\begin{pmatrix} x_1 \\ x_2 \\ \vdots \\ x_n \end{pmatrix},\quad \boldsymbol{b}=\begin{pmatrix} b_1 \\ b_2 \\ \vdots \\ b_m \end{pmatrix},$$

利用矩阵乘法的定义,则该线性方程组可记为

$$\boldsymbol{Ax}=\boldsymbol{b}.$$

上式称为矩阵方程.

有了矩阵的乘法,就可定义 n 阶方阵的幂. 设 $\boldsymbol{A}$ 是 n 阶方阵,定义

$$\boldsymbol{A}^k=\underbrace{\boldsymbol{A}\boldsymbol{A}\cdots\boldsymbol{A}}_{k\text{个}}\quad (k \text{ 为正整数}).$$

我们有

$$\boldsymbol{A}^k\boldsymbol{A}^l=\boldsymbol{A}^{k+l},\quad (\boldsymbol{A}^k)^l=\boldsymbol{A}^{kl},$$

其中 k,l 为正整数. 但一般地,

$$(\boldsymbol{AB})^k\neq \boldsymbol{A}^k\boldsymbol{B}^k.$$

例 2.8

求证:对于一切正整数 n,都有

$$\begin{pmatrix} \cos\theta & -\sin\theta \\ \sin\theta & \cos\theta \end{pmatrix}^n=\begin{pmatrix} \cos n\theta & -\sin n\theta \\ \sin n\theta & \cos n\theta \end{pmatrix}.$$

证 用数学归纳法证明. 当 $n=1$ 时,等式显然成立. 假设当 $n=k$ 时等式成立,即

$$\begin{pmatrix} \cos\theta & -\sin\theta \\ \sin\theta & \cos\theta \end{pmatrix}^k=\begin{pmatrix} \cos k\theta & -\sin k\theta \\ \sin k\theta & \cos k\theta \end{pmatrix},$$

现要证当 $n=k+1$ 时等式也成立. 因为

$$\begin{aligned}\begin{pmatrix} \cos\theta & -\sin\theta \\ \sin\theta & \cos\theta \end{pmatrix}^{k+1} &= \begin{pmatrix} \cos\theta & -\sin\theta \\ \sin\theta & \cos\theta \end{pmatrix}^{k}\begin{pmatrix} \cos\theta & -\sin\theta \\ \sin\theta & \cos\theta \end{pmatrix} \\ &= \begin{pmatrix} \cos k\theta & -\sin k\theta \\ \sin k\theta & \cos k\theta \end{pmatrix}\begin{pmatrix} \cos\theta & -\sin\theta \\ \sin\theta & \cos\theta \end{pmatrix} \\ &= \begin{pmatrix} \cos k\theta\cos\theta-\sin k\theta\sin\theta & -\cos k\theta\sin\theta-\sin k\theta\cos\theta \\ \sin k\theta\cos\theta+\cos k\theta\sin\theta & -\sin k\theta\sin\theta+\cos k\theta\cos\theta \end{pmatrix} \\ &= \begin{pmatrix} \cos(k+1)\theta & -\sin(k+1)\theta \\ \sin(k+1)\theta & \cos(k+1)\theta \end{pmatrix},\end{aligned}$$

所以当 $n=k+1$ 时等式也成立. 因此,对于一切正整数 n,都有

$$\begin{pmatrix}\cos\theta & -\sin\theta\\ \sin\theta & \cos\theta\end{pmatrix}^n=\begin{pmatrix}\cos n\theta & -\sin n\theta\\ \sin n\theta & \cos n\theta\end{pmatrix}.$$

四、矩阵的转置

定义 2.5 将 $m\times n$ 矩阵 $\boldsymbol{A}=(a_{ij})_{m\times n}$ 的行和列依次互换位置,得到一个 $n\times m$ 矩阵,称为 $\boldsymbol{A}$ 的**转置矩阵**,记为 $\boldsymbol{A}^{\mathrm{T}}$(或 $\boldsymbol{A}'$).

例如,矩阵

$$\boldsymbol{A}=\begin{pmatrix}1 & 2 & 0\\ 3 & 1 & -1\end{pmatrix}$$

的转置矩阵为

$$\boldsymbol{A}^{\mathrm{T}}=\begin{pmatrix}1 & 3\\ 2 & 1\\ 0 & -1\end{pmatrix}.$$

矩阵的转置满足下列运算规律:

(1) $(\boldsymbol{A}^{\mathrm{T}})^{\mathrm{T}}=\boldsymbol{A}$;

(2) $(\boldsymbol{A}+\boldsymbol{B})^{\mathrm{T}}=\boldsymbol{A}^{\mathrm{T}}+\boldsymbol{B}^{\mathrm{T}}$;

(3) $(\lambda\boldsymbol{A})^{\mathrm{T}}=\lambda\boldsymbol{A}^{\mathrm{T}}$ (λ 为常数);

(4) $(\boldsymbol{AB})^{\mathrm{T}}=\boldsymbol{B}^{\mathrm{T}}\boldsymbol{A}^{\mathrm{T}}$.

运算规律(1) ~ 运算规律(3) 可直接按定义验证,下面只证明运算规律(4).

证 设矩阵 $\boldsymbol{A}=(a_{ij})_{m\times n}$, $\boldsymbol{B}=(b_{ij})_{n\times p}$, $\boldsymbol{AB}=(c_{ij})_{m\times p}$. $(\boldsymbol{AB})^{\mathrm{T}}$ 中第 i 行第 j 列的元素就是 $\boldsymbol{AB}$ 中第 j 行第 i 列的元素,由矩阵乘法的定义知,即为

$$\sum_{k=1}^{n}a_{jk}b_{ki}\quad (j=1,2,\cdots,m;i=1,2,\cdots,p).$$

而 $\boldsymbol{B}^{\mathrm{T}}$ 的第 i 行为 $(b_{1i},b_{2i},\cdots,b_{ni})$,$\boldsymbol{A}^{\mathrm{T}}$ 的第 j 列为 $(a_{j1},a_{j2},\cdots,a_{jn})^{\mathrm{T}}$,因此 $\boldsymbol{B}^{\mathrm{T}}\boldsymbol{A}^{\mathrm{T}}$ 中第 i 行第 j 列的元素为

$$\sum_{k=1}^{n}b_{ki}a_{jk}=\sum_{k=1}^{n}a_{jk}b_{ki}.$$

以上表明,$(\boldsymbol{AB})^{\mathrm{T}}$ 与 $\boldsymbol{B}^{\mathrm{T}}\boldsymbol{A}^{\mathrm{T}}$ 的对应元素相等. 又因为 $(\boldsymbol{AB})^{\mathrm{T}}$ 是 $p\times m$ 矩阵,$\boldsymbol{B}^{\mathrm{T}}\boldsymbol{A}^{\mathrm{T}}$ 也是 $p\times m$ 矩阵,所以

$$(\boldsymbol{AB})^{\mathrm{T}}=\boldsymbol{B}^{\mathrm{T}}\boldsymbol{A}^{\mathrm{T}}.$$

运算规律(2) 和运算规律(4) 还可推广到一般情形:

$$(\boldsymbol{A}_1+\boldsymbol{A}_2+\cdots+\boldsymbol{A}_n)^{\mathrm{T}}=\boldsymbol{A}_1^{\mathrm{T}}+\boldsymbol{A}_2^{\mathrm{T}}+\cdots+\boldsymbol{A}_n^{\mathrm{T}},$$

$$(\boldsymbol{A}_1\boldsymbol{A}_2\cdots\boldsymbol{A}_n)^{\mathrm{T}}=\boldsymbol{A}_n^{\mathrm{T}}\boldsymbol{A}_{n-1}^{\mathrm{T}}\cdots\boldsymbol{A}_1^{\mathrm{T}}.$$

定义 2.6 设 $\boldsymbol{A}$ 为 n 阶方阵. 如果 $\boldsymbol{A}^{\mathrm{T}}=\boldsymbol{A}$,即

$$a_{ij}=a_{ji}\quad(i,j=1,2,\cdots,n),$$

那么称 $\boldsymbol{A}$ 为对称矩阵. 其特点是:它的元素以主对角线为对称轴而对应相等.

例如,矩阵

$$\boldsymbol{A}=\begin{pmatrix}2&1&3\\1&-1&-4\\3&-4&0\end{pmatrix}$$

为对称矩阵.

定义 2.7 若 n 阶方阵 $\boldsymbol{A}$ 满足 $\boldsymbol{A}^{\mathrm{T}}=-\boldsymbol{A}$,即

$$a_{ij}=-a_{ji}\quad(i,j=1,2,\cdots,n),$$

则称 $\boldsymbol{A}$ 为反对称矩阵.

据此定义,反对称矩阵 $\boldsymbol{A}$ 应有 $a_{ii}=-a_{ii}(i=1,2,\cdots,n)$,即 $a_{ii}=0$,表明反对称矩阵主对角线上的元素全为零.

例如,矩阵

$$\boldsymbol{A}=\begin{pmatrix}0&1&3\\-1&0&-2\\-3&2&0\end{pmatrix}$$

为反对称矩阵.

例 2.9

设列矩阵 $\boldsymbol{x}=(x_1,x_2,\cdots,x_n)^{\mathrm{T}}$ 满足 $\boldsymbol{x}^{\mathrm{T}}\boldsymbol{x}=1$,$\boldsymbol{E}$ 为 n 阶单位矩阵,$\boldsymbol{H}=\boldsymbol{E}-2\boldsymbol{x}\boldsymbol{x}^{\mathrm{T}}$. 证明:$\boldsymbol{H}$ 是对称矩阵,且 $\boldsymbol{H}\boldsymbol{H}^{\mathrm{T}}=\boldsymbol{E}$.

证 因为

$$\boldsymbol{H}^{\mathrm{T}}=(\boldsymbol{E}-2\boldsymbol{x}\boldsymbol{x}^{\mathrm{T}})^{\mathrm{T}}=\boldsymbol{E}^{\mathrm{T}}-(2\boldsymbol{x}\boldsymbol{x}^{\mathrm{T}})^{\mathrm{T}}=\boldsymbol{E}-2(\boldsymbol{x}\boldsymbol{x}^{\mathrm{T}})^{\mathrm{T}}=\boldsymbol{E}-2\boldsymbol{x}\boldsymbol{x}^{\mathrm{T}}=\boldsymbol{H},$$

所以 $\boldsymbol{H}$ 是对称矩阵,且

$$\begin{aligned}\boldsymbol{H}\boldsymbol{H}^{\mathrm{T}}=\boldsymbol{H}^2&=(\boldsymbol{E}-2\boldsymbol{x}\boldsymbol{x}^{\mathrm{T}})(\boldsymbol{E}-2\boldsymbol{x}\boldsymbol{x}^{\mathrm{T}})=\boldsymbol{E}-4\boldsymbol{x}\boldsymbol{x}^{\mathrm{T}}+4(\boldsymbol{x}\boldsymbol{x}^{\mathrm{T}})(\boldsymbol{x}\boldsymbol{x}^{\mathrm{T}})\\&=\boldsymbol{E}-4\boldsymbol{x}\boldsymbol{x}^{\mathrm{T}}+4\boldsymbol{x}(\boldsymbol{x}^{\mathrm{T}}\boldsymbol{x})\boldsymbol{x}^{\mathrm{T}}=\boldsymbol{E}-4\boldsymbol{x}\boldsymbol{x}^{\mathrm{T}}+4\boldsymbol{x}\boldsymbol{x}^{\mathrm{T}}=\boldsymbol{E}.\end{aligned}$$

五、方阵的行列式

定义 2.8 由 n 阶方阵 $\boldsymbol{A}$ 的元素所构成的行列式(各元素的位置不变),称为方阵 $\boldsymbol{A}$ 的行列式,记为 $|\boldsymbol{A}|$.

注 方阵与行列式是两个不同的概念,n 阶方阵是 n^2 个数按一定的顺序排成的数表,而 n 阶行列式则是 n^2 个数按一定的运算法则所确定的一个数.

方阵的行列式有下列性质(设 $\boldsymbol{A},\boldsymbol{B}$ 均为 n 阶方阵,λ 为常数):

(1) $|\boldsymbol{A}^{\mathrm{T}}|=|\boldsymbol{A}|$;

(2) $|\lambda \boldsymbol{A}| = \lambda^n |\boldsymbol{A}|$;

(3) $|\boldsymbol{AB}| = |\boldsymbol{A}||\boldsymbol{B}|$.

性质(1)和性质(2)由行列式的性质容易验证,下面我们证明性质(3).

证 设 n 阶方阵 $\boldsymbol{A} = (a_{ij})$, $\boldsymbol{B} = (b_{ij})$,记 $2n$ 阶行列式

$$D = \begin{vmatrix} a_{11} & \cdots & a_{1n} & & & \\ \vdots & & \vdots & & & \\ a_{n1} & \cdots & a_{nn} & & & \\ -1 & & & b_{11} & \cdots & b_{1n} \\ & \ddots & & \vdots & & \vdots \\ & & -1 & b_{n1} & \cdots & b_{nn} \end{vmatrix},$$

则由第一章第三节中的例 1.10 可知,

$$D = |\boldsymbol{A}||\boldsymbol{B}|.$$

在 D 中以 b_{1j} 乘以第 1 列, b_{2j} 乘以第 2 列…… b_{nj} 乘以第 n 列,然后都加到第 $n+j$ 列上($j = 1,2,\cdots,n$),有

$$D = \begin{vmatrix} a_{11} & \cdots & a_{1n} & c_{11} & \cdots & c_{1n} \\ \vdots & & \vdots & \vdots & & \vdots \\ a_{n1} & \cdots & a_{nn} & c_{n1} & \cdots & c_{nn} \\ -1 & & & & & \\ & \ddots & & & & \\ & & -1 & & & \end{vmatrix},$$

其中 $c_{ij} = a_{i1}b_{1j} + a_{i2}b_{2j} + \cdots + a_{in}b_{nj}$ $(i,j = 1,2,\cdots,n)$,即方阵 $\boldsymbol{C} = (c_{ij}) = \boldsymbol{AB}$.

再对上述行列式 D 做交换 $r_j \leftrightarrow r_{n+j}$ $(j = 1,2,\cdots,n)$,有

$$D \xlongequal[(j = 1,2,\cdots,n)]{r_j \leftrightarrow r_{n+j}} (-1)^n \begin{vmatrix} -1 & & & & & \\ & \ddots & & & & \\ & & -1 & & & \\ a_{11} & \cdots & a_{1n} & c_{11} & \cdots & c_{1n} \\ \vdots & & \vdots & \vdots & & \vdots \\ a_{n1} & \cdots & a_{nn} & c_{n1} & \cdots & c_{nn} \end{vmatrix},$$

则由第一章第三节中的例 1.10 可知,

$$D = (-1)^n(-1)^n |\boldsymbol{C}| = |\boldsymbol{C}| = |\boldsymbol{AB}|.$$

综上,得

$$|\boldsymbol{AB}| = |\boldsymbol{A}||\boldsymbol{B}|.$$

对于 n 阶方阵 $\boldsymbol{A}$, $\boldsymbol{B}$,虽一般来说 $\boldsymbol{AB} \neq \boldsymbol{BA}$,但总有

$$|\boldsymbol{AB}| = |\boldsymbol{BA}| = |\boldsymbol{A}||\boldsymbol{B}|.$$

例 2.10

利用行列式证明：

$$(a^2+b^2)(a_1^2+b_1^2)=(aa_1-bb_1)^2+(ab_1+a_1b)^2.$$

证 $$(a^2+b^2)(a_1^2+b_1^2)=\begin{vmatrix} a & b \\ -b & a \end{vmatrix}\begin{vmatrix} a_1 & b_1 \\ -b_1 & a_1 \end{vmatrix}=\begin{vmatrix} aa_1-bb_1 & ab_1+a_1b \\ -a_1b-ab_1 & -bb_1+aa_1 \end{vmatrix}$$
$$=(aa_1-bb_1)^2+(ab_1+a_1b)^2.$$

第三节 逆 矩 阵

微课视频

我们先来看一个具体问题.

设有从变量 $x_1,x_2,\cdots,x_n$ 到变量 $y_1,y_2,\cdots,y_n$ 的线性变换

$$\begin{cases} y_1=a_{11}x_1+a_{12}x_2+\cdots+a_{1n}x_n, \\ y_2=a_{21}x_1+a_{22}x_2+\cdots+a_{2n}x_n, \\ \cdots\cdots \\ y_n=a_{n1}x_1+a_{n2}x_2+\cdots+a_{nn}x_n. \end{cases} \tag{2.7}$$

记

$$\boldsymbol{A}=\begin{pmatrix} a_{11} & a_{12} & \cdots & a_{1n} \\ a_{21} & a_{22} & \cdots & a_{2n} \\ \vdots & \vdots & & \vdots \\ a_{n1} & a_{n2} & \cdots & a_{nn} \end{pmatrix},\quad \boldsymbol{x}=\begin{pmatrix} x_1 \\ x_2 \\ \vdots \\ x_n \end{pmatrix},\quad \boldsymbol{y}=\begin{pmatrix} y_1 \\ y_2 \\ \vdots \\ y_n \end{pmatrix},$$

则线性变换(2.7)可记为

$$\boldsymbol{y}=\boldsymbol{A}\boldsymbol{x}. \tag{2.8}$$

若 $|\boldsymbol{A}|\neq 0$，则可用克拉默法则解得用变量 $y_1,y_2,\cdots,y_n$ 表示变量 $x_1,x_2,\cdots,x_n$ 的线性表达式为

$$\begin{cases} x_1=b_{11}y_1+b_{12}y_2+\cdots+b_{1n}y_n, \\ x_2=b_{21}y_1+b_{22}y_2+\cdots+b_{2n}y_n, \\ \cdots\cdots \\ x_n=b_{n1}y_1+b_{n2}y_2+\cdots+b_{nn}y_n. \end{cases} \tag{2.9}$$

称上式为线性变换(2.7)的**逆变换**，显然它也是一个线性变换. 记

$$\boldsymbol{B}=\begin{pmatrix} b_{11} & b_{12} & \cdots & b_{1n} \\ b_{21} & b_{22} & \cdots & b_{2n} \\ \vdots & \vdots & & \vdots \\ b_{n1} & b_{n2} & \cdots & b_{nn} \end{pmatrix},$$

则线性变换(2.9)可记为

$$\boldsymbol{x}=\boldsymbol{B}\boldsymbol{y}. \tag{2.10}$$

把式(2.10)代入式(2.8),有

$$\boldsymbol{y}=\boldsymbol{A}\boldsymbol{x}=\boldsymbol{A}(\boldsymbol{B}\boldsymbol{y})=(\boldsymbol{A}\boldsymbol{B})\boldsymbol{y}.$$

这是一个恒等变换,于是

$$\boldsymbol{A}\boldsymbol{B}=\boldsymbol{E}\quad(\boldsymbol{E}\text{ 为 }n\text{ 阶单位矩阵}).$$

把式(2.8)代入式(2.10),有

$$\boldsymbol{x}=\boldsymbol{B}\boldsymbol{y}=\boldsymbol{B}(\boldsymbol{A}\boldsymbol{x})=(\boldsymbol{B}\boldsymbol{A})\boldsymbol{x}.$$

这也是一个恒等变换,于是

$$\boldsymbol{B}\boldsymbol{A}=\boldsymbol{E}.$$

因此,线性变换(2.7)与其逆变换(2.9)的系数矩阵 $\boldsymbol{A}$ 与 $\boldsymbol{B}$ 满足

$$\boldsymbol{A}\boldsymbol{B}=\boldsymbol{B}\boldsymbol{A}=\boldsymbol{E}.$$

对于这样的矩阵,下面给出其一般定义.

定义 2.9 设 $\boldsymbol{A}$ 为 n 阶方阵. 若存在 n 阶方阵 $\boldsymbol{B}$,使得

$$\boldsymbol{A}\boldsymbol{B}=\boldsymbol{B}\boldsymbol{A}=\boldsymbol{E},$$

则称方阵 $\boldsymbol{A}$ 是可逆的,并称 $\boldsymbol{B}$ 是 $\boldsymbol{A}$ 的逆矩阵.

由定义 2.9 可知:

(1) 若 $\boldsymbol{B}$ 是 $\boldsymbol{A}$ 的逆矩阵,则 $\boldsymbol{A}$ 也是 $\boldsymbol{B}$ 的逆矩阵;

(2) 若线性变换(2.7)有逆变换(2.9),则逆变换(2.9)的系数矩阵必定是线性变换(2.7)的系数矩阵的逆矩阵;

(3) 若 $\boldsymbol{A}$ 可逆,则 $\boldsymbol{A}$ 的逆矩阵是唯一的.

事实上,若 $\boldsymbol{B},\boldsymbol{C}$ 都是 $\boldsymbol{A}$ 的逆矩阵,则 $\boldsymbol{A}\boldsymbol{C}=\boldsymbol{E},\boldsymbol{B}\boldsymbol{A}=\boldsymbol{E}$,于是

$$\boldsymbol{B}=\boldsymbol{B}\boldsymbol{E}=\boldsymbol{B}(\boldsymbol{A}\boldsymbol{C})=(\boldsymbol{B}\boldsymbol{A})\boldsymbol{C}=\boldsymbol{E}\boldsymbol{C}=\boldsymbol{C}.$$

记 $\boldsymbol{A}$ 的逆矩阵(如果存在)为 $\boldsymbol{A}^{-1}$,依定义 2.9,有

$$\boldsymbol{A}\boldsymbol{A}^{-1}=\boldsymbol{A}^{-1}\boldsymbol{A}=\boldsymbol{E}.$$

下面给出方阵可逆的条件及其逆矩阵的求法. 在此之前,先介绍方阵的伴随矩阵.

定义 2.10 设 $\boldsymbol{A}$ 为 n 阶方阵. 以 $\boldsymbol{A}$ 的行列式 $|\boldsymbol{A}|=\det(a_{ij})$ 中各元素 $a_{ij}(i,j=1,2,\cdots,n)$ 的代数余子式 A_{ij} 为元素所构成的方阵

$$\begin{pmatrix} A_{11} & A_{21} & \cdots & A_{n1} \\ A_{12} & A_{22} & \cdots & A_{n2} \\ \vdots & \vdots & & \vdots \\ A_{1n} & A_{2n} & \cdots & A_{nn} \end{pmatrix}$$

称为方阵 $\boldsymbol{A}$ 的伴随矩阵,记作 $\boldsymbol{A}^*$.

由行列式按行(列)展开法则及矩阵的乘法,很容易得到关于方阵 $\boldsymbol{A}$ 的如

下结论：

$$AA^* = A^*A = |A|E.$$

定理 2.1 n 阶方阵 A 可逆的充要条件是 $|A| \neq 0$. 当 A 可逆时，有

$$A^{-1} = \frac{1}{|A|}A^*,$$

其中 A^* 为 A 的伴随矩阵.

证 必要性. 设 A 可逆，即 A^{-1} 存在，则

$$AA^{-1} = E,$$

于是 $|AA^{-1}| = |A||A^{-1}| = |E| = 1$. 所以 $|A| \neq 0$.

充分性. 设 $|A| \neq 0$，则由 $AA^* = A^*A = |A|E$ 可得

$$A\left(\frac{1}{|A|}A^*\right) = \frac{1}{|A|}(AA^*) = \frac{1}{|A|}(|A|E) = E,$$

$$\left(\frac{1}{|A|}A^*\right)A = \frac{1}{|A|}(A^*A) = \frac{1}{|A|}(|A|E) = E.$$

故 A 可逆，且

$$A^{-1} = \frac{1}{|A|}A^*.$$

推论 1 设 A,B 都是 n 阶方阵. 若 $AB = E$，则 $BA = E$.

证 因为 $AB = E$，所以 $|AB| = |A||B| = |E| = 1$. 由此可知，$|A| \neq 0$，$|B| \neq 0$，于是根据定理 2.1，A,B 都可逆，从而由 $AB = E$ 可得

$$BA = (A^{-1}A)(BA) = A^{-1}(AB)A = A^{-1}EA = E.$$

这个推论说明，要验证 B 是 A 的逆矩阵，只需验证 $AB = E$ 或 $BA = E$ 其中的一个就可以了.

定义 2.11 设 A 为方阵. 若 $|A| \neq 0$，则称 A 为非奇异方阵；若 $|A| = 0$，则称 A 为奇异方阵.

由定理 2.1 知，可逆方阵即为非奇异方阵.

方阵的逆具有以下性质：

(1) 若 A 可逆，则 $(A^{-1})^{-1} = A$；

(2) 若 A 可逆，常数 $\lambda \neq 0$，则 λA 可逆，且 $(\lambda A)^{-1} = \frac{1}{\lambda}A^{-1}$；

(3) 若 A,B 为同阶方阵，且 A,B 都可逆，则 AB 可逆，且

$$(AB)^{-1} = B^{-1}A^{-1};$$

(4) 若 A 可逆，则 A^{T} 可逆，且 $(A^{\mathrm{T}})^{-1} = (A^{-1})^{\mathrm{T}}$；

(5) 若 A 可逆，则 $|A^{-1}| = \frac{1}{|A|} = |A|^{-1}$.

下面我们只证明性质(2) 和性质(3)，其他性质读者可以自行证明.

证 性质(2) 设 A 为 n 阶方阵. 因为 A 可逆，$\lambda \neq 0$，所以 $|\lambda A| =$

$\lambda^n|\boldsymbol{A}|\neq 0$,从而 $\lambda\boldsymbol{A}$ 可逆. 又

$$(\lambda\boldsymbol{A})\left(\frac{1}{\lambda}\boldsymbol{A}^{-1}\right)=\lambda\times\frac{1}{\lambda}(\boldsymbol{A}\boldsymbol{A}^{-1})=\boldsymbol{E},$$

所以

$$(\lambda\boldsymbol{A})^{-1}=\frac{1}{\lambda}\boldsymbol{A}^{-1}.$$

证 性质(3) 由 $\boldsymbol{A},\boldsymbol{B}$ 均可逆可知 $|\boldsymbol{A}|\neq 0$, $|\boldsymbol{B}|\neq 0$,从而 $|\boldsymbol{AB}|=|\boldsymbol{A}||\boldsymbol{B}|\neq 0$,故 $\boldsymbol{AB}$ 可逆. 又因为

$$(\boldsymbol{AB})(\boldsymbol{B}^{-1}\boldsymbol{A}^{-1})=\boldsymbol{A}(\boldsymbol{B}\boldsymbol{B}^{-1})\boldsymbol{A}^{-1}=\boldsymbol{AEA}^{-1}=\boldsymbol{AA}^{-1}=\boldsymbol{E},$$

所以

$$(\boldsymbol{AB})^{-1}=\boldsymbol{B}^{-1}\boldsymbol{A}^{-1}.$$

性质(3) 可推广如下:

若同阶方阵 $\boldsymbol{A}_1,\boldsymbol{A}_2,\cdots,\boldsymbol{A}_n$ 都可逆,则 $\boldsymbol{A}_1\boldsymbol{A}_2\cdots\boldsymbol{A}_n$ 可逆,且

$$(\boldsymbol{A}_1\boldsymbol{A}_2\cdots\boldsymbol{A}_n)^{-1}=\boldsymbol{A}_n^{-1}\boldsymbol{A}_{n-1}^{-1}\cdots\boldsymbol{A}_1^{-1}.$$

例 2.11

设矩阵

$$\boldsymbol{A}=\begin{pmatrix}1&-1&2\\-2&-1&-2\\4&3&3\end{pmatrix},$$

求 $\boldsymbol{A}^{-1}$.

解 经计算,得

$$|\boldsymbol{A}|=\begin{vmatrix}1&-1&2\\-2&-1&-2\\4&3&3\end{vmatrix}=1\neq 0,$$

所以 $\boldsymbol{A}$ 可逆. 因

$$A_{11}=\begin{vmatrix}-1&-2\\3&3\end{vmatrix}=3,\quad A_{21}=-\begin{vmatrix}-1&2\\3&3\end{vmatrix}=9,\quad A_{31}=\begin{vmatrix}-1&2\\-1&-2\end{vmatrix}=4,$$

$$A_{12}=-\begin{vmatrix}-2&-2\\4&3\end{vmatrix}=-2,\quad A_{22}=\begin{vmatrix}1&2\\4&3\end{vmatrix}=-5,\quad A_{32}=-\begin{vmatrix}1&2\\-2&-2\end{vmatrix}=-2,$$

$$A_{13}=\begin{vmatrix}-2&-1\\4&3\end{vmatrix}=-2,\quad A_{23}=-\begin{vmatrix}1&-1\\4&3\end{vmatrix}=-7,\quad A_{33}=\begin{vmatrix}1&-1\\-2&-1\end{vmatrix}=-3,$$

故

$$\boldsymbol{A}^{-1}=\frac{1}{|\boldsymbol{A}|}\boldsymbol{A}^*=\begin{pmatrix}3&9&4\\-2&-5&-2\\-2&-7&-3\end{pmatrix}.$$

例 2.12

设矩阵

$$A=\begin{pmatrix}1&-1&2\\-2&-1&-2\\4&3&3\end{pmatrix},\quad B=\begin{pmatrix}2&4\\-3&-5\end{pmatrix},\quad C=\begin{pmatrix}-2&0\\0&1\\1&-3\end{pmatrix},$$

求解矩阵方程 $AXB=C$.

解 因为 $|A|=1\neq 0$, $|B|=2\neq 0$,所以 A^{-1}, B^{-1} 存在. 分别以 A^{-1}, B^{-1} 左乘与右乘矩阵方程的两边,得

$$A^{-1}(AXB)B^{-1}=A^{-1}CB^{-1},\quad 即\quad X=A^{-1}CB^{-1}.$$

因为由例 2.11 有

$$A^{-1}=\begin{pmatrix}3&9&4\\-2&-5&-2\\-2&-7&-3\end{pmatrix},$$

且计算得

$$B^{-1}=\frac{1}{|B|}B^{*}=\frac{1}{2}\begin{pmatrix}-5&-4\\3&2\end{pmatrix}=\begin{pmatrix}-\frac{5}{2}&-2\\\frac{3}{2}&1\end{pmatrix},$$

所以

$$X=A^{-1}CB^{-1}=\begin{pmatrix}3&9&4\\-2&-5&-2\\-2&-7&-3\end{pmatrix}\begin{pmatrix}-2&0\\0&1\\1&-3\end{pmatrix}\begin{pmatrix}-\frac{5}{2}&-2\\\frac{3}{2}&1\end{pmatrix}=\begin{pmatrix}\frac{1}{2}&1\\-\frac{7}{2}&-3\\\frac{1}{2}&0\end{pmatrix}.$$

例 2.13

已知方阵 A 满足

$$A^2-2A+3E=O,$$

试证:A 与 $A-3E$ 都可逆,并求 A^{-1} 与 $(A-3E)^{-1}$.

证 由 $A^2-2A+3E=O$,得 $A(A-2E)=-3E$,即

$$A\left[-\frac{1}{3}(A-2E)\right]=E.$$

故 A 可逆,且 $A^{-1}=-\frac{1}{3}(A-2E)$.

又由 $A^2-2A+3E=O$,得 $(A+E)(A-3E)=-6E$,即

$$\left[-\frac{1}{6}(A+E)\right](A-3E)=E.$$

故 $A-3E$ 可逆,且 $(A-3E)^{-1}=-\frac{1}{6}(A+E)$.

例 2.14

设矩阵 $\boldsymbol{P}=\begin{pmatrix}1&2\\1&4\end{pmatrix}$，$\boldsymbol{\Lambda}=\begin{pmatrix}1&0\\0&2\end{pmatrix}$，$\boldsymbol{AP}=\boldsymbol{P\Lambda}$，求 $\boldsymbol{A}^n$.

解 经计算，得 $|\boldsymbol{P}|=2$，$\boldsymbol{P}^{-1}=\dfrac{1}{2}\begin{pmatrix}4&-2\\-1&1\end{pmatrix}$，于是由 $\boldsymbol{AP}=\boldsymbol{P\Lambda}$ 得

$$\boldsymbol{A}=\boldsymbol{P\Lambda P}^{-1},\quad \boldsymbol{A}^2=\boldsymbol{P\Lambda P}^{-1}\boldsymbol{P\Lambda P}^{-1}=\boldsymbol{P\Lambda}^2\boldsymbol{P}^{-1},\quad \cdots,\quad \boldsymbol{A}^n=\boldsymbol{P\Lambda}^n\boldsymbol{P}^{-1}.$$

容易验证

$$\boldsymbol{\Lambda}^n=\begin{pmatrix}1^n&0\\0&2^n\end{pmatrix}=\begin{pmatrix}1&0\\0&2^n\end{pmatrix},$$

故

$$\boldsymbol{A}^n=\begin{pmatrix}1&2\\1&4\end{pmatrix}\begin{pmatrix}1&0\\0&2^n\end{pmatrix}\cdot\frac{1}{2}\begin{pmatrix}4&-2\\-1&1\end{pmatrix}=\begin{pmatrix}2-2^n&2^n-1\\2-2^{n+1}&2^{n+1}-1\end{pmatrix}.$$

最后，我们给出以下结论(证明留给读者)：

(1) 设对角矩阵

$$\boldsymbol{\Lambda}=\begin{pmatrix}\lambda_1&&&\\&\lambda_2&&\\&&\ddots&\\&&&\lambda_n\end{pmatrix},$$

则

$$\boldsymbol{\Lambda}^k=\begin{pmatrix}\lambda_1^k&&&\\&\lambda_2^k&&\\&&\ddots&\\&&&\lambda_n^k\end{pmatrix}\quad (k\text{ 为正整数});$$

(2) 当 $|\boldsymbol{A}|\neq 0$ 时，定义

$$\boldsymbol{A}^0=\boldsymbol{E},\quad \boldsymbol{A}^{-k}=(\boldsymbol{A}^{-1})^k\quad (k\text{ 为正整数}).$$

设 λ,μ 都是整数，有

$$\boldsymbol{A}^{\lambda}\boldsymbol{A}^{\mu}=\boldsymbol{A}^{\lambda+\mu},\quad (\boldsymbol{A}^{\lambda})^{\mu}=\boldsymbol{A}^{\lambda\mu}.$$

第四节 分块矩阵

一、分块矩阵

定义 2.12 用若干条纵线和横线把矩阵 $\boldsymbol{A}$ 分成若干个小块，每一个

小块构成的小矩阵称为 $\boldsymbol{A}$ 的子块. 以这些子块为元素的矩阵称为 $\boldsymbol{A}$ 的一个分块矩阵.

例如,矩阵

$$\boldsymbol{A}=\begin{pmatrix} a_{11} & a_{12} & a_{13} & a_{14} \\ a_{21} & a_{22} & a_{23} & a_{24} \\ a_{31} & a_{32} & a_{33} & a_{34} \end{pmatrix}$$

可如下分块:

$$\boldsymbol{A}=\left(\begin{array}{cc:cc} a_{11} & a_{12} & a_{13} & a_{14} \\ a_{21} & a_{22} & a_{23} & a_{24} \\ \hdashline a_{31} & a_{32} & a_{33} & a_{34} \end{array}\right)=\begin{pmatrix} \boldsymbol{A}_{11} & \boldsymbol{A}_{12} \\ \boldsymbol{A}_{21} & \boldsymbol{A}_{22} \end{pmatrix},$$

其中 $\boldsymbol{A}_{ij}\,(i,j=1,2)$ 是子块的记号.

一个矩阵可以按不同的方式分块. 例如,上述矩阵 $\boldsymbol{A}$ 也可如下分块:

$$\boldsymbol{A}=\left(\begin{array}{cc:c:c} a_{11} & a_{12} & a_{13} & a_{14} \\ a_{21} & a_{22} & a_{23} & a_{24} \\ \hdashline a_{31} & a_{32} & a_{33} & a_{34} \end{array}\right)=\begin{pmatrix} \boldsymbol{A}_{11} & \boldsymbol{A}_{12} & \boldsymbol{A}_{13} \\ \boldsymbol{A}_{21} & \boldsymbol{A}_{22} & \boldsymbol{A}_{23} \end{pmatrix}.$$

又如,矩阵 $\boldsymbol{A}=(a_{ij})_{m\times n}$ 按行分块,得

$$\boldsymbol{A}=\left(\begin{array}{cccc} a_{11} & a_{12} & \cdots & a_{1n} \\ \hdashline a_{21} & a_{22} & \cdots & a_{2n} \\ \hdashline \vdots & \vdots & & \vdots \\ \hdashline a_{m1} & a_{m2} & \cdots & a_{mn} \end{array}\right)=\begin{pmatrix} \boldsymbol{A}_1 \\ \boldsymbol{A}_2 \\ \vdots \\ \boldsymbol{A}_m \end{pmatrix},$$

其中 $\boldsymbol{A}_i=(a_{i1},a_{i2},\cdots,a_{in})\,(i=1,2,\cdots,m)$;矩阵 $\boldsymbol{A}=(a_{ij})_{m\times n}$ 按列分块,得

$$\boldsymbol{A}=\left(\begin{array}{c:c:c:c} a_{11} & a_{12} & \cdots & a_{1n} \\ a_{21} & a_{22} & \cdots & a_{2n} \\ \vdots & \vdots & & \vdots \\ a_{m1} & a_{m2} & \cdots & a_{mn} \end{array}\right)=(\boldsymbol{B}_1,\boldsymbol{B}_2,\cdots,\boldsymbol{B}_n),$$

其中 $\boldsymbol{B}_j=(a_{1j},a_{2j},\cdots,a_{mj})^{\mathrm{T}}\,(j=1,2,\cdots,n)$.

究竟采用哪种方式分块,要根据矩阵的具体运算来确定.

二、分块矩阵的运算

分块矩阵的运算就是把子块当作元素,按普通的矩阵运算法则进行运算.

(1) 设 $\boldsymbol{A},\boldsymbol{B}$ 是两个 $m\times n$ 矩阵,用相同方式分块,得分块矩阵分别为

$$\boldsymbol{A}=\begin{pmatrix} \boldsymbol{A}_{11} & \boldsymbol{A}_{12} & \cdots & \boldsymbol{A}_{1r} \\ \boldsymbol{A}_{21} & \boldsymbol{A}_{22} & \cdots & \boldsymbol{A}_{2r} \\ \vdots & \vdots & & \vdots \\ \boldsymbol{A}_{s1} & \boldsymbol{A}_{s2} & \cdots & \boldsymbol{A}_{sr} \end{pmatrix},\quad \boldsymbol{B}=\begin{pmatrix} \boldsymbol{B}_{11} & \boldsymbol{B}_{12} & \cdots & \boldsymbol{B}_{1r} \\ \boldsymbol{B}_{21} & \boldsymbol{B}_{22} & \cdots & \boldsymbol{B}_{2r} \\ \vdots & \vdots & & \vdots \\ \boldsymbol{B}_{s1} & \boldsymbol{B}_{s2} & \cdots & \boldsymbol{B}_{sr} \end{pmatrix},$$

其中各对应的子块 $\boldsymbol{A}_{ij}$ 与 $\boldsymbol{B}_{ij}$ $(i=1,2,\cdots,s;j=1,2,\cdots,r)$ 都有相同的行数和列数,则

$$\boldsymbol{A}\pm\boldsymbol{B}=\begin{pmatrix}\boldsymbol{A}_{11}\pm\boldsymbol{B}_{11} & \boldsymbol{A}_{12}\pm\boldsymbol{B}_{12} & \cdots & \boldsymbol{A}_{1r}\pm\boldsymbol{B}_{1r}\\ \boldsymbol{A}_{21}\pm\boldsymbol{B}_{21} & \boldsymbol{A}_{22}\pm\boldsymbol{B}_{22} & \cdots & \boldsymbol{A}_{2r}\pm\boldsymbol{B}_{2r}\\ \vdots & \vdots & & \vdots\\ \boldsymbol{A}_{s1}\pm\boldsymbol{B}_{s1} & \boldsymbol{A}_{s2}\pm\boldsymbol{B}_{s2} & \cdots & \boldsymbol{A}_{sr}\pm\boldsymbol{B}_{sr}\end{pmatrix}. \tag{2.11}$$

设 λ 为常数,有

$$\lambda\boldsymbol{A}=\boldsymbol{A}\lambda=\begin{pmatrix}\lambda\boldsymbol{A}_{11} & \lambda\boldsymbol{A}_{12} & \cdots & \lambda\boldsymbol{A}_{1r}\\ \lambda\boldsymbol{A}_{21} & \lambda\boldsymbol{A}_{22} & \cdots & \lambda\boldsymbol{A}_{2r}\\ \vdots & \vdots & & \vdots\\ \lambda\boldsymbol{A}_{s1} & \lambda\boldsymbol{A}_{s2} & \cdots & \lambda\boldsymbol{A}_{sr}\end{pmatrix}. \tag{2.12}$$

(2) 设 $\boldsymbol{A}$ 为 $m\times l$ 矩阵,$\boldsymbol{B}$ 为 $l\times n$ 矩阵,分块矩阵分别为

$$\boldsymbol{A}=\begin{pmatrix}\boldsymbol{A}_{11} & \boldsymbol{A}_{12} & \cdots & \boldsymbol{A}_{1t}\\ \boldsymbol{A}_{21} & \boldsymbol{A}_{22} & \cdots & \boldsymbol{A}_{2t}\\ \vdots & \vdots & & \vdots\\ \boldsymbol{A}_{s1} & \boldsymbol{A}_{s2} & \cdots & \boldsymbol{A}_{st}\end{pmatrix},\quad \boldsymbol{B}=\begin{pmatrix}\boldsymbol{B}_{11} & \boldsymbol{B}_{12} & \cdots & \boldsymbol{B}_{1r}\\ \boldsymbol{B}_{21} & \boldsymbol{B}_{22} & \cdots & \boldsymbol{B}_{2r}\\ \vdots & \vdots & & \vdots\\ \boldsymbol{B}_{t1} & \boldsymbol{B}_{t2} & \cdots & \boldsymbol{B}_{tr}\end{pmatrix},$$

此处 $\boldsymbol{A}$ 按列的分块法与 $\boldsymbol{B}$ 按行的分块法一致,即子块 $\boldsymbol{A}_{i1},\boldsymbol{A}_{i2},\cdots,\boldsymbol{A}_{it}$ $(i=1,2,\cdots,s)$ 的列数分别等于子块 $\boldsymbol{B}_{1j},\boldsymbol{B}_{2j},\cdots,\boldsymbol{B}_{tj}$ $(j=1,2,\cdots,r)$ 的行数,则

$$\boldsymbol{AB}=\begin{pmatrix}\boldsymbol{C}_{11} & \boldsymbol{C}_{12} & \cdots & \boldsymbol{C}_{1r}\\ \boldsymbol{C}_{21} & \boldsymbol{C}_{22} & \cdots & \boldsymbol{C}_{2r}\\ \vdots & \vdots & & \vdots\\ \boldsymbol{C}_{s1} & \boldsymbol{C}_{s2} & \cdots & \boldsymbol{C}_{sr}\end{pmatrix}, \tag{2.13}$$

其中 $\boldsymbol{C}_{ij}=\sum_{k=1}^{t}\boldsymbol{A}_{ik}\boldsymbol{B}_{kj}$ $(i=1,2,\cdots,s;j=1,2,\cdots,r)$.

(3) 设 $\boldsymbol{A}$ 分块为

$$\boldsymbol{A}=\begin{pmatrix}\boldsymbol{A}_{11} & \boldsymbol{A}_{12} & \cdots & \boldsymbol{A}_{1r}\\ \boldsymbol{A}_{21} & \boldsymbol{A}_{22} & \cdots & \boldsymbol{A}_{2r}\\ \vdots & \vdots & & \vdots\\ \boldsymbol{A}_{s1} & \boldsymbol{A}_{s2} & \cdots & \boldsymbol{A}_{sr}\end{pmatrix},$$

则

$$\boldsymbol{A}^{\mathrm{T}}=\begin{pmatrix}\boldsymbol{A}_{11}^{\mathrm{T}} & \boldsymbol{A}_{21}^{\mathrm{T}} & \cdots & \boldsymbol{A}_{s1}^{\mathrm{T}}\\ \boldsymbol{A}_{12}^{\mathrm{T}} & \boldsymbol{A}_{22}^{\mathrm{T}} & \cdots & \boldsymbol{A}_{s2}^{\mathrm{T}}\\ \vdots & \vdots & & \vdots\\ \boldsymbol{A}_{1r}^{\mathrm{T}} & \boldsymbol{A}_{2r}^{\mathrm{T}} & \cdots & \boldsymbol{A}_{sr}^{\mathrm{T}}\end{pmatrix}. \tag{2.14}$$

(4) 若方阵 $\boldsymbol{A}$ 分块为

$$A=\begin{pmatrix}A_1 & & & \\ & A_2 & & \\ & & \ddots & \\ & & & A_s\end{pmatrix}\quad \text{（未写出的子块都是零矩阵）},$$

其中只有在主对角线上有非零子块，其余的子块都为零矩阵，且这些非零子块都是方阵. 此时，称 A 为**分块对角矩阵**，且有

① $|A|=|A_1||A_2|\cdots|A_s|$；

② 当 $|A_i|\neq 0(i=1,2,\cdots,s)$ 时，有

$$A^{-1}=\begin{pmatrix}A_1^{-1} & & & \\ & A_2^{-1} & & \\ & & \ddots & \\ & & & A_s^{-1}\end{pmatrix}. \tag{2.15}$$

设矩阵

$$A=\begin{pmatrix}A_1 & & & \\ & A_2 & & \\ & & \ddots & \\ & & & A_s\end{pmatrix},\quad B=\begin{pmatrix}B_1 & & & \\ & B_2 & & \\ & & \ddots & \\ & & & B_s\end{pmatrix}$$

是两个分块对角矩阵，其中 A_i 与 $B_i(i=1,2,\cdots,s)$ 是同阶方阵，则

$$A\pm B=\begin{pmatrix}A_1\pm B_1 & & & \\ & A_2\pm B_2 & & \\ & & \ddots & \\ & & & A_s\pm B_s\end{pmatrix}, \tag{2.16}$$

$$AB=\begin{pmatrix}A_1B_1 & & & \\ & A_2B_2 & & \\ & & \ddots & \\ & & & A_sB_s\end{pmatrix}. \tag{2.17}$$

由以上讨论可看出，对于能划分为分块对角矩阵的方阵，采用分块法来求其逆矩阵或进行运算是十分方便的.

例 2.15

设矩阵

$$A=\begin{pmatrix}1&0&0&0&0\\0&1&0&0&0\\0&1&1&0&0\\1&2&0&1&0\\-2&0&0&0&1\end{pmatrix},\quad B=\begin{pmatrix}-1&2&1&0\\4&0&0&1\\0&1&0&0\\-2&0&0&0\\2&-1&0&0\end{pmatrix},$$

求 AB.

解 令

$$A=\left(\begin{array}{cc:ccc}1&0&0&0&0\\0&1&0&0&0\\\hdashline 0&1&1&0&0\\1&2&0&1&0\\-2&0&0&0&1\end{array}\right)=\begin{pmatrix}E_2&O\\A_1&E_3\end{pmatrix},\quad B=\left(\begin{array}{cc:cc}-1&2&1&0\\4&0&0&1\\\hdashline 0&1&0&0\\-2&0&0&0\\2&-1&0&0\end{array}\right)=\begin{pmatrix}B_1&E_2\\B_2&O\end{pmatrix},$$

则有

$$AB=\begin{pmatrix}E_2&O\\A_1&E_3\end{pmatrix}\begin{pmatrix}B_1&E_2\\B_2&O\end{pmatrix}=\begin{pmatrix}B_1&E_2\\A_1B_1+B_2&A_1\end{pmatrix}.$$

由于

$$A_1B_1+B_2=\begin{pmatrix}0&1\\1&2\\-2&0\end{pmatrix}\begin{pmatrix}-1&2\\4&0\end{pmatrix}+\begin{pmatrix}0&1\\-2&0\\2&-1\end{pmatrix}=\begin{pmatrix}4&1\\5&2\\4&-5\end{pmatrix},$$

因此

$$AB=\begin{pmatrix}-1&2&1&0\\4&0&0&1\\4&1&0&1\\5&2&1&2\\4&-5&-2&0\end{pmatrix}.$$

例 2.16

设矩阵

$$A=\begin{pmatrix}3&0&0&0&0\\0&0&1&0&0\\0&2&5&0&0\\0&0&0&1&0\\0&0&0&0&1\end{pmatrix},$$

求 A^{-1}.

解 将 A 分块如下:

$$A=\left(\begin{array}{c:cc:cc}3&0&0&0&0\\\hdashline 0&0&1&0&0\\0&2&5&0&0\\\hdashline 0&0&0&1&0\\0&0&0&0&1\end{array}\right)=\begin{pmatrix}A_1&&\\&A_2&\\&&E_2\end{pmatrix},$$

由于

$$A_1^{-1}=\left(\frac{1}{3}\right),\quad A_2^{-1}=-\frac{1}{2}\begin{pmatrix}5&-1\\-2&0\end{pmatrix}=\begin{pmatrix}-\frac{5}{2}&\frac{1}{2}\\1&0\end{pmatrix},\quad E_2^{-1}=E_2,$$

因此

$$A^{-1}=\begin{pmatrix}A_1^{-1}&&\\&A_2^{-1}&\\&&E_2^{-1}\end{pmatrix}=\begin{pmatrix}\frac{1}{3}&0&0&0&0\\0&-\frac{5}{2}&\frac{1}{2}&0&0\\0&1&0&0&0\\0&0&0&1&0\\0&0&0&0&1\end{pmatrix}.$$

例 2.17

设 A,C 分别为 r 阶和 s 阶可逆矩阵,求分块矩阵

$$X=\begin{pmatrix}A&B\\O&C\end{pmatrix}$$

的逆矩阵.

解 设 X 的逆矩阵分块为

$$X^{-1}=\begin{pmatrix}X_{11}&X_{12}\\X_{21}&X_{22}\end{pmatrix},$$

则

$$XX^{-1}=\begin{pmatrix}A&B\\O&C\end{pmatrix}\begin{pmatrix}X_{11}&X_{12}\\X_{21}&X_{22}\end{pmatrix}=E,$$

即

$$\begin{pmatrix}AX_{11}+BX_{21}&AX_{12}+BX_{22}\\CX_{21}&CX_{22}\end{pmatrix}=\begin{pmatrix}E_r&O\\O&E_s\end{pmatrix}.$$

比较上述等式两边对应的子块,有

$$\begin{cases}AX_{11}+BX_{21}=E_r,\\AX_{12}+BX_{22}=O,\\CX_{21}=O,\\CX_{22}=E_s.\end{cases}$$

注意到 A,C 可逆,可解得

$$X_{22}=C^{-1},\quad X_{21}=O,\quad X_{11}=A^{-1},\quad X_{12}=-A^{-1}BC^{-1}.$$

因此

$$X^{-1}=\begin{pmatrix}A^{-1}&-A^{-1}BC^{-1}\\O&C^{-1}\end{pmatrix}.$$

第五节　矩阵的秩与矩阵的初等变换

微课视频

一、矩阵的秩

定义 2.13　在 $m\times n$ 矩阵 $\boldsymbol{A}$ 中,任取 k 行 k 列($k\leqslant\min\{m,n\}$),位于这些行、列交叉处的 k^2 个元素按原来的次序所构成的 k 阶行列式,称为 $\boldsymbol{A}$ 的一个 k 阶子式.

例如,设矩阵

$$\boldsymbol{A}=\begin{pmatrix}1&1&-1&2\\3&0&2&1\\-1&-2&3&4\end{pmatrix},$$

从 $\boldsymbol{A}$ 中取第 1,2 行及第 2,4 列,则它们交叉处元素构成 $\boldsymbol{A}$ 的一个二阶子式

$$\begin{vmatrix}1&2\\0&1\end{vmatrix}=1;$$

取 $\boldsymbol{A}$ 的第 1,2,3 行及第 1,3,4 列,则对应 $\boldsymbol{A}$ 的一个三阶子式

$$\begin{vmatrix}1&-1&2\\3&2&1\\-1&3&4\end{vmatrix}=40.$$

显然,矩阵 $\boldsymbol{A}$ 的每一元素都可构成 $\boldsymbol{A}$ 的一阶子式;矩阵 $\boldsymbol{A}_{m\times n}$ 共有 $C_m^kC_n^k$ 个 k 阶子式;当 $\boldsymbol{A}$ 为 n 阶方阵时,其 n 阶子式为 $|\boldsymbol{A}|$.

定义 2.14　矩阵 $\boldsymbol{A}$ 中不为零的子式的最高阶数称为矩阵 $\boldsymbol{A}$ 的秩,记为 $\mathrm{Rank}(\boldsymbol{A})$,简记为 $\mathrm{R}(\boldsymbol{A})$.

零矩阵的秩为零,即 $\mathrm{R}(\boldsymbol{O})=0$.

由定义 2.14,设 $\boldsymbol{A}$ 为 $m\times n$ 矩阵,则

(1) $\mathrm{R}(\boldsymbol{A})=\mathrm{R}(\boldsymbol{A}^{\mathrm{T}})$;

(2) $\mathrm{R}(\boldsymbol{A})\leqslant\min\{m,n\}$.

例如,设矩阵

$$\boldsymbol{A}=\begin{pmatrix}1&-2&1\\2&1&0\\-2&4&-2\end{pmatrix},$$

易看出,$\boldsymbol{A}$ 有一个二阶子式 $\begin{vmatrix}1&-2\\2&1\end{vmatrix}=5\neq0$,而 $\boldsymbol{A}$ 的三阶子式只有一个,且

$|\boldsymbol{A}| = 0$，所以 $R(\boldsymbol{A}) = 2$.

按定义 2.14 可知，非奇异方阵的秩等于它自身的阶数，故非奇异方阵称为满秩矩阵，而奇异方阵称为降秩矩阵.

定理 2.2　若矩阵 $\boldsymbol{A}$ 中至少有一个 k 阶子式不为零，而所有 $k+1$ 阶子式全为零，则 $R(\boldsymbol{A}) = k$.

证　因 $\boldsymbol{A}$ 的所有 $k+1$ 阶子式全为零，故 $\boldsymbol{A}$ 的任一个 $k+2$ 阶子式按行(列)展开，知其必为零，进而 $\boldsymbol{A}$ 的所有高于 $k+1$ 阶的子式皆为零. 于是由定义 2.14，有 $R(\boldsymbol{A}) = k$.

矩阵的秩是一个重要概念，它刻画了矩阵的本质属性. 因按定义 2.14 求矩阵的秩需要计算行列式，故此法只适用于行、列较少的矩阵. 对于行、列较多的矩阵，一般采用下面介绍的方法.

二、矩阵的初等变换

定义 2.15　对矩阵施行的下列三种变换称为矩阵的初等行变换：

(1) 互换两行(记作 $r_i \leftrightarrow r_j$)；

(2) 以同一非零数 λ 乘以某一行的所有元素(记作 λr_i)；

(3) 将某一行各元素乘以同一非零数 λ 后加到另一行的对应元素上去(记作 $r_i + \lambda r_j$).

此定义中，将“行”换成“列”，则对应的三种变换称为矩阵的初等列变换(所用记号把“r”换成“c”).

矩阵的初等行变换与初等列变换统称为矩阵的初等变换.

定理 2.3　对矩阵施行初等变换，矩阵的秩不变.

证　只要证明每一种初等行变换都不改变矩阵的秩，对初等列变换同理可以证明. 下面证明对矩阵施行一次初等行变换时，矩阵的秩不变，由此知对矩阵施行多次初等行变换时，矩阵的秩也不变.

设对矩阵 $\boldsymbol{A}$ 施行一次初等行变换(1)后化为矩阵 $\boldsymbol{B}$. 因行列式交换两行仅改变正、负号，故 $\boldsymbol{B}$ 的每一个子式都与 $\boldsymbol{A}$ 中对应的子式或者相等，或者仅改变符号，因此秩不变.

设对矩阵 $\boldsymbol{A}$ 施行一次初等行变换(2)后化为矩阵 $\boldsymbol{B}$. 因行列式某一行乘以 $\lambda(\lambda \neq 0)$ 等于用数 λ 乘以此行列式，故 $\boldsymbol{B}$ 的每一个子式与 $\boldsymbol{A}$ 中对应的子式或者相等，或者是其 λ 倍，因此秩不变.

设对矩阵 $\boldsymbol{A}$ 施行一次初等行变换(3)后化为矩阵 $\boldsymbol{B}$，且 $R(\boldsymbol{A}) = r$. 下面证明 $R(\boldsymbol{B}) \leqslant R(\boldsymbol{A})$，同时 $R(\boldsymbol{A}) \leqslant R(\boldsymbol{B})$，便有 $R(\boldsymbol{A}) = R(\boldsymbol{B})$.

设矩阵

$$A = \begin{pmatrix} a_{11} & a_{12} & \cdots & a_{1n} \\ \vdots & \vdots & & \vdots \\ a_{i1} & a_{i2} & \cdots & a_{in} \\ \vdots & \vdots & & \vdots \\ a_{j1} & a_{j2} & \cdots & a_{jn} \\ \vdots & \vdots & & \vdots \\ a_{m1} & a_{m2} & \cdots & a_{mn} \end{pmatrix},$$

不失一般性,假定将 $\boldsymbol{A}$ 的第 j 行乘以数 λ 后加到第 i 行成为矩阵

$$B = \begin{pmatrix} a_{11} & a_{12} & \cdots & a_{1n} \\ \vdots & \vdots & & \vdots \\ a_{i1}+\lambda a_{j1} & a_{i2}+\lambda a_{j2} & \cdots & a_{in}+\lambda a_{jn} \\ \vdots & \vdots & & \vdots \\ a_{j1} & a_{j2} & \cdots & a_{jn} \\ \vdots & \vdots & & \vdots \\ a_{m1} & a_{m2} & \cdots & a_{mn} \end{pmatrix}.$$

一方面,设 M_{r+1} 是 $\boldsymbol{B}$ 的一个 $r+1$ 阶子式,这时有以下三种情况:

(1) M_{r+1} 中不含 $\boldsymbol{B}$ 的第 i 行. 由 $\boldsymbol{A}$ 与 $\boldsymbol{B}$ 除第 i 行外彼此完全相同可知 M_{r+1} 也是 $\boldsymbol{A}$ 的一个 $r+1$ 阶子式,因 $\mathrm{R}(\boldsymbol{A})=r$,故 $M_{r+1}=0$.

(2) M_{r+1} 中含 $\boldsymbol{B}$ 的第 i 行及第 j 行. 由行列式的性质可知 M_{r+1} 的值等于 $\boldsymbol{A}$ 中第 i 行和第 j 行相应元素的对应子式,故 $M_{r+1}=0$.

(3) M_{r+1} 中只含 $\boldsymbol{B}$ 的第 i 行而不含第 j 行. 由行列式的性质,有

$$M_{r+1} = N_{r+1} + \lambda P_{r+1},$$

其中 N_{r+1} 和 P_{r+1} 是 $\boldsymbol{A}$ 的 $r+1$ 阶子式或与 $\boldsymbol{A}$ 的 $r+1$ 阶子式相差一个正、负号,故 $M_{r+1}=0$.

由于 M_{r+1} 只有上述三种情况,因此 $\boldsymbol{B}$ 的任意一个 $r+1$ 阶子式都为零,从而 $\mathrm{R}(\boldsymbol{B})\leqslant r=\mathrm{R}(\boldsymbol{A})$.

另一方面,我们将 $\boldsymbol{A}$ 看作由 $\boldsymbol{B}$ 经第 j 行乘以数 $-\lambda$ 后加到第 i 行得来的,由以上证明应有 $\mathrm{R}(\boldsymbol{A})\leqslant\mathrm{R}(\boldsymbol{B})$,故 $\mathrm{R}(\boldsymbol{A})=\mathrm{R}(\boldsymbol{B})$.

据以上定理,可以用初等变换将矩阵化为较简单的形式,从而可直接看出矩阵的秩. 例如,限定对矩阵只施行初等行变换,则总可以把矩阵变为一种呈阶梯形的矩阵,其中不全为零的行的行数就是矩阵的秩.

定义 2.16 若矩阵 $\boldsymbol{A}$ 经过有限次初等变换化为矩阵 $\boldsymbol{B}$,则称 $\boldsymbol{A}$ 与 $\boldsymbol{B}$ **等价**,记为 $\boldsymbol{A}\sim\boldsymbol{B}$.

等价是矩阵间的一种关系,它满足下列性质:

(1) 自反性:$\boldsymbol{A}\sim\boldsymbol{A}$;

(2) 对称性:若 $\boldsymbol{A} \sim \boldsymbol{B}$,则 $\boldsymbol{B} \sim \boldsymbol{A}$;

(3) 传递性:若 $\boldsymbol{A} \sim \boldsymbol{B}, \boldsymbol{B} \sim \boldsymbol{C}$,则 $\boldsymbol{A} \sim \boldsymbol{C}$.

由定理 2.3 可知,若 $\boldsymbol{A} \sim \boldsymbol{B}$,则 $\mathrm{R}(\boldsymbol{A}) = \mathrm{R}(\boldsymbol{B})$.

例 2.18

求矩阵

$$\boldsymbol{A} = \begin{pmatrix} 1 & -2 & -1 & 0 & 2 \\ -2 & 4 & 2 & 6 & -6 \\ 2 & -1 & 0 & 2 & 3 \\ 3 & 3 & 3 & 3 & 4 \end{pmatrix}$$

的秩.

解
$$\boldsymbol{A} \xrightarrow[r_4-3r_1]{\substack{r_2+2r_1 \\ r_3-2r_1}} \begin{pmatrix} 1 & -2 & -1 & 0 & 2 \\ 0 & 0 & 0 & 6 & -2 \\ 0 & 3 & 2 & 2 & -1 \\ 0 & 9 & 6 & 3 & -2 \end{pmatrix} \xrightarrow[r_3 \leftrightarrow r_4]{r_2 \leftrightarrow r_3} \begin{pmatrix} 1 & -2 & -1 & 0 & 2 \\ 0 & 3 & 2 & 2 & -1 \\ 0 & 9 & 6 & 3 & -2 \\ 0 & 0 & 0 & 6 & -2 \end{pmatrix}$$

$$\xrightarrow{r_3-3r_2} \begin{pmatrix} 1 & -2 & -1 & 0 & 2 \\ 0 & 3 & 2 & 2 & -1 \\ 0 & 0 & 0 & -3 & 1 \\ 0 & 0 & 0 & 6 & -2 \end{pmatrix} \xrightarrow{r_4+2r_3} \begin{pmatrix} 1 & -2 & -1 & 0 & 2 \\ 0 & 3 & 2 & 2 & -1 \\ 0 & 0 & 0 & -3 & 1 \\ 0 & 0 & 0 & 0 & 0 \end{pmatrix}.$$

上式中最后一个矩阵称为行阶梯矩阵,它的特点是:每个"阶梯"上只有一行;任一行的第 1 个非零元素的左方和下方的元素均为零.从该行阶梯矩阵中容易看到,行阶梯矩阵中有 3 行不全为零,我们总可以找到一个三阶的上三角形行列式为它的子式且不等于零,如

$$\begin{vmatrix} 1 & -2 & 0 \\ 0 & 3 & 2 \\ 0 & 0 & -3 \end{vmatrix} = -9,$$

而所有四阶子式都为零,所以 $\mathrm{R}(\boldsymbol{A}) = 3$,即矩阵 $\boldsymbol{A}$ 的秩等于行阶梯矩阵中不全为零的行的行数.

若对例 2.18 中的行阶梯矩阵再施行初等行变换,则可将其进一步化为更简单的形式:

$$\begin{pmatrix} 1 & -2 & -1 & 0 & 2 \\ 0 & 3 & 2 & 2 & -1 \\ 0 & 0 & 0 & -3 & 1 \\ 0 & 0 & 0 & 0 & 0 \end{pmatrix} \xrightarrow[r_3 \div (-3)]{r_2 \div 3} \begin{pmatrix} 1 & -2 & -1 & 0 & 2 \\ 0 & 1 & \frac{2}{3} & \frac{2}{3} & -\frac{1}{3} \\ 0 & 0 & 0 & 1 & -\frac{1}{3} \\ 0 & 0 & 0 & 0 & 0 \end{pmatrix}$$

$$\xrightarrow[r_1+2r_2]{r_2-\frac{2}{3}r_3}\begin{pmatrix} 1 & 0 & \frac{1}{3} & 0 & \frac{16}{9} \\ 0 & 1 & \frac{2}{3} & 0 & -\frac{1}{9} \\ 0 & 0 & 0 & 1 & -\frac{1}{3} \\ 0 & 0 & 0 & 0 & 0 \end{pmatrix}.$$

上式中最后一个矩阵具有下述特点:非零行的第 1 个非零元素均为 1,且含有这些"1"的列的其他元素都为零. 这个矩阵称为矩阵 $\boldsymbol{A}$ 的行最简形阶梯矩阵,简称行最简形.

$m\times n$ 矩阵 $\boldsymbol{A}$ 经过初等行变换总可以化为行阶梯矩阵和行最简形,若再经过初等列变换,则还可以化为如下的形式:

$$\boldsymbol{I}=\begin{pmatrix} 1 & 0 & \cdots & 0 & \cdots & 0 \\ 0 & 1 & \cdots & 0 & \cdots & 0 \\ \vdots & \vdots & & \vdots & & \vdots \\ 0 & 0 & \cdots & 1 & \cdots & 0 \\ 0 & 0 & \cdots & 0 & \cdots & 0 \\ \vdots & \vdots & & \vdots & & \vdots \\ 0 & 0 & \cdots & 0 & \cdots & 0 \end{pmatrix}.$$

矩阵 $\boldsymbol{I}$ 称为 $\boldsymbol{A}$ 的标准形矩阵,简称标准形,其特点是:$\boldsymbol{I}$ 的左上角有一个 r 阶单位矩阵($\mathrm{R}(\boldsymbol{A})=r$),其他元素都为零.

由此可以看出,所有 $m\times n$ 矩阵,若秩相等,则它们有相同的标准形.

三、初等矩阵

对矩阵施行初等变换,可用矩阵的运算来表示.

定义 2.17 由单位矩阵 $\boldsymbol{E}$ 经过一次初等变换得到的方阵称为初等矩阵.

三种初等行变换对应下列三种形式的初等矩阵:

(1) $r_i\leftrightarrow r_j$,得到

$$\boldsymbol{E}(i,j)=\begin{pmatrix} 1 & & & & & & & & & & \\ & \ddots & & & & & & & & & \\ & & 1 & & & & & & & & \\ & & & 0 & \cdots & \cdots & \cdots & 1 & & & \\ & & & \vdots & 1 & & & \vdots & & & \\ & & & \vdots & & \ddots & & \vdots & & & \\ & & & \vdots & & & 1 & \vdots & & & \\ & & & 1 & \cdots & \cdots & \cdots & 0 & & & \\ & & & & & & & & 1 & & \\ & & & & & & & & & \ddots & \\ & & & & & & & & & & 1 \end{pmatrix}\begin{matrix} \\ \\ \\ \leftarrow 第\ i\ 行 \\ \\ \\ \\ \leftarrow 第\ j\ 行 \\ \\ \\ \\ \end{matrix};$$

(2) $\lambda r_i(\lambda \neq 0)$，得到

$$\boldsymbol{E}(i(\lambda)) = \begin{pmatrix} 1 & & & & & & \\ & \ddots & & & & & \\ & & 1 & & & & \\ & & & \lambda & & & \\ & & & & 1 & & \\ & & & & & \ddots & \\ & & & & & & 1 \end{pmatrix} \begin{matrix} \\ \\ \\ \leftarrow \text{第 } i \text{ 行}; \\ \\ \\ \\ \end{matrix}$$

(3) $r_i + \lambda r_j$，得到

$$\boldsymbol{E}(i,j(\lambda)) = \begin{pmatrix} 1 & & & & & \\ & \ddots & & & & \\ & & 1 & \cdots & \lambda & \\ & & & \ddots & \vdots & \\ & & & & 1 & \\ & & & & & \ddots & \\ & & & & & & 1 \end{pmatrix} \begin{matrix} \\ \\ \leftarrow \text{第 } i \text{ 行} \\ \\ \leftarrow \text{第 } j \text{ 行} \\ \\ \\ \end{matrix}.$$

同样，三种初等列变换 $c_i \leftrightarrow c_j$，λc_i 和 $c_i + \lambda c_j$ 也分别对应着初等矩阵 $\boldsymbol{E}(i,j)$，$\boldsymbol{E}(i(\lambda))$ 和 $\boldsymbol{E}(j,i(\lambda))$.

以上均可以直接验证（证明留给读者）.

定理 2.4 设 $\boldsymbol{A}$ 是一个 $m \times n$ 矩阵，则对 $\boldsymbol{A}$ 施行一次初等行变换，相当于用相应的 m 阶初等矩阵左乘 $\boldsymbol{A}$；对 $\boldsymbol{A}$ 施行一次初等列变换，相当于用相应的 n 阶初等矩阵右乘 $\boldsymbol{A}$.

由逆矩阵的定义知，初等矩阵都是可逆的，且

$$\boldsymbol{E}(i,j)^{-1} = \boldsymbol{E}(i,j),$$

$$\boldsymbol{E}(i(\lambda))^{-1} = \boldsymbol{E}\left(i\left(\frac{1}{\lambda}\right)\right),$$

$$\boldsymbol{E}(i,j(\lambda))^{-1} = \boldsymbol{E}(i,j(-\lambda)),$$

即初等矩阵的逆矩阵仍然为初等矩阵.

定理 2.5 设 $\boldsymbol{A}$ 为可逆矩阵，则存在有限个初等矩阵 $\boldsymbol{P}_1, \boldsymbol{P}_2, \cdots, \boldsymbol{P}_l$，使得 $\boldsymbol{A} = \boldsymbol{P}_1\boldsymbol{P}_2\cdots\boldsymbol{P}_l$.

证 因满秩矩阵 $\boldsymbol{A}$ 的标准形为单位矩阵，即 $\boldsymbol{A} \sim \boldsymbol{E}$，故 $\boldsymbol{E}$ 经过有限次初等变换可变成 $\boldsymbol{A}$. 也就是说，存在有限个初等矩阵 $\boldsymbol{P}_1, \boldsymbol{P}_2, \cdots, \boldsymbol{P}_l$，使得

$$\boldsymbol{P}_1\boldsymbol{P}_2\cdots\boldsymbol{P}_r\boldsymbol{E}\boldsymbol{P}_{r+1}\cdots\boldsymbol{P}_l = \boldsymbol{A},$$

即 $\boldsymbol{A} = \boldsymbol{P}_1\boldsymbol{P}_2\cdots\boldsymbol{P}_l$.

推论 2 $m \times n$ 矩阵 $\boldsymbol{A} \sim \boldsymbol{B}$ 的充要条件是存在 m 阶可逆矩阵 $\boldsymbol{P}$ 及 n 阶

可逆矩阵 $\boldsymbol{Q}$,使得 $\boldsymbol{PAQ}=\boldsymbol{B}$.

证明从略.

下面给出一种求逆矩阵的方法.

当 $|\boldsymbol{A}|\neq 0$ 时,由定理 2.5,有 $\boldsymbol{A}=\boldsymbol{P}_1\boldsymbol{P}_2\cdots\boldsymbol{P}_l$,所以有

$$\boldsymbol{P}_l^{-1}\boldsymbol{P}_{l-1}^{-1}\cdots\boldsymbol{P}_2^{-1}\boldsymbol{P}_1^{-1}\boldsymbol{A}=\boldsymbol{E} \tag{2.18}$$

及

$$\boldsymbol{P}_l^{-1}\boldsymbol{P}_{l-1}^{-1}\cdots\boldsymbol{P}_2^{-1}\boldsymbol{P}_1^{-1}\boldsymbol{E}=\boldsymbol{A}^{-1}. \tag{2.19}$$

式(2.18)表明,$\boldsymbol{A}$ 经过一系列初等行变换可变成 $\boldsymbol{E}$;式(2.19)表明,$\boldsymbol{E}$ 经同样的一系列初等行变换就变成了 $\boldsymbol{A}^{-1}$. 故有

$$\boldsymbol{P}_l^{-1}\boldsymbol{P}_{l-1}^{-1}\cdots\boldsymbol{P}_2^{-1}\boldsymbol{P}_1^{-1}(\boldsymbol{A},\boldsymbol{E})=(\boldsymbol{E},\boldsymbol{A}^{-1}).$$

因此,我们得到用初等变换求逆矩阵的方法是:作 $n\times 2n$ 矩阵 $(\boldsymbol{A}\mid\boldsymbol{E})$,当用初等行变换(仅用行变换)把左边的矩阵 $\boldsymbol{A}$ 化为 $\boldsymbol{E}$ 的同时,右边的矩阵 $\boldsymbol{E}$ 便化为 $\boldsymbol{A}^{-1}$,即

$$(\boldsymbol{A}\mid\boldsymbol{E})\xrightarrow{\text{行变换}}(\boldsymbol{E}\mid\boldsymbol{A}^{-1}).$$

例 2.19

设矩阵

$$\boldsymbol{A}=\begin{pmatrix}1&2&3\\2&2&1\\3&4&3\end{pmatrix},$$

求 $\boldsymbol{A}^{-1}$.

解 因为

$$(\boldsymbol{A}\mid\boldsymbol{E})=\left(\begin{array}{ccc|ccc}1&2&3&1&0&0\\2&2&1&0&1&0\\3&4&3&0&0&1\end{array}\right)\xrightarrow[r_3-3r_1]{r_2-2r_1}\left(\begin{array}{ccc|ccc}1&2&3&1&0&0\\0&-2&-5&-2&1&0\\0&-2&-6&-3&0&1\end{array}\right)$$

$$\xrightarrow{r_3-r_2}\left(\begin{array}{ccc|ccc}1&2&3&1&0&0\\0&-2&-5&-2&1&0\\0&0&-1&-1&-1&1\end{array}\right)\xrightarrow[r_1+3r_3]{r_2-5r_3}\left(\begin{array}{ccc|ccc}1&2&0&-2&-3&3\\0&-2&0&3&6&-5\\0&0&-1&-1&-1&1\end{array}\right)$$

$$\xrightarrow{r_1+r_2}\left(\begin{array}{ccc|ccc}1&0&0&1&3&-2\\0&-2&0&3&6&-5\\0&0&-1&-1&-1&1\end{array}\right)\xrightarrow[(-1)r_3]{\left(-\frac{1}{2}\right)r_2}\left(\begin{array}{ccc|ccc}1&0&0&1&3&-2\\0&1&0&-\frac{3}{2}&-3&\frac{5}{2}\\0&0&1&1&1&-1\end{array}\right),$$

所以

$$A^{-1}=\begin{pmatrix}1 & 3 & -2\\ -\dfrac{3}{2} & -3 & \dfrac{5}{2}\\ 1 & 1 & -1\end{pmatrix}.$$

对于矩阵方程 $AX=B$，若 A 为 n 阶可逆矩阵，则也可以用初等变换求解. 因 A 可逆，故 $A=P_1P_2\cdots P_l$，则 $A^{-1}=P_l^{-1}P_{l-1}^{-1}\cdots P_1^{-1}$，其中 $P_i^{-1}(i=1,2,\cdots,l)$ 是初等矩阵. 于是，有

$$P_l^{-1}P_{l-1}^{-1}\cdots P_1^{-1}A=E \tag{2.20}$$

及

$$P_l^{-1}P_{l-1}^{-1}\cdots P_1^{-1}B=A^{-1}B. \tag{2.21}$$

上面两式说明，一系列初等行变换将 A 化为 E 的同时，将 B 化为 $A^{-1}B(=X)$，即

$$P_l^{-1}P_{l-1}^{-1}\cdots P_1^{-1}(A,B)=(E,A^{-1}B).$$

这样，得到矩阵方程 $AX=B$ 的解法是：先作一个矩阵 $(A\mid B)$，再通过一系列初等行变换（仅用行变换）将左边的矩阵 A 化为 E，同时右边的矩阵 B 就化为 $A^{-1}B=X$，记作

$$(A\mid B)\xrightarrow{\text{行变换}}(E\mid A^{-1}B).$$

例 2.20

求解矩阵方程 $AX=X+A$，其中

$$A=\begin{pmatrix}2 & 2 & 0\\ 2 & 1 & 3\\ 0 & 1 & 0\end{pmatrix}.$$

解 矩阵方程变形为 $(A-E)X=A$，而由 $|A-E|=1\neq 0$，知 $A-E$ 可逆. 又因为

$$(A-E\mid A)=\left(\begin{array}{ccc|ccc}1 & 2 & 0 & 2 & 2 & 0\\ 2 & 0 & 3 & 2 & 1 & 3\\ 0 & 1 & -1 & 0 & 1 & 0\end{array}\right)\xrightarrow[r_2\leftrightarrow r_3]{r_2-2r_1}\left(\begin{array}{ccc|ccc}1 & 2 & 0 & 2 & 2 & 0\\ 0 & 1 & -1 & 0 & 1 & 0\\ 0 & -4 & 3 & -2 & -3 & 3\end{array}\right)$$

$$\xrightarrow{r_3+4r_2}\left(\begin{array}{ccc|ccc}1 & 2 & 0 & 2 & 2 & 0\\ 0 & 1 & -1 & 0 & 1 & 0\\ 0 & 0 & -1 & -2 & 1 & 3\end{array}\right)\xrightarrow{r_2-r_3}\left(\begin{array}{ccc|ccc}1 & 2 & 0 & 2 & 2 & 0\\ 0 & 1 & 0 & 2 & 0 & -3\\ 0 & 0 & -1 & -2 & 1 & 3\end{array}\right)$$

$$\xrightarrow[r_1-2r_2]{r_3\div(-1)}\left(\begin{array}{ccc|ccc}1 & 0 & 0 & -2 & 2 & 6\\ 0 & 1 & 0 & 2 & 0 & -3\\ 0 & 0 & 1 & 2 & -1 & -3\end{array}\right),$$

所以

$$X=\begin{pmatrix}-2&2&6\\2&0&-3\\2&-1&-3\end{pmatrix}.$$

第六节 典型例题

例 2.21

已知矩阵 $A=\begin{pmatrix}2&4&-6\\1&2&-3\\4&8&-12\end{pmatrix}$,求 A^n.

解 因为 $A=\begin{pmatrix}2\\1\\4\end{pmatrix}(1,2,-3)$,所以

$$A^2=\begin{pmatrix}2\\1\\4\end{pmatrix}(1,2,-3)\begin{pmatrix}2\\1\\4\end{pmatrix}(1,2,-3)=-8\begin{pmatrix}2\\1\\4\end{pmatrix}(1,2,-3),$$

即

$$A^2=-8A.$$

假设当 $n=k$ 时,$A^k=(-8)^{k-1}A$ 成立,则当 $n=k+1$ 时,

$$A^{k+1}=(-8)^{k-1}A\cdot A=(-8)^kA,$$

即当 $n=k+1$ 时结论成立. 因此,归纳可得 $A^n=(-8)^{n-1}A$.

例 2.22

计算行列式

$$D_n=\begin{vmatrix}a_1+b_1&a_1+b_2&\cdots&a_1+b_n\\a_2+b_1&a_2+b_2&\cdots&a_2+b_n\\\vdots&\vdots&&\vdots\\a_n+b_1&a_n+b_2&\cdots&a_n+b_n\end{vmatrix}\quad(n\geqslant2).$$

解 由矩阵的乘法知,当 $n\geqslant2$ 时,有

$$D_n = \left| \begin{pmatrix} a_1 & 1 & 0 & \cdots & 0 \\ a_2 & 1 & 0 & \cdots & 0 \\ \vdots & \vdots & \vdots & & \vdots \\ a_n & 1 & 0 & \cdots & 0 \end{pmatrix} \begin{pmatrix} 1 & 1 & \cdots & 1 \\ b_1 & b_2 & \cdots & b_n \\ 0 & 0 & \cdots & 0 \\ \vdots & \vdots & & \vdots \\ 0 & 0 & \cdots & 0 \end{pmatrix} \right|$$

$$= \begin{vmatrix} a_1 & 1 & 0 & \cdots & 0 \\ a_2 & 1 & 0 & \cdots & 0 \\ \vdots & \vdots & \vdots & & \vdots \\ a_n & 1 & 0 & \cdots & 0 \end{vmatrix} \begin{vmatrix} 1 & 1 & \cdots & 1 \\ b_1 & b_2 & \cdots & b_n \\ 0 & 0 & \cdots & 0 \\ \vdots & \vdots & & \vdots \\ 0 & 0 & \cdots & 0 \end{vmatrix} = \begin{cases} (a_1 - a_2)(b_2 - b_1), & n = 2, \\ 0, & n > 2. \end{cases}$$

例 2.23

已知矩阵 $\boldsymbol{A}$ 满足关系式 $\boldsymbol{A}^2 + 2\boldsymbol{A} - 3\boldsymbol{E} = \boldsymbol{O}$,求 $(\boldsymbol{A} + 4\boldsymbol{E})^{-1}$.

解 设法从关系式中分解出因子 $\boldsymbol{A} + 4\boldsymbol{E}$. 由 $\boldsymbol{A}^2 + 2\boldsymbol{A} - 3\boldsymbol{E} = \boldsymbol{O}$,有

$$(\boldsymbol{A} + 4\boldsymbol{E})(\boldsymbol{A} - 2\boldsymbol{E}) + 8\boldsymbol{E} - 3\boldsymbol{E} = \boldsymbol{O}.$$

于是

$$(\boldsymbol{A} + 4\boldsymbol{E})(\boldsymbol{A} - 2\boldsymbol{E}) = -5\boldsymbol{E},$$

即

$$(\boldsymbol{A} + 4\boldsymbol{E})\left(\frac{2}{5}\boldsymbol{E} - \frac{1}{5}\boldsymbol{A}\right) = \boldsymbol{E},$$

因此

$$(\boldsymbol{A} + 4\boldsymbol{E})^{-1} = \frac{2}{5}\boldsymbol{E} - \frac{1}{5}\boldsymbol{A}.$$

例 2.24

已知矩阵 $\boldsymbol{A} = \boldsymbol{PQ}$,其中 $\boldsymbol{P} = \begin{pmatrix} 1 \\ 2 \\ 1 \end{pmatrix}$,$\boldsymbol{Q} = (2, -1, 2)$,求 $\boldsymbol{A}, \boldsymbol{A}^2, \boldsymbol{A}^3, \boldsymbol{A}^{100}$.

解 显然

$$\boldsymbol{A} = \boldsymbol{PQ} = \begin{pmatrix} 1 \\ 2 \\ 1 \end{pmatrix}(2, -1, 2) = \begin{pmatrix} 2 & -1 & 2 \\ 4 & -2 & 4 \\ 2 & -1 & 2 \end{pmatrix}.$$

因为 $\boldsymbol{QP} = (2, -1, 2)\begin{pmatrix} 1 \\ 2 \\ 1 \end{pmatrix} = 2$,所以

$$A^2=(PQ)(PQ)=P(QP)Q=2PQ=2A=\begin{pmatrix}4&-2&4\\8&-4&8\\4&-2&4\end{pmatrix},$$

$$A^3=A^2\cdot A=2A\cdot A=2A^2=2^2A=\begin{pmatrix}8&-4&8\\16&-8&16\\8&-4&8\end{pmatrix}.$$

一般地,设 $A^{k-1}=2^{k-2}A$,则

$$A^k=A^{k-1}\cdot A=2^{k-2}A\cdot A=2^{k-1}A.$$

根据数学归纳法,有 $A^k=2^{k-1}A$,于是

$$A^{100}=2^{99}A=2^{99}\begin{pmatrix}2&-1&2\\4&-2&4\\2&-1&2\end{pmatrix}.$$

例 2.25

设矩阵

$$B=\begin{pmatrix}1&-1&0&0\\0&1&-1&0\\0&0&1&-1\\0&0&0&1\end{pmatrix},\quad C=\begin{pmatrix}2&1&3&4\\0&2&1&3\\0&0&2&1\\0&0&0&2\end{pmatrix},$$

矩阵 A 满足关系式 $AC^{\mathrm{T}}(E-BC^{-1})^{\mathrm{T}}-2E=O$,求 A.

解 将关系式化简,得

$$A[(E-BC^{-1})C]^{\mathrm{T}}-2E=O,$$

即

$$A(C-B)^{\mathrm{T}}=2E,$$

从而

$$A=2[(C-B)^{\mathrm{T}}]^{-1}=2\begin{pmatrix}1&0&0&0\\2&1&0&0\\3&2&1&0\\4&3&2&1\end{pmatrix}^{-1}=2\begin{pmatrix}1&0&0&0\\-2&1&0&0\\1&-2&1&0\\0&1&-2&1\end{pmatrix}$$

$$=\begin{pmatrix}2&0&0&0\\-4&2&0&0\\2&-4&2&0\\0&2&-4&2\end{pmatrix}.$$

例 2.26

设矩阵 $\boldsymbol{A}=\begin{pmatrix}1 & 1 & -1\\ -1 & 1 & 1\\ 1 & -1 & 1\end{pmatrix}$，且满足方程 $\boldsymbol{A}^{*}\boldsymbol{X}=\boldsymbol{A}^{-1}+2\boldsymbol{X}$，求 $\boldsymbol{X}$.

分析 如果先由 $\boldsymbol{A}$ 求出 $\boldsymbol{A}^{*}$，$\boldsymbol{A}^{-1}$，再代入方程求解会很麻烦. 注意到 $\boldsymbol{A}$，$\boldsymbol{A}^{-1}$，$\boldsymbol{A}^{*}$ 之间的关系，可以在方程两边同时左乘 $\boldsymbol{A}$.

解 方程两边同时左乘 $\boldsymbol{A}$，有 $\boldsymbol{A}\boldsymbol{A}^{*}\boldsymbol{X}=\boldsymbol{E}+2\boldsymbol{A}\boldsymbol{X}$，从而

$$(\boldsymbol{A}\boldsymbol{A}^{*}-2\boldsymbol{A})\boldsymbol{X}=\boldsymbol{E},\quad \text{即}\quad (|\boldsymbol{A}|\boldsymbol{E}-2\boldsymbol{A})\boldsymbol{X}=\boldsymbol{E},$$

因此 $\boldsymbol{X}=(|\boldsymbol{A}|\boldsymbol{E}-2\boldsymbol{A})^{-1}$. 故由 $|\boldsymbol{A}|=4$，得

$$\boldsymbol{X}=(4\boldsymbol{E}-2\boldsymbol{A})^{-1}=\begin{pmatrix}2 & -2 & 2\\ 2 & 2 & -2\\ -2 & 2 & 2\end{pmatrix}^{-1}=\frac{1}{4}\begin{pmatrix}1 & 1 & 0\\ 0 & 1 & 1\\ 1 & 0 & 1\end{pmatrix}.$$

例 2.27

设 $\boldsymbol{A}=(a_{ij})_{n\times n}$ 为 n 阶非零方阵，且对任意元素 a_{ij} 都有 $a_{ij}=A_{ij}$，证明：$\boldsymbol{A}$ 可逆.

分析 证明 $\boldsymbol{A}$ 可逆，可证 $|\boldsymbol{A}|\neq 0$，而 $|\boldsymbol{A}|$ 与代数余子式有关系，因此可联系到行列式按行(列)的展开式.

证 因为 $\boldsymbol{A}\neq\boldsymbol{O}$，所以 $\boldsymbol{A}$ 中至少有一个元素不为零，设为 a_{ij}，则 $|\boldsymbol{A}|$ 按第 i 行展开，得

$$|\boldsymbol{A}|=a_{i1}A_{i1}+a_{i2}A_{i2}+\cdots+a_{ij}A_{ij}+\cdots+a_{in}A_{in}.$$

又因为 $a_{ij}=A_{ij}$，所以

$$|\boldsymbol{A}|=a_{i1}^{2}+a_{i2}^{2}+\cdots+a_{ij}^{2}+\cdots+a_{in}^{2}>0.$$

因此 $|\boldsymbol{A}|\neq 0$，即 $\boldsymbol{A}$ 可逆.

例 2.28

已知 $\boldsymbol{E}+\boldsymbol{AB}$ 可逆，证明：$\boldsymbol{E}+\boldsymbol{BA}$ 可逆，且 $(\boldsymbol{E}+\boldsymbol{BA})^{-1}=\boldsymbol{E}-\boldsymbol{B}(\boldsymbol{E}+\boldsymbol{AB})^{-1}\boldsymbol{A}$.

证 因为

$$\begin{aligned}(\boldsymbol{E}+\boldsymbol{BA})[\boldsymbol{E}-\boldsymbol{B}(\boldsymbol{E}+\boldsymbol{AB})^{-1}\boldsymbol{A}]&=\boldsymbol{E}-\boldsymbol{B}(\boldsymbol{E}+\boldsymbol{AB})^{-1}\boldsymbol{A}+\boldsymbol{BA}-\boldsymbol{BAB}(\boldsymbol{E}+\boldsymbol{AB})^{-1}\boldsymbol{A}\\ &=\boldsymbol{E}+\boldsymbol{BA}-\boldsymbol{B}(\boldsymbol{E}+\boldsymbol{AB})(\boldsymbol{E}+\boldsymbol{AB})^{-1}\boldsymbol{A}\\ &=\boldsymbol{E}+\boldsymbol{BA}-\boldsymbol{BA}=\boldsymbol{E},\end{aligned}$$

所以 $\boldsymbol{E}+\boldsymbol{BA}$ 可逆，且

$$(\boldsymbol{E}+\boldsymbol{BA})^{-1}=\boldsymbol{E}-\boldsymbol{B}(\boldsymbol{E}+\boldsymbol{AB})^{-1}\boldsymbol{A}.$$

例 2.29

设 $\boldsymbol{A}$，$\boldsymbol{B}$，$\boldsymbol{C}$，$\boldsymbol{D}$ 都是 n 阶方阵，且 $|\boldsymbol{A}|\neq 0$，$\boldsymbol{AC}=\boldsymbol{CA}$. 证明：

$$\begin{vmatrix} A & B \\ C & D \end{vmatrix} = |AD - CB|.$$

证 因 $|A| \neq 0$,故 A^{-1} 存在,且

$$\begin{pmatrix} E & O \\ -CA^{-1} & E \end{pmatrix}\begin{pmatrix} A & B \\ C & D \end{pmatrix} = \begin{pmatrix} A & B \\ O & D - CA^{-1}B \end{pmatrix},$$

其中 E 为 n 阶单位矩阵.而

$$\begin{vmatrix} E & O \\ -CA^{-1} & E \end{vmatrix} = 1,$$

于是有

$$\begin{vmatrix} A & B \\ C & D \end{vmatrix} = \left|\begin{pmatrix} E & O \\ -CA^{-1} & E \end{pmatrix}\begin{pmatrix} A & B \\ C & D \end{pmatrix}\right| = \begin{vmatrix} A & B \\ O & D - CA^{-1}B \end{vmatrix}$$
$$= |A| \cdot |D - CA^{-1}B| = |A(D - CA^{-1}B)|$$
$$= |AD - ACA^{-1}B| = |AD - CAA^{-1}B|$$
$$= |AD - CB|.$$

例 2.30

讨论 $n(n \geqslant 2)$ 阶方阵

$$A = \begin{pmatrix} a & b & \cdots & b \\ b & a & \cdots & b \\ \vdots & \vdots & & \vdots \\ b & b & \cdots & a \end{pmatrix}$$

的秩.

解 对矩阵 A 施行初等变换:

$$A \xrightarrow[(i=2,3,\cdots,n)]{c_1+c_i} \begin{pmatrix} a+(n-1)b & b & \cdots & b \\ a+(n-1)b & a & \cdots & b \\ \vdots & \vdots & & \vdots \\ a+(n-1)b & b & \cdots & a \end{pmatrix}$$

$$\xrightarrow[(j=2,3,\cdots,n)]{r_j-r_1} \begin{pmatrix} a+(n-1)b & b & \cdots & b \\ 0 & a-b & \cdots & 0 \\ \vdots & \vdots & & \vdots \\ 0 & 0 & \cdots & a-b \end{pmatrix}.$$

因此,当 $a \neq b$ 且 $a \neq -(n-1)b$ 时,$\mathrm{R}(A) = n$;当 $a = b = 0$ 时,$\mathrm{R}(A) = 0$,此时 $A = O$;当 $a = b \neq 0$ 时,$\mathrm{R}(A) = 1$;当 $a = -(n-1)b \neq 0$ 时,$\mathrm{R}(A) = n - 1$.

注 只求矩阵 A 的秩时,既可施行初等行变换,也可施行初等列变换,它们都不会改变矩阵的秩.

例 2.31

设方阵 $\boldsymbol{B}$ 为满秩矩阵，证明：$\mathrm{R}(\boldsymbol{BC})=\mathrm{R}(\boldsymbol{C})$.

证 因方阵 $\boldsymbol{B}$ 为满秩矩阵，故 $\boldsymbol{B}$ 可以表示为有限个初等矩阵 $\boldsymbol{P}_1,\boldsymbol{P}_2,\cdots,\boldsymbol{P}_l$ 的乘积，即

$$\boldsymbol{B}=\boldsymbol{P}_1\boldsymbol{P}_2\cdots\boldsymbol{P}_l,$$

从而

$$\boldsymbol{BC}=\boldsymbol{P}_1\boldsymbol{P}_2\cdots\boldsymbol{P}_l\boldsymbol{C}.$$

此式说明，$\boldsymbol{BC}$ 是由 $\boldsymbol{C}$ 经若干次初等行变换（用初等矩阵左乘 $\boldsymbol{C}$）所得的. 由于初等变换不改变矩阵的秩，因此

$$\mathrm{R}(\boldsymbol{BC})=\mathrm{R}(\boldsymbol{C}).$$

例 2.32

设矩阵 $\boldsymbol{C}=\boldsymbol{A}+\boldsymbol{B}$，其中 $\boldsymbol{A}$ 为对称矩阵，$\boldsymbol{B}$ 为反对称矩阵. 证明下列三个条件是等价的：

(1) $\boldsymbol{C}^{\mathrm{T}}\boldsymbol{C}=\boldsymbol{C}\boldsymbol{C}^{\mathrm{T}}$；

(2) $\boldsymbol{AB}=\boldsymbol{BA}$；

(3) $\boldsymbol{AB}$ 是反对称矩阵.

证 (1)⇒(2).

因 $\boldsymbol{C}^{\mathrm{T}}=\boldsymbol{A}^{\mathrm{T}}+\boldsymbol{B}^{\mathrm{T}}=\boldsymbol{A}-\boldsymbol{B}$，故由 $\boldsymbol{C}^{\mathrm{T}}\boldsymbol{C}=\boldsymbol{C}\boldsymbol{C}^{\mathrm{T}}$，得

$$(\boldsymbol{A}-\boldsymbol{B})(\boldsymbol{A}+\boldsymbol{B})=(\boldsymbol{A}+\boldsymbol{B})(\boldsymbol{A}-\boldsymbol{B}).$$

由此可得 $\boldsymbol{AB}=\boldsymbol{BA}$.

(2)⇒(3).

由 $\boldsymbol{AB}=\boldsymbol{BA}$，得

$$(\boldsymbol{AB})^{\mathrm{T}}=\boldsymbol{B}^{\mathrm{T}}\boldsymbol{A}^{\mathrm{T}}=-\boldsymbol{BA}=-\boldsymbol{AB},$$

即 $\boldsymbol{AB}$ 是反对称矩阵.

(3)⇒(1).

由 $\boldsymbol{AB}$ 是反对称矩阵得 $(\boldsymbol{AB})^{\mathrm{T}}=-\boldsymbol{AB}$，则 $\boldsymbol{BA}=\boldsymbol{AB}$，从而

$$\boldsymbol{C}^{\mathrm{T}}\boldsymbol{C}=(\boldsymbol{A}-\boldsymbol{B})(\boldsymbol{A}+\boldsymbol{B})=(\boldsymbol{A}+\boldsymbol{B})(\boldsymbol{A}-\boldsymbol{B})=\boldsymbol{C}\boldsymbol{C}^{\mathrm{T}}.$$

例 2.33

设 $\boldsymbol{A}$ 是 n 阶方阵. 证明：$\boldsymbol{A}=\boldsymbol{O}$ 的充要条件是 $\boldsymbol{A}\boldsymbol{A}^{\mathrm{T}}=\boldsymbol{O}$.

证 必要性. 若 $\boldsymbol{A}=\boldsymbol{O}$，则显然有 $\boldsymbol{A}\boldsymbol{A}^{\mathrm{T}}=\boldsymbol{O}$.

充分性. 设 $\boldsymbol{A}=(a_{ij})_{n\times n}$，由 $\boldsymbol{A}\boldsymbol{A}^{\mathrm{T}}=\boldsymbol{O}$ 应有

$$\sum_{j=1}^{n}a_{ij}^2=0\quad(i=1,2,\cdots,n),$$

故

$$a_{ij}=0 \quad (i,j=1,2,\cdots,n),$$

即 $\boldsymbol{A}=\boldsymbol{O}$.

习 题 二

1. 设矩阵

$$\boldsymbol{A}=\begin{pmatrix}1&1&1\\1&1&-1\\1&-1&1\end{pmatrix},\quad \boldsymbol{B}=\begin{pmatrix}1&2&3\\-1&-2&4\\0&5&1\end{pmatrix},$$

求 $3\boldsymbol{AB}-2\boldsymbol{A}$ 及 $\boldsymbol{A}^{\mathrm{T}}\boldsymbol{B}$.

2. 求下列矩阵的乘积 $\boldsymbol{AB}$：

(1) $\boldsymbol{A}=(1,2,3),\boldsymbol{B}=\begin{pmatrix}1\\0\\2\end{pmatrix}$；

(2) $\boldsymbol{A}=\begin{pmatrix}2&3\\-1&-2\\1&0\end{pmatrix},\boldsymbol{B}=\begin{pmatrix}1&2&-1\\-3&0&1\end{pmatrix}$；

(3) $\boldsymbol{A}=\begin{pmatrix}1&0&3&-1\\2&1&0&2\end{pmatrix},\boldsymbol{B}=\begin{pmatrix}4&1&0\\-1&1&3\\2&0&1\\1&3&4\end{pmatrix}$；

(4) $\boldsymbol{A}=\begin{pmatrix}1&-1\\-1&1\end{pmatrix},\boldsymbol{B}=\begin{pmatrix}1&2\\1&2\end{pmatrix}$；

(5) $\boldsymbol{A}=\begin{pmatrix}2&-1\\4&-2\\-2&1\end{pmatrix},\boldsymbol{B}=\begin{pmatrix}2&1\\4&2\end{pmatrix}$；

(6) $\boldsymbol{A}=\begin{pmatrix}a_1&b_1&c_1\\a_2&b_2&c_2\\\vdots&\vdots&\vdots\\a_n&b_n&c_n\end{pmatrix},\boldsymbol{B}=\begin{pmatrix}0&0&0\\0&1&0\\0&0&2\end{pmatrix}$.

3. 求下列矩阵的乘积：

(1) $(a_1,a_2,\cdots,a_n)\begin{pmatrix}b_1\\b_2\\\vdots\\b_n\end{pmatrix}$；

(2) $\begin{pmatrix}a_1\\a_2\\\vdots\\a_n\end{pmatrix}(b_1,b_2,\cdots,b_n)$；

(3) $(x_1,x_2,x_3)\begin{pmatrix} a_{11} & a_{12} & a_{13} \\ a_{12} & a_{22} & a_{23} \\ a_{13} & a_{23} & a_{33} \end{pmatrix}\begin{pmatrix} x_1 \\ x_2 \\ x_3 \end{pmatrix}$.

4. 证明矩阵乘法的下列性质：

(1) $\boldsymbol{A}(\boldsymbol{B}+\boldsymbol{C})=\boldsymbol{AB}+\boldsymbol{AC}$；　　(2) $\lambda(\boldsymbol{AB})=(\lambda\boldsymbol{A})\boldsymbol{B}$.

5. 证明：

(1) 对角矩阵与对角矩阵的乘积仍是对角矩阵；

(2) 上(下) 三角形矩阵与上(下) 三角形矩阵的乘积仍是上(下) 三角形矩阵.

6. 设矩阵

$$\boldsymbol{A}=\begin{pmatrix} 1 & 1 & 0 \\ 0 & 1 & 1 \\ 0 & 0 & 1 \end{pmatrix},$$

求所有与 $\boldsymbol{A}$ 可交换的矩阵.

7. 设 $\boldsymbol{A},\boldsymbol{B}$ 是 n 阶方阵，试述下列等式成立的条件：

(1) $(\boldsymbol{A}+\boldsymbol{B})^2=\boldsymbol{A}^2+2\boldsymbol{AB}+\boldsymbol{B}^2$；　　(2) $(\boldsymbol{A}+\boldsymbol{B})(\boldsymbol{A}-\boldsymbol{B})=\boldsymbol{A}^2-\boldsymbol{B}^2$.

8. 计算下列矩阵(k,n 都是正整数)：

(1) $\begin{pmatrix} 1 & -2 \\ 3 & -4 \end{pmatrix}^3$；　　(2) $\begin{pmatrix} 0 & -1 \\ 1 & 0 \end{pmatrix}^n$；

(3) $\begin{pmatrix} 2 & -1 \\ 3 & -2 \end{pmatrix}^n$；　　(4) $\begin{pmatrix} \lambda_1 & & & \\ & \lambda_2 & & \\ & & \ddots & \\ & & & \lambda_n \end{pmatrix}^k$；

(5) $\begin{pmatrix} 1 & 0 & 1 \\ 0 & 1 & 0 \\ 0 & 0 & 1 \end{pmatrix}^n$；　　(6) $\begin{pmatrix} \lambda & 1 & 0 \\ 0 & \lambda & 1 \\ 0 & 0 & \lambda \end{pmatrix}^n$.

9. 设矩阵 $\boldsymbol{\alpha}=(1,2,3,4)$，$\boldsymbol{\beta}=\left(1,\frac{1}{2},\frac{1}{3},\frac{1}{4}\right)$，$\boldsymbol{A}=\boldsymbol{\alpha}^{\mathrm{T}}\boldsymbol{\beta}$，求 $\boldsymbol{A}^n$.

10. 计算

$$\begin{pmatrix} 5 & 2 & 0 & 0 \\ 2 & 1 & 0 & 0 \\ 0 & 0 & 8 & 3 \\ 0 & 0 & 5 & 2 \end{pmatrix}\begin{pmatrix} 1 & -2 & 0 & 0 \\ -2 & 5 & 0 & 0 \\ 0 & 0 & 2 & -3 \\ 0 & 0 & -5 & 8 \end{pmatrix}.$$

11. 求下列矩阵的转置矩阵：

(1) $\boldsymbol{A}=(x_1,x_2,\cdots,x_n)$；　　(2) $\boldsymbol{A}=\begin{pmatrix} 5 & 3 \\ -2 & 4 \\ 1 & -1 \end{pmatrix}$.

12. 证明：

$$(\boldsymbol{A}_1\boldsymbol{A}_2\cdots\boldsymbol{A}_k)^{\mathrm{T}}=\boldsymbol{A}_k^{\mathrm{T}}\boldsymbol{A}_{k-1}^{\mathrm{T}}\cdots\boldsymbol{A}_1^{\mathrm{T}}.$$

13. 证明：

(1) 若 $\boldsymbol{A},\boldsymbol{B}$ 都是 n 阶对称矩阵,则 $2\boldsymbol{A}-3\boldsymbol{B}$ 也是对称矩阵,$\boldsymbol{AB}-\boldsymbol{BA}$ 是反对称矩阵;

(2) 若 $\boldsymbol{A}$ 是 n 阶反对称矩阵,$\boldsymbol{B}$ 是 n 阶对称矩阵,则 $\boldsymbol{A}^2$ 是对称矩阵,$\boldsymbol{AB}-\boldsymbol{BA}$ 也是对称矩阵.

14. 设 $\boldsymbol{A},\boldsymbol{B}$ 均为 n 阶方阵,$\boldsymbol{C}=\boldsymbol{B}^{\mathrm{T}}(\boldsymbol{A}+\lambda\boldsymbol{E})\boldsymbol{B}$. 证明:当 $\boldsymbol{A}$ 为对称矩阵时,$\boldsymbol{C}$ 也是对称矩阵.

15. 设 $\boldsymbol{E}$ 为单位矩阵,$\boldsymbol{A},\boldsymbol{B},\boldsymbol{C}$ 是与 $\boldsymbol{E}$ 同阶的方阵. 若 $\boldsymbol{ABC}=\boldsymbol{E}$,问等式 $\boldsymbol{BCA}=\boldsymbol{E},\boldsymbol{ACB}=\boldsymbol{E},\boldsymbol{CAB}=\boldsymbol{E},\boldsymbol{BAC}=\boldsymbol{E},\boldsymbol{CBA}=\boldsymbol{E}$ 中哪些总是成立的,哪些不一定成立?

16. 求下列矩阵的逆矩阵:

(1) $\begin{pmatrix} a & b \\ c & d \end{pmatrix}\quad(ad-bc\neq 0)$; (2) $\begin{pmatrix} \cos\theta & -\sin\theta \\ \sin\theta & \cos\theta \end{pmatrix}$;

(3) $\begin{pmatrix} 1 & 2 & -1 \\ 3 & 4 & -2 \\ 5 & -4 & 1 \end{pmatrix}$; (4) $\begin{pmatrix} a_1 & & & \\ & a_2 & & \\ & & \ddots & \\ & & & a_n \end{pmatrix}\quad(a_1a_2\cdots a_n\neq 0)$.

17. 求解下列矩阵方程:

(1) $\begin{pmatrix} 1 & 2 \\ 3 & 4 \end{pmatrix}\boldsymbol{X}=\begin{pmatrix} 3 & 5 \\ 5 & 9 \end{pmatrix}$; (2) $\begin{pmatrix} 3 & -1 \\ 5 & -2 \end{pmatrix}\boldsymbol{X}\begin{pmatrix} 5 & 6 \\ 7 & 8 \end{pmatrix}=\begin{pmatrix} 14 & 16 \\ 9 & 10 \end{pmatrix}$;

(3) $\boldsymbol{X}\begin{pmatrix} 5 & 3 & 1 \\ 1 & -3 & -2 \\ -5 & 2 & 1 \end{pmatrix}=\begin{pmatrix} -8 & 3 & 0 \\ -5 & 9 & 0 \\ -2 & 15 & 0 \end{pmatrix}$;

(4) $\boldsymbol{X}=\boldsymbol{AX}+\boldsymbol{B}$,其中

$$\boldsymbol{A}=\begin{pmatrix} 0 & 1 & 0 \\ -1 & 1 & 1 \\ -1 & 0 & -1 \end{pmatrix},\quad \boldsymbol{B}=\begin{pmatrix} 1 & -1 \\ 2 & 0 \\ 5 & -3 \end{pmatrix}.$$

18. 设三阶方阵 $\boldsymbol{A},\boldsymbol{B}$ 满足关系式 $\boldsymbol{A}^{-1}\boldsymbol{BA}=6\boldsymbol{A}+\boldsymbol{BA}$,其中

$$\boldsymbol{A}=\begin{pmatrix} \frac{1}{3} & 0 & 0 \\ 0 & \frac{1}{4} & 0 \\ 0 & 0 & \frac{1}{7} \end{pmatrix},$$

求 $\boldsymbol{B}$.

19. 设三阶方阵 $\boldsymbol{A},\boldsymbol{B}$ 满足关系式 $\boldsymbol{AB}=\boldsymbol{A}+2\boldsymbol{B}$,其中

$$\boldsymbol{A}=\begin{pmatrix} 4 & 2 & 3 \\ 1 & 1 & 0 \\ -1 & 2 & 3 \end{pmatrix},$$

求 $\boldsymbol{B}$.

20. 设 $\boldsymbol{A}$ 是三阶方阵,且 $|\boldsymbol{A}|=a,m\neq 0$,求行列式 $|-m\boldsymbol{A}|$ 的值.

21. 设 $\boldsymbol{A}$ 为三阶方阵,且 $|\boldsymbol{A}|=\dfrac{1}{2}$,求行列式 $|3\boldsymbol{A}^{-1}-2\boldsymbol{A}^*|$ 的值.

22. 设 n 阶方阵 $\boldsymbol{A}=\boldsymbol{E}-\boldsymbol{\zeta}\boldsymbol{\zeta}^{\mathrm{T}}$,其中 $\boldsymbol{E}$ 是 n 阶单位矩阵,$\boldsymbol{\zeta}$ 是 $n\times 1$ 的非零列矩阵. 证明:

(1) $\boldsymbol{A}^2=\boldsymbol{A}$ 的充要条件是 $\boldsymbol{\zeta}^{\mathrm{T}}\boldsymbol{\zeta}=1$;

(2) 当 $\boldsymbol{\zeta}^{\mathrm{T}}\boldsymbol{\zeta}=1$ 时，$\boldsymbol{A}$ 是不可逆矩阵.

23. 设方阵 $\boldsymbol{A}$ 满足关系式 $\boldsymbol{A}^2-\boldsymbol{A}-2\boldsymbol{E}=\boldsymbol{O}$. 证明：

(1) $\boldsymbol{A}$ 与 $\boldsymbol{E}-\boldsymbol{A}$ 都可逆，并求它们的逆矩阵；

(2) $\boldsymbol{A}+\boldsymbol{E}$ 与 $\boldsymbol{A}-2\boldsymbol{E}$ 中至少有一个是奇异方阵.

24. 已知方阵 $\boldsymbol{A}$ 满足关系式 $\boldsymbol{A}^2+2\boldsymbol{A}-3\boldsymbol{E}=\boldsymbol{O}$，求 $(\boldsymbol{A}+4\boldsymbol{E})^{-1}$.

25. 设 $\boldsymbol{A}$ 为 n 阶方阵，且对某个正整数 m，有 $\boldsymbol{A}^m=\boldsymbol{O}$. 证明：$\boldsymbol{E}-\boldsymbol{A}$ 可逆，并求其逆矩阵.

26. 设 $\boldsymbol{A},\boldsymbol{B},\boldsymbol{C}$ 为同阶方阵，且 $\boldsymbol{C}$ 非奇异，满足关系式 $\boldsymbol{B}=\boldsymbol{C}^{-1}\boldsymbol{A}\boldsymbol{C}$. 求证：

$$\boldsymbol{B}^m=\boldsymbol{C}^{-1}\boldsymbol{A}^m\boldsymbol{C}\quad(m\text{ 为正整数}).$$

27. 设三阶方阵 $\boldsymbol{A},\boldsymbol{B},\boldsymbol{P}$ 满足关系式 $\boldsymbol{AP}=\boldsymbol{PB}$，其中

$$\boldsymbol{B}=\begin{pmatrix}1&0&0\\0&0&0\\0&0&-1\end{pmatrix},\quad \boldsymbol{P}=\begin{pmatrix}1&0&0\\2&-1&0\\2&1&1\end{pmatrix},$$

求 $\boldsymbol{A}^{99}$.

28. 设 m 次多项式 $f(x)=a_0+a_1x+a_2x^2+\cdots+a_mx^m$，记

$$f(\boldsymbol{A})=a_0\boldsymbol{E}+a_1\boldsymbol{A}+a_2\boldsymbol{A}^2+\cdots+a_m\boldsymbol{A}^m,$$

称 $f(\boldsymbol{A})$ 为方阵 $\boldsymbol{A}$ 的 m 次多项式. 设 n 阶对角矩阵 $\boldsymbol{\Lambda}=\begin{pmatrix}\lambda_1&&&\\&\lambda_2&&\\&&\ddots&\\&&&\lambda_n\end{pmatrix}$，$\boldsymbol{A}=\boldsymbol{P\Lambda P}^{-1}$. 证明：

(1) $f(\boldsymbol{\Lambda})=\begin{pmatrix}f(\lambda_1)&&&\\&f(\lambda_2)&&\\&&\ddots&\\&&&f(\lambda_n)\end{pmatrix}$；

(2) $f(\boldsymbol{A})=\boldsymbol{P}f(\boldsymbol{\Lambda})\boldsymbol{P}^{-1}$.

29. 设 $\boldsymbol{A}$ 为 n 阶方阵. 证明：

(1) 若 $|\boldsymbol{A}|=0$，则 $|\boldsymbol{A}^*|=0$；

(2) $|\boldsymbol{A}^*|=|\boldsymbol{A}|^{n-1}$.

30. 用分块法求下列矩阵的乘积 $\boldsymbol{AB}$：

(1) $\boldsymbol{A}=\begin{pmatrix}5&2&0&0\\2&1&0&0\\0&0&8&3\\0&0&5&2\end{pmatrix}$，$\boldsymbol{B}=\begin{pmatrix}3&2&0&0\\4&5&0&0\\0&0&4&1\\0&0&6&2\end{pmatrix}$；

(2) $\boldsymbol{A}=\begin{pmatrix}1&0&1&0&0\\0&2&-1&0&0\\3&1&0&0&0\\0&0&0&-2&0\\0&0&0&0&-2\end{pmatrix}$，$\boldsymbol{B}=\begin{pmatrix}1&0&1&0&0\\0&2&0&0&0\\0&0&3&0&0\\0&0&0&-1&3\\0&0&0&4&2\end{pmatrix}$.

31. 设 $\boldsymbol{A}$ 是 $n\times m$ 矩阵，$\boldsymbol{B}$ 是 m 阶可逆方阵，$\boldsymbol{C}$ 是 n 阶可逆方阵，求下列分块矩阵的逆矩阵：

(1) $\begin{pmatrix} \boldsymbol{O} & \boldsymbol{B} \\ \boldsymbol{C} & \boldsymbol{O} \end{pmatrix}$;　　(2) $\begin{pmatrix} \boldsymbol{B} & \boldsymbol{O} \\ \boldsymbol{A} & \boldsymbol{C} \end{pmatrix}$.

32. 用分块法求下列矩阵的逆矩阵：

(1) $\begin{pmatrix} 1 & 0 & 0 & 0 & 0 \\ 0 & 1 & 0 & 0 & 0 \\ 0 & 0 & 1 & 0 & 0 \\ 0 & 0 & 0 & 2 & 1 \\ 0 & 0 & 0 & 5 & 3 \end{pmatrix}$;　　(2) $\begin{pmatrix} 0 & 0 & 0 & 4 & 4 \\ 0 & 0 & 0 & 7 & 8 \\ 1 & 1 & 1 & 0 & 0 \\ 0 & 1 & 1 & 0 & 0 \\ 0 & 0 & 1 & 0 & 0 \end{pmatrix}$;

(3) $\begin{pmatrix} 0 & a_1 & 0 & \cdots & 0 \\ 0 & 0 & a_2 & \cdots & 0 \\ \vdots & \vdots & \vdots & & \vdots \\ 0 & 0 & 0 & \cdots & a_{n-1} \\ a_n & 0 & 0 & \cdots & 0 \end{pmatrix}$　$(a_1 a_2 \cdots a_n \neq 0)$.

33. 从矩阵 $\boldsymbol{A}$ 中划去一行得到矩阵 $\boldsymbol{B}$，问 $\boldsymbol{A}$ 与 $\boldsymbol{B}$ 的秩的关系怎样？并说明理由.

34. 用初等变换求下列矩阵的秩：

(1) $\begin{pmatrix} 1 & 2 & 3 & 4 \\ 1 & -2 & 4 & 5 \\ 1 & 10 & 1 & 2 \end{pmatrix}$;　　(2) $\begin{pmatrix} 0 & 1 & 1 & -1 & 2 \\ 0 & 2 & 2 & 2 & 0 \\ 0 & -1 & -1 & 1 & 1 \\ 1 & 1 & 0 & 0 & -1 \end{pmatrix}$;

(3) $\begin{pmatrix} 1 & -1 & 2 & 1 & 0 \\ 2 & -2 & 4 & 2 & 0 \\ 3 & 0 & 6 & -1 & 1 \\ 0 & 3 & 0 & 0 & 1 \end{pmatrix}$;　　(4) $\begin{pmatrix} 14 & 12 & 6 & 8 & 2 \\ 6 & 104 & 21 & 9 & 17 \\ 7 & 6 & 3 & 4 & 1 \\ 35 & 30 & 15 & 20 & 4 \end{pmatrix}$.

35. 用初等变换求下列矩阵的逆矩阵：

(1) $\begin{pmatrix} 3 & 2 & 1 \\ 3 & 1 & 5 \\ 3 & 2 & 3 \end{pmatrix}$;　　(2) $\begin{pmatrix} 2 & 3 & 1 \\ 1 & 2 & 0 \\ -1 & 2 & -2 \end{pmatrix}$;

(3) $\begin{pmatrix} 3 & -2 & 0 & -1 \\ 0 & 2 & 2 & 1 \\ 1 & -2 & -3 & -2 \\ 0 & 1 & 2 & 1 \end{pmatrix}$;　　(4) $\begin{pmatrix} 2 & 1 & 0 & 0 \\ 3 & 2 & 0 & 0 \\ 5 & 7 & 1 & 8 \\ -1 & -3 & -1 & -1 \end{pmatrix}$.

第三章

向量组与向量空间

知识框图

课程思政案例

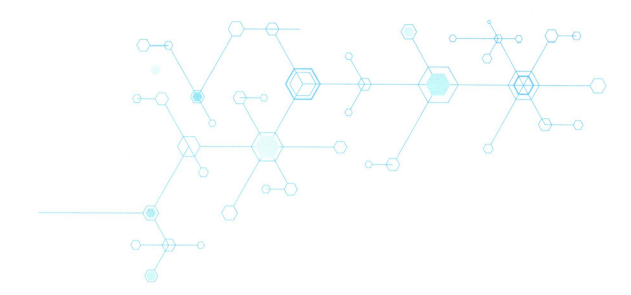

第一节　向量与向量空间

一、向量的概念

在讨论 n 元线性方程组的解或空间中某一点的位置时，通常需要用到一个数组 $(x_1,x_2,\cdots,x_n)$ 或 (x,y,z). 这样的数组可看成一个整体，于是引出如下向量的概念.

定义 3.1　由 n 个数 $a_1,a_2,\cdots,a_n$ 组成的有序数组

$$(a_1,a_2,\cdots,a_n)$$

称为 **n 维向量**，简称**向量**，其中 n 称为该向量的**维数**，数 $a_i(i=1,2,\cdots,n)$ 称为该向量的第 i 个**分量**，常用黑体小写希腊字母 $\boldsymbol{\alpha},\boldsymbol{\beta},\boldsymbol{\gamma},\cdots$ 来表示向量.

分量是实数的向量称为**实向量**；分量是复数的向量称为**复向量**. 本章只讨论实向量.

向量可以写成一行，如

$$\boldsymbol{\alpha}=(a_1,a_2,\cdots,a_n),$$

也可以写成一列，如

$$\boldsymbol{\alpha}=\begin{pmatrix}a_1\\a_2\\\vdots\\a_n\end{pmatrix}.$$

为了区别，前者称为**行向量**，后者称为**列向量**. 实际上，这两种向量没有本质区别，其差别仅在于写法不同. 从矩阵的角度看，可以把行向量看作只有一行的矩阵(行矩阵)，把列向量看作只有一列的矩阵(列矩阵). 由矩阵的转置，有

$$\begin{pmatrix}a_1\\a_2\\\vdots\\a_n\end{pmatrix}^{\mathrm{T}}=(a_1,a_2,\cdots,a_n)\quad 或\quad (a_1,a_2,\cdots,a_n)^{\mathrm{T}}=\begin{pmatrix}a_1\\a_2\\\vdots\\a_n\end{pmatrix}.$$

定义 3.2　设 n 维向量 $\boldsymbol{\alpha}=(a_1,a_2,\cdots,a_n)$，$\boldsymbol{\beta}=(b_1,b_2,\cdots,b_n)$，则当且仅当它们对应的分量都相等，即 $a_i=b_i(i=1,2,\cdots,n)$ 时，称向量 $\boldsymbol{\alpha}$ 与 $\boldsymbol{\beta}$ **相等**，记为 $\boldsymbol{\alpha}=\boldsymbol{\beta}$.

分量全是零的向量称为**零向量**，记为 $\mathbf{0}$，即

$$\mathbf{0}=(0,0,\cdots,0).$$

维数不同的零向量是不相等的.

定义 3.3　设 n 维向量 $\boldsymbol{\alpha}=(a_1,a_2,\cdots,a_n)$，$\boldsymbol{\beta}=(b_1,b_2,\cdots,b_n)$，$\lambda$ 为常数，那么向量 $(a_1+b_1,a_2+b_2,\cdots,a_n+b_n)$ 称为向量 $\boldsymbol{\alpha}$ 与 $\boldsymbol{\beta}$ 的和，记为 $\boldsymbol{\alpha}+\boldsymbol{\beta}$（此运算称为向量的加法），即

$$\boldsymbol{\alpha}+\boldsymbol{\beta}=(a_1+b_1,a_2+b_2,\cdots,a_n+b_n);$$

向量 $(a_1-b_1,a_2-b_2,\cdots,a_n-b_n)$ 称为向量 $\boldsymbol{\alpha}$ 与 $\boldsymbol{\beta}$ 的差，记为 $\boldsymbol{\alpha}-\boldsymbol{\beta}$（此运算称为向量的减法），即

$$\boldsymbol{\alpha}-\boldsymbol{\beta}=(a_1-b_1,a_2-b_2,\cdots,a_n-b_n);$$

向量 $(-a_1,-a_2,\cdots,-a_n)$ 称为向量 $\boldsymbol{\alpha}$ 的负向量，记为 $-\boldsymbol{\alpha}$，即

$$-\boldsymbol{\alpha}=(-a_1,-a_2,\cdots,-a_n);$$

向量 $(\lambda a_1,\lambda a_2,\cdots,\lambda a_n)$ 称为向量 $\boldsymbol{\alpha}$ 与数 λ 的乘积，记为 $\lambda\boldsymbol{\alpha}$ 或 $\boldsymbol{\alpha}\lambda$（此运算称为向量的数乘运算），即

$$\lambda\boldsymbol{\alpha}=\boldsymbol{\alpha}\lambda=(\lambda a_1,\lambda a_2,\cdots,\lambda a_n).$$

由负向量的定义可知，$\boldsymbol{\alpha}-\boldsymbol{\beta}$ 实际上就是 $\boldsymbol{\alpha}$ 与 $-\boldsymbol{\beta}$ 的和，即

$$\boldsymbol{\alpha}-\boldsymbol{\beta}=\boldsymbol{\alpha}+(-\boldsymbol{\beta}).$$

向量的加法及数乘运算统称为向量的线性运算. 可以验证，它满足下列运算规律（设 $\boldsymbol{\alpha},\boldsymbol{\beta},\boldsymbol{\gamma}$ 是 n 维向量，λ,μ 为常数）：

(1) $\boldsymbol{\alpha}+\boldsymbol{\beta}=\boldsymbol{\beta}+\boldsymbol{\alpha}$；

(2) $(\boldsymbol{\alpha}+\boldsymbol{\beta})+\boldsymbol{\gamma}=\boldsymbol{\alpha}+(\boldsymbol{\beta}+\boldsymbol{\gamma})$；

(3) $\boldsymbol{\alpha}+\boldsymbol{0}=\boldsymbol{\alpha}$；

(4) $\boldsymbol{\alpha}+(-\boldsymbol{\alpha})=\boldsymbol{0}$；

(5) $1\cdot\boldsymbol{\alpha}=\boldsymbol{\alpha}$；

(6) $\lambda(\mu\boldsymbol{\alpha})=(\lambda\mu)\boldsymbol{\alpha}=\mu(\lambda\boldsymbol{\alpha})$；

(7) $\lambda(\boldsymbol{\alpha}+\boldsymbol{\beta})=\lambda\boldsymbol{\alpha}+\lambda\boldsymbol{\beta}$；

(8) $(\lambda+\mu)\boldsymbol{\alpha}=\lambda\boldsymbol{\alpha}+\mu\boldsymbol{\alpha}$.

二、向量空间的概念

数学上常把具有某些共同特定属性的事物看成一个整体，该整体就称为集合. 现在我们也可以把一些相同维数的向量看成一个整体，该整体就称为向量集合.

定义 3.4　设 V 是一个非空的向量集合. 若 V 对向量的线性运算封闭，即对于 V 中任意两个向量 $\boldsymbol{\alpha},\boldsymbol{\beta}$ 及任意实数 k，都有

$$\boldsymbol{\alpha}+\boldsymbol{\beta}\in V,\quad k\boldsymbol{\alpha}\in V,$$

则称 V 是一个向量空间.

例 3.1

全体 n 维向量所组成的集合记为 $\mathbf{R}^n$,它是一个向量空间,称为 n 维向量空间(这里的“n 维”指的是向量空间的维数,本章第五节中将给出介绍).特别地,$\mathbf{R}^2$ 和 $\mathbf{R}^3$ 都是向量空间.

例 3.2

集合 $V_1=\{(0,x_2,x_3,\cdots,x_n)\mid x_2,x_3,\cdots,x_n\in\mathbf{R}\}$ 是一个向量空间.

例 3.3

集合 $V_2=\{(x_1,x_2,\cdots,x_n)\mid x_1+x_2+\cdots+x_n=0,x_1,x_2,\cdots,x_n\in\mathbf{R}\}$ 是一个向量空间.

例 3.4

集合 $V_3=\{(1,x_2,x_3,\cdots,x_n)\mid x_2,x_3,\cdots,x_n\in\mathbf{R}\}$ 不是一个向量空间.

从上述例子可以发现,V_1,V_2,V_3 都是 $\mathbf{R}^n$ 的子集.这说明,一个向量空间的子集可能是一个向量空间,也可能不是一个向量空间.

定义 3.5 设 V_1,V_2 都是向量空间.若 $V_1\subseteq V_2$,则称 V_1 是 V_2 的子空间.

例如,在上述例子中,V_1,V_2 都是 $\mathbf{R}^n$ 的子空间.对于任一向量空间 V,显然 V 和 $\{\mathbf{0}\}$($\mathbf{0}$ 是 V 中的零向量)都是 V 的子空间,这两个子空间称为 V 的平凡子空间,V 的其他子空间称为 V 的非平凡子空间.

第二节 向量组的线性相关性

一、向量组与向量的线性表示

微课视频

由若干个 n 维向量所组成的集合称为 n 维向量组,简称向量组.

定义 3.6 设有向量 $\boldsymbol{\beta}$ 和向量组 $\boldsymbol{\alpha}_1,\boldsymbol{\alpha}_2,\cdots,\boldsymbol{\alpha}_m$.若存在 m 个实数 $k_1,k_2,\cdots,k_m$,使得

$$\boldsymbol{\beta}=k_1\boldsymbol{\alpha}_1+k_2\boldsymbol{\alpha}_2+\cdots+k_m\boldsymbol{\alpha}_m,$$

则称向量 $\boldsymbol{\beta}$ 可由向量组 $\boldsymbol{\alpha}_1,\boldsymbol{\alpha}_2,\cdots,\boldsymbol{\alpha}_m$ 线性表示(或线性表出),也称向量 $\boldsymbol{\beta}$ 是向量组 $\boldsymbol{\alpha}_1,\boldsymbol{\alpha}_2,\cdots,\boldsymbol{\alpha}_m$ 的一个线性组合.

注 在定义 3.6 中,从实数 $k_1,k_2,\cdots,k_m$ 的任意性可知,由向量组 $\boldsymbol{\alpha}_1$,

$\boldsymbol{\alpha}_2,\cdots,\boldsymbol{\alpha}_m$ 可以得到很多其他向量 $k_1\boldsymbol{\alpha}_1+k_2\boldsymbol{\alpha}_2+\cdots+k_m\boldsymbol{\alpha}_m$. 将这些向量所组成的集合记为 $L(\boldsymbol{\alpha}_1,\boldsymbol{\alpha}_2,\cdots,\boldsymbol{\alpha}_m)$，即

$$L(\boldsymbol{\alpha}_1,\boldsymbol{\alpha}_2,\cdots,\boldsymbol{\alpha}_m)=\{k_1\boldsymbol{\alpha}_1+k_2\boldsymbol{\alpha}_2+\cdots+k_m\boldsymbol{\alpha}_m \mid k_1,k_2,\cdots,k_m\in\mathbf{R}\}.$$

可以证明，$L(\boldsymbol{\alpha}_1,\boldsymbol{\alpha}_2,\cdots,\boldsymbol{\alpha}_m)$ 也是一个向量空间，并称它为**由向量组 $\boldsymbol{\alpha}_1,\boldsymbol{\alpha}_2,\cdots,\boldsymbol{\alpha}_m$ 所生成的向量空间**. 显然，任何由 n 维向量所生成的向量空间一定是 $\mathbf{R}^n$ 的子空间.

例 3.5

设向量 $\boldsymbol{\alpha}_1=(1,-1,2)^{\mathrm{T}},\boldsymbol{\alpha}_2=(2,1,3)^{\mathrm{T}},\boldsymbol{\beta}=(4,-1,7)^{\mathrm{T}}$. 试问向量 $\boldsymbol{\beta}$ 能否由向量组 $\boldsymbol{\alpha}_1,\boldsymbol{\alpha}_2$ 线性表示?

解　设有实数 k_1,k_2，使得 $\boldsymbol{\beta}=k_1\boldsymbol{\alpha}_1+k_2\boldsymbol{\alpha}_2$，即

$$k_1\begin{pmatrix}1\\-1\\2\end{pmatrix}+k_2\begin{pmatrix}2\\1\\3\end{pmatrix}=\begin{pmatrix}4\\-1\\7\end{pmatrix},$$

则得方程组

$$\begin{cases}k_1+2k_2=4,\\-k_1+\ \ k_2=-1,\\2k_1+3k_2=7,\end{cases}$$

解得 $k_1=2,k_2=1$. 故 $\boldsymbol{\beta}=2\boldsymbol{\alpha}_1+\boldsymbol{\alpha}_2$，即 $\boldsymbol{\beta}$ 可由向量组 $\boldsymbol{\alpha}_1,\boldsymbol{\alpha}_2$ 线性表示.

二、向量组的线性相关与线性无关

定义 3.7　设有向量组 $\boldsymbol{\alpha}_1,\boldsymbol{\alpha}_2,\cdots,\boldsymbol{\alpha}_m$. 若存在 m 个不全为零的实数 $k_1,k_2,\cdots,k_m$，使得

$$k_1\boldsymbol{\alpha}_1+k_2\boldsymbol{\alpha}_2+\cdots+k_m\boldsymbol{\alpha}_m=\mathbf{0},\tag{3.1}$$

则称向量组 $\boldsymbol{\alpha}_1,\boldsymbol{\alpha}_2,\cdots,\boldsymbol{\alpha}_m$ **线性相关**；否则，称向量组 $\boldsymbol{\alpha}_1,\boldsymbol{\alpha}_2,\cdots,\boldsymbol{\alpha}_m$ **线性无关**. 也就是说，若式(3.1)成立，则当且仅当 $k_1=k_2=\cdots=k_m=0$ 时，称向量组 $\boldsymbol{\alpha}_1,\boldsymbol{\alpha}_2,\cdots,\boldsymbol{\alpha}_m$ 线性无关.

例 3.6

判别 n 维向量组 $\boldsymbol{\varepsilon}_1=(1,0,0,\cdots,0)^{\mathrm{T}},\boldsymbol{\varepsilon}_2=(0,1,0,\cdots,0)^{\mathrm{T}},\cdots,\boldsymbol{\varepsilon}_n=(0,0,0,\cdots,1)^{\mathrm{T}}$ 的线性相关性.

解　设有实数 $k_1,k_2,\cdots,k_n$，使得

$$k_1\boldsymbol{\varepsilon}_1+k_2\boldsymbol{\varepsilon}_2+\cdots+k_n\boldsymbol{\varepsilon}_n=\mathbf{0},$$

即

$$k_1\begin{pmatrix}1\\0\\0\\\vdots\\0\end{pmatrix}+k_2\begin{pmatrix}0\\1\\0\\\vdots\\0\end{pmatrix}+\cdots+k_n\begin{pmatrix}0\\0\\0\\\vdots\\1\end{pmatrix}=\begin{pmatrix}0\\0\\0\\\vdots\\0\end{pmatrix},$$

由此可得 $k_1=k_2=\cdots=k_n=0$. 因此,向量组 $\boldsymbol{\varepsilon}_1,\boldsymbol{\varepsilon}_2,\cdots,\boldsymbol{\varepsilon}_n$ 线性无关.

例 3.6 中的向量组 $\boldsymbol{\varepsilon}_1,\boldsymbol{\varepsilon}_2,\cdots,\boldsymbol{\varepsilon}_n$ 称为 n 维基本单位向量组. 对于任意一个 n 维向量 $\boldsymbol{\alpha}=(a_1,a_2,\cdots,a_n)$,都有

$$\boldsymbol{\alpha}=a_1\boldsymbol{\varepsilon}_1+a_2\boldsymbol{\varepsilon}_2+\cdots+a_n\boldsymbol{\varepsilon}_n.$$

这说明,任意一个 n 维向量 $\boldsymbol{\alpha}$ 都可由 n 维基本单位向量组 $\boldsymbol{\varepsilon}_1,\boldsymbol{\varepsilon}_2,\cdots,\boldsymbol{\varepsilon}_n$ 线性表示.

由向量组线性相关的定义,容易得到以下结论:

(1) 零向量是线性相关的,因为总存在非零常数 k,使得 $k\mathbf{0}=\mathbf{0}$.

(2) 任意非零向量都线性无关,因为要使得 $k\boldsymbol{\alpha}=\mathbf{0}(\boldsymbol{\alpha}\neq\mathbf{0})$,只有 $k=0$.

(3) 包含零向量的向量组是线性相关的.

(4) 两个向量线性相关的充要条件是它们的对应分量成比例.

下面给出向量组线性相关的几个判别定理.

定理 3.1 向量组 $\boldsymbol{\alpha}_1,\boldsymbol{\alpha}_2,\cdots,\boldsymbol{\alpha}_m(m\geqslant 2)$ 线性相关的充要条件是这个向量组中至少有一个向量可由其余 $m-1$ 个向量线性表示.

证 充分性. 设 $\boldsymbol{\alpha}_1,\boldsymbol{\alpha}_2,\cdots,\boldsymbol{\alpha}_m$ 中有一向量 $\boldsymbol{\alpha}_i$ 是其余向量的线性组合,即

$$\boldsymbol{\alpha}_i=k_1\boldsymbol{\alpha}_1+\cdots+k_{i-1}\boldsymbol{\alpha}_{i-1}+k_{i+1}\boldsymbol{\alpha}_{i+1}+\cdots+k_m\boldsymbol{\alpha}_m,$$

于是有

$$k_1\boldsymbol{\alpha}_1+\cdots+k_{i-1}\boldsymbol{\alpha}_{i-1}+(-1)\boldsymbol{\alpha}_i+k_{i+1}\boldsymbol{\alpha}_{i+1}+\cdots+k_m\boldsymbol{\alpha}_m=\mathbf{0}.$$

因为 $k_1,\cdots,k_{i-1},-1,k_{i+1},\cdots,k_m$ 不全为零,所以 $\boldsymbol{\alpha}_1,\boldsymbol{\alpha}_2,\cdots,\boldsymbol{\alpha}_m$ 线性相关.

必要性. 若 $\boldsymbol{\alpha}_1,\boldsymbol{\alpha}_2,\cdots,\boldsymbol{\alpha}_m$ 线性相关,则存在不全为零的数 $k_1,k_2,\cdots,k_m$,使得

$$k_1\boldsymbol{\alpha}_1+k_2\boldsymbol{\alpha}_2+\cdots+k_m\boldsymbol{\alpha}_m=\mathbf{0}.$$

而 $k_1,k_2,\cdots,k_m$ 不全为零,不妨设 $k_1\neq 0$,则由上式可得

$$\boldsymbol{\alpha}_1=\left(-\frac{k_2}{k_1}\right)\boldsymbol{\alpha}_2+\left(-\frac{k_3}{k_1}\right)\boldsymbol{\alpha}_3+\cdots+\left(-\frac{k_m}{k_1}\right)\boldsymbol{\alpha}_m,$$

即 $\boldsymbol{\alpha}_1$ 可由其余向量 $\boldsymbol{\alpha}_2,\boldsymbol{\alpha}_3,\cdots,\boldsymbol{\alpha}_m$ 线性表示.

推论 1 向量组 $\boldsymbol{\alpha}_1,\boldsymbol{\alpha}_2,\cdots,\boldsymbol{\alpha}_m(m\geqslant 2)$ 线性无关的充要条件是这个向量组中任何一个向量都不能由其余 $m-1$ 个向量线性表示.

定理 3.2 若向量组 $\boldsymbol{\alpha}_1,\boldsymbol{\alpha}_2,\cdots,\boldsymbol{\alpha}_m(m\geqslant 2)$ 有一个部分组(由该向量

组中部分向量所组成的集合）线性相关，则该向量组也线性相关.

证 不妨设向量组 $\boldsymbol{\alpha}_1,\boldsymbol{\alpha}_2,\cdots,\boldsymbol{\alpha}_r(r<m)$ 线性相关（必要时可将向量重新编号，即可做到这一点），于是存在不全为零的数 $k_1,k_2,\cdots,k_r$，使得

$$k_1\boldsymbol{\alpha}_1+k_2\boldsymbol{\alpha}_2+\cdots+k_r\boldsymbol{\alpha}_r=\mathbf{0},$$

从而存在不全为零的数 $k_1,k_2,\cdots,k_r,0,\cdots,0$，使得

$$k_1\boldsymbol{\alpha}_1+k_2\boldsymbol{\alpha}_2+\cdots+k_r\boldsymbol{\alpha}_r+0\boldsymbol{\alpha}_{r+1}+\cdots+0\boldsymbol{\alpha}_m=\mathbf{0}.$$

这就证明了向量组 $\boldsymbol{\alpha}_1,\boldsymbol{\alpha}_2,\cdots,\boldsymbol{\alpha}_m$ 线性相关.

推论 2 若向量组 $\boldsymbol{\alpha}_1,\boldsymbol{\alpha}_2,\cdots,\boldsymbol{\alpha}_m$ 线性无关，则其任一部分组都线性无关.

定理 3.3 设向量组 $\boldsymbol{\alpha}_1,\boldsymbol{\alpha}_2,\cdots,\boldsymbol{\alpha}_m$ 线性无关，而向量组 $\boldsymbol{\alpha}_1,\boldsymbol{\alpha}_2,\cdots,\boldsymbol{\alpha}_m,\boldsymbol{\beta}$ 线性相关，则 $\boldsymbol{\beta}$ 可由 $\boldsymbol{\alpha}_1,\boldsymbol{\alpha}_2,\cdots,\boldsymbol{\alpha}_m$ 线性表示，且表示法是唯一的.

证 因向量组 $\boldsymbol{\alpha}_1,\boldsymbol{\alpha}_2,\cdots,\boldsymbol{\alpha}_m,\boldsymbol{\beta}$ 线性相关，故存在不全为零的数 $k_1,k_2,\cdots,k_m,k$，使得

$$k_1\boldsymbol{\alpha}_1+k_2\boldsymbol{\alpha}_2+\cdots+k_m\boldsymbol{\alpha}_m+k\boldsymbol{\beta}=\mathbf{0}.$$

由此可知，要证 $\boldsymbol{\beta}$ 可由 $\boldsymbol{\alpha}_1,\boldsymbol{\alpha}_2,\cdots,\boldsymbol{\alpha}_m$ 线性表示，只需证 $k\neq 0$. 用反证法，假设 $k=0$，则 $k_1,k_2,\cdots,k_m$ 不全为零，且有

$$k_1\boldsymbol{\alpha}_1+k_2\boldsymbol{\alpha}_2+\cdots+k_m\boldsymbol{\alpha}_m=\mathbf{0}.$$

这与 $\boldsymbol{\alpha}_1,\boldsymbol{\alpha}_2,\cdots,\boldsymbol{\alpha}_m$ 线性无关矛盾，因此 $k\neq 0$.

再证唯一性. 设有两个表示式

$$\boldsymbol{\beta}=\lambda_1\boldsymbol{\alpha}_1+\lambda_2\boldsymbol{\alpha}_2+\cdots+\lambda_m\boldsymbol{\alpha}_m$$

及

$$\boldsymbol{\beta}=l_1\boldsymbol{\alpha}_1+l_2\boldsymbol{\alpha}_2+\cdots+l_m\boldsymbol{\alpha}_m,$$

两式相减，得

$$(\lambda_1-l_1)\boldsymbol{\alpha}_1+(\lambda_2-l_2)\boldsymbol{\alpha}_2+\cdots+(\lambda_m-l_m)\boldsymbol{\alpha}_m=\mathbf{0}.$$

因为 $\boldsymbol{\alpha}_1,\boldsymbol{\alpha}_2,\cdots,\boldsymbol{\alpha}_m$ 线性无关，所以

$$\lambda_i-l_i=0,\quad 即\quad \lambda_i=l_i\quad (i=1,2,\cdots,m).$$

第三节 向量组线性相关性的判别法

实际上，向量组的线性相关性除用定义来判别外，还可以借助矩阵和线性方程组的有关理论来判别. 下面先介绍向量组与矩阵、线性方程组之间的关系.

一、向量组与矩阵、线性方程组的关系

若把n维向量组$\boldsymbol{\alpha}_i=(a_{1i},a_{2i},\cdots,a_{ni})^{\mathrm{T}}(i=1,2,\cdots,m)$中每一个向量都看作矩阵的一个列，则可得到如下矩阵：

$$\boldsymbol{A}=(\boldsymbol{\alpha}_1,\boldsymbol{\alpha}_2,\cdots,\boldsymbol{\alpha}_m)=\begin{pmatrix}a_{11}&a_{12}&\cdots&a_{1m}\\a_{21}&a_{22}&\cdots&a_{2m}\\\vdots&\vdots&&\vdots\\a_{n1}&a_{n2}&\cdots&a_{nm}\end{pmatrix}.$$

这是一个$n\times m$矩阵. 此时称$\boldsymbol{\alpha}_i=(a_{1i},a_{2i},\cdots,a_{ni})^{\mathrm{T}}(i=1,2,\cdots,m)$为矩阵$\boldsymbol{A}$的列向量组.

自然地，也可以把n维向量组$\boldsymbol{\alpha}_i=(a_{i1},a_{i2},\cdots,a_{in})(i=1,2,\cdots,m)$中每一个向量都看作矩阵的一个行，得到如下的一个$m\times n$矩阵：

$$\boldsymbol{B}=\begin{pmatrix}\boldsymbol{\alpha}_1\\\boldsymbol{\alpha}_2\\\vdots\\\boldsymbol{\alpha}_m\end{pmatrix}=\begin{pmatrix}a_{11}&a_{12}&\cdots&a_{1n}\\a_{21}&a_{22}&\cdots&a_{2n}\\\vdots&\vdots&&\vdots\\a_{m1}&a_{m2}&\cdots&a_{mn}\end{pmatrix}.$$

此时称$\boldsymbol{\alpha}_i=(a_{i1},a_{i2},\cdots,a_{in})(i=1,2,\cdots,m)$为矩阵$\boldsymbol{B}$的行向量组.

由此可以把向量组与矩阵对应起来，这样就可以利用矩阵的知识来研究向量.

根据定义3.7，矩阵$\boldsymbol{A}=(\boldsymbol{\alpha}_1,\boldsymbol{\alpha}_2,\cdots,\boldsymbol{\alpha}_m)$的列向量组$\boldsymbol{\alpha}_1,\boldsymbol{\alpha}_2,\cdots,\boldsymbol{\alpha}_m$线性相关的充要条件是存在非零矩阵$\boldsymbol{K}=(k_1,k_2,\cdots,k_m)^{\mathrm{T}}$，使得

$$\boldsymbol{AK}=(\boldsymbol{\alpha}_1,\boldsymbol{\alpha}_2,\cdots,\boldsymbol{\alpha}_m)\boldsymbol{K}=\boldsymbol{0}\quad\text{或}\quad\boldsymbol{K}^{\mathrm{T}}\boldsymbol{A}^{\mathrm{T}}=\boldsymbol{K}^{\mathrm{T}}\begin{pmatrix}\boldsymbol{\alpha}_1^{\mathrm{T}}\\\boldsymbol{\alpha}_2^{\mathrm{T}}\\\vdots\\\boldsymbol{\alpha}_m^{\mathrm{T}}\end{pmatrix}=\boldsymbol{0}.$$

因此，对于矩阵$\boldsymbol{A}=(\boldsymbol{\alpha}_1,\boldsymbol{\alpha}_2,\cdots,\boldsymbol{\alpha}_m)$的列向量组$\boldsymbol{\alpha}_1,\boldsymbol{\alpha}_2,\cdots,\boldsymbol{\alpha}_m$是否线性相关，可用对应的齐次线性方程组$\boldsymbol{Ax}=\boldsymbol{0}$，即

$$(\boldsymbol{\alpha}_1,\boldsymbol{\alpha}_2,\cdots,\boldsymbol{\alpha}_m)\begin{pmatrix}x_1\\x_2\\\vdots\\x_m\end{pmatrix}=x_1\boldsymbol{\alpha}_1+x_2\boldsymbol{\alpha}_2+\cdots+x_m\boldsymbol{\alpha}_m=\boldsymbol{0}$$

是否有非零解$\boldsymbol{x}=(x_1,x_2,\cdots,x_m)^{\mathrm{T}}$来判别(若有非零解，则线性相关，否则线性无关).

同理，对于向量$\boldsymbol{\beta}$能否由向量组$\boldsymbol{\alpha}_1,\boldsymbol{\alpha}_2,\cdots,\boldsymbol{\alpha}_m$线性表示，可用对应的非齐次线性方程组$\boldsymbol{Ax}=\boldsymbol{\beta}$，即

$$(\boldsymbol{\alpha}_1,\boldsymbol{\alpha}_2,\cdots,\boldsymbol{\alpha}_m)\begin{pmatrix}x_1\\x_2\\\vdots\\x_m\end{pmatrix}=x_1\boldsymbol{\alpha}_1+x_2\boldsymbol{\alpha}_2+\cdots+x_m\boldsymbol{\alpha}_m=\boldsymbol{\beta}$$

是否有解来判别(若有解,则可以线性表示,否则无法线性表示).

例 3.7

讨论下列向量组的线性相关性:

(1) $\boldsymbol{\alpha}_1=(1,2,0),\boldsymbol{\alpha}_2=(2,-1,1)$;

(2) $\boldsymbol{\alpha}_1=(1,-1,1),\boldsymbol{\alpha}_2=(2,1,-1),\boldsymbol{\alpha}_3=(1,-4,p)$,其中 p 为实数.

解　(1) 设有实数 λ_1,λ_2,使得

$$\lambda_1\boldsymbol{\alpha}_1+\lambda_2\boldsymbol{\alpha}_2=\mathbf{0},$$

即

$$(\lambda_1+2\lambda_2,2\lambda_1-\lambda_2,\lambda_2)=(0,0,0).$$

由此得方程组

$$\begin{cases}\lambda_1+2\lambda_2=0,\\2\lambda_1-\lambda_2=0,\\\lambda_2=0.\end{cases}$$

由于这个方程组只有零解 $\lambda_1=\lambda_2=0$,因此 $\boldsymbol{\alpha}_1,\boldsymbol{\alpha}_2$ 线性无关.

(2) 设有实数 x_1,x_2,x_3,使得

$$x_1\boldsymbol{\alpha}_1+x_2\boldsymbol{\alpha}_2+x_3\boldsymbol{\alpha}_3=\mathbf{0},$$

由此得方程组

$$\begin{cases}x_1+2x_2+x_3=0,\\-x_1+x_2-4x_3=0,\\x_1-x_2+px_3=0.\end{cases}$$

这个方程组的系数行列式为

$$D=\begin{vmatrix}1&2&1\\-1&1&-4\\1&-1&p\end{vmatrix}=3p-12.$$

当 $p\neq4$ 时,$D\neq0$,上述齐次线性方程组只有零解,即必有 $x_1=x_2=x_3=0$. 因此,当 $p\neq4$ 时,向量组 $\boldsymbol{\alpha}_1,\boldsymbol{\alpha}_2,\boldsymbol{\alpha}_3$ 线性无关.

当 $p=4$ 时,$D=0$,上述齐次线性方程组有非零解,且有无穷多组解. 容易求得 $x_1=-3,x_2=1,x_3=1$ 是它的一组解,从而有

$$-3\boldsymbol{\alpha}_1+\boldsymbol{\alpha}_2+\boldsymbol{\alpha}_3=\mathbf{0}.$$

因此,当 $p=4$ 时,向量组 $\boldsymbol{\alpha}_1,\boldsymbol{\alpha}_2,\boldsymbol{\alpha}_3$ 线性相关.

例 3.8

设向量组 $\boldsymbol{\alpha}_1,\boldsymbol{\alpha}_2,\boldsymbol{\alpha}_3$ 线性无关,$\boldsymbol{\beta}_1=\boldsymbol{\alpha}_1+\boldsymbol{\alpha}_2,\boldsymbol{\beta}_2=\boldsymbol{\alpha}_2+\boldsymbol{\alpha}_3,\boldsymbol{\beta}_3=\boldsymbol{\alpha}_3+\boldsymbol{\alpha}_1$. 试证:向量组 $\boldsymbol{\beta}_1,\boldsymbol{\beta}_2,\boldsymbol{\beta}_3$ 也线性无关.

证 设有实数 x_1,x_2,x_3,使得

$$x_1\boldsymbol{\beta}_1+x_2\boldsymbol{\beta}_2+x_3\boldsymbol{\beta}_3=\mathbf{0},$$

即

$$x_1(\boldsymbol{\alpha}_1+\boldsymbol{\alpha}_2)+x_2(\boldsymbol{\alpha}_2+\boldsymbol{\alpha}_3)+x_3(\boldsymbol{\alpha}_3+\boldsymbol{\alpha}_1)=\mathbf{0},$$

整理得

$$(x_1+x_3)\boldsymbol{\alpha}_1+(x_1+x_2)\boldsymbol{\alpha}_2+(x_2+x_3)\boldsymbol{\alpha}_3=\mathbf{0}.$$

由 $\boldsymbol{\alpha}_1,\boldsymbol{\alpha}_2,\boldsymbol{\alpha}_3$ 线性无关,得方程组

$$\begin{cases}x_1\qquad\ +x_3=0,\\x_1+x_2\qquad\ =0,\\\qquad\ x_2+x_3=0.\end{cases}$$

这个方程组的系数行列式为

$$\begin{vmatrix}1&0&1\\1&1&0\\0&1&1\end{vmatrix}=2\neq0,$$

故上述齐次线性方程组只有零解 $x_1=x_2=x_3=0$. 因此,向量组 $\boldsymbol{\beta}_1,\boldsymbol{\beta}_2,\boldsymbol{\beta}_3$ 线性无关.

定义 3.8 设有两个 n 维向量组

$$(\text{I}):\boldsymbol{\alpha}_1,\boldsymbol{\alpha}_2,\cdots,\boldsymbol{\alpha}_m,\quad(\text{II}):\boldsymbol{\beta}_1,\boldsymbol{\beta}_2,\cdots,\boldsymbol{\beta}_s.$$

若向量组(Ⅰ)中每个向量都可由向量组(Ⅱ)线性表示,则称**向量组(Ⅰ)可由向量组(Ⅱ)线性表示**;若向量组(Ⅰ)与(Ⅱ)能够互相线性表示,则称向量组(Ⅰ)与(Ⅱ)**等价**.

不难看出,向量组之间的等价关系具有下列性质:

(1) 自反性:向量组与自身等价;

(2) 对称性:若向量组(Ⅰ)与向量组(Ⅱ)等价,则向量组(Ⅱ)也与向量组(Ⅰ)等价;

(3) 传递性:若向量组(Ⅰ)与向量组(Ⅱ)等价,向量组(Ⅱ)与向量组(Ⅲ)等价,则向量组(Ⅰ)也与向量组(Ⅲ)等价.

根据定义 3.8,若向量组(Ⅰ):$\boldsymbol{\alpha}_1,\boldsymbol{\alpha}_2,\cdots,\boldsymbol{\alpha}_m$ 可由向量组(Ⅱ):$\boldsymbol{\beta}_1,\boldsymbol{\beta}_2,\cdots,\boldsymbol{\beta}_s$ 线性表示,则存在不全为零的数 $k_{ij}(i=1,2,\cdots,m;j=1,2,\cdots,s)$,使得

$$\boldsymbol{\alpha}_i=k_{i1}\boldsymbol{\beta}_1+k_{i2}\boldsymbol{\beta}_2+\cdots+k_{is}\boldsymbol{\beta}_s\quad(i=1,2,\cdots,m).$$

(1) 当两向量组(Ⅰ)与(Ⅱ)都是列向量组时,记矩阵

$$\boldsymbol{A}=(\boldsymbol{\alpha}_1,\boldsymbol{\alpha}_2,\cdots,\boldsymbol{\alpha}_m),\quad\boldsymbol{B}=(\boldsymbol{\beta}_1,\boldsymbol{\beta}_2,\cdots,\boldsymbol{\beta}_s),$$

此时存在矩阵

$$K_{s\times m}=\begin{pmatrix} k_{11} & k_{21} & \cdots & k_{m1} \\ k_{12} & k_{22} & \cdots & k_{m2} \\ \vdots & \vdots & & \vdots \\ k_{1s} & k_{2s} & \cdots & k_{ms} \end{pmatrix},$$

使得

$$A=BK.$$

(2) 当两向量组(Ⅰ)与(Ⅱ)都是行向量组时,记矩阵

$$A=\begin{pmatrix} \boldsymbol{\alpha}_1 \\ \boldsymbol{\alpha}_2 \\ \vdots \\ \boldsymbol{\alpha}_m \end{pmatrix},\quad B=\begin{pmatrix} \boldsymbol{\beta}_1 \\ \boldsymbol{\beta}_2 \\ \vdots \\ \boldsymbol{\beta}_s \end{pmatrix},$$

此时存在矩阵

$$K_{m\times s}=\begin{pmatrix} k_{11} & k_{12} & \cdots & k_{1s} \\ k_{21} & k_{22} & \cdots & k_{2s} \\ \vdots & \vdots & & \vdots \\ k_{m1} & k_{m2} & \cdots & k_{ms} \end{pmatrix},$$

使得

$$A=KB.$$

由此可见,齐次线性方程组 $Bx=0$ 的解必定也是另一个齐次线性方程组 $Ax=0$ 的解. 因此,若向量组(Ⅰ)与(Ⅱ)等价,则齐次线性方程组 $Ax=0$ 与齐次线性方程组 $Bx=0$ 同解.

也就是说,将齐次线性方程组中每一个方程的系数都看成一个行向量,即一个齐次线性方程组就对应一个向量组,若两个齐次线性方程组所对应的行向量组等价,则这两个齐次线性方程组同解.

二、向量组线性相关性的判别法

定理 3.4 设有两个 n 维列(或行)向量组

$$(\text{Ⅰ}):\boldsymbol{\alpha}_1,\boldsymbol{\alpha}_2,\cdots,\boldsymbol{\alpha}_m,\quad (\text{Ⅱ}):\boldsymbol{\beta}_1,\boldsymbol{\beta}_2,\cdots,\boldsymbol{\beta}_m,$$

其中

$$\boldsymbol{\alpha}_i=\begin{pmatrix} a_{1i} \\ a_{2i} \\ \vdots \\ a_{ni} \end{pmatrix}\quad (\text{或 } \boldsymbol{\alpha}_i=(a_{1i},a_{2i},\cdots,a_{ni}))\quad (i=1,2,\cdots,m),$$

$$\boldsymbol{\beta}_i=\begin{pmatrix} a_{p_1 i} \\ a_{p_2 i} \\ \vdots \\ a_{p_n i} \end{pmatrix}\quad (\text{或 } \boldsymbol{\beta}_i=(a_{p_1 i},a_{p_2 i},\cdots,a_{p_n i}))\quad (i=1,2,\cdots,m),$$

这里的 $p_1p_2\cdots p_n$ 是 $1,2,\cdots,n$ 这 n 个自然数的某个确定的全排列,即向量组(Ⅱ)是对向量组(Ⅰ)中各向量的分量进行同一重排后所得到的向量组,则向量组(Ⅰ)与(Ⅱ)具有相同的线性关系(线性相关性、线性表示).

证　这里只给出列向量组的证明过程,行向量组的情形通过转置运算即可得证.

记矩阵 $\boldsymbol{A}=(\boldsymbol{\alpha}_1,\boldsymbol{\alpha}_2,\cdots,\boldsymbol{\alpha}_m)$,$\boldsymbol{B}=(\boldsymbol{\beta}_1,\boldsymbol{\beta}_2,\cdots,\boldsymbol{\beta}_m)$,则方程组 $\boldsymbol{Ax}=\boldsymbol{0}$ 与方程组 $\boldsymbol{Bx}=\boldsymbol{0}$ 只是交换了某些方程的次序,因而这两个方程组同解,即向量组(Ⅰ)与向量组(Ⅱ)具有相同的线性关系.

定理 3.5　设在 r 维向量组(Ⅰ):$\boldsymbol{\alpha}_1,\boldsymbol{\alpha}_2,\cdots,\boldsymbol{\alpha}_m$ 中每一个向量的末尾都添加 $n-r$ 个分量,得到一个 n 维向量组(Ⅱ):$\boldsymbol{\beta}_1,\boldsymbol{\beta}_2,\cdots,\boldsymbol{\beta}_m$. 若向量组(Ⅰ)线性无关,则向量组(Ⅱ)也线性无关.

证　这里只给出列向量组的证明过程,行向量组的情形通过转置运算即可得证.

记矩阵 $\boldsymbol{A}=(\boldsymbol{\alpha}_1,\boldsymbol{\alpha}_2,\cdots,\boldsymbol{\alpha}_m)$,$\boldsymbol{B}=(\boldsymbol{\beta}_1,\boldsymbol{\beta}_2,\cdots,\boldsymbol{\beta}_m)$,则方程组 $\boldsymbol{Bx}=\boldsymbol{0}$ 的前面 r 个方程就是方程组 $\boldsymbol{Ax}=\boldsymbol{0}$,故方程组 $\boldsymbol{Bx}=\boldsymbol{0}$ 的解一定是方程组 $\boldsymbol{Ax}=\boldsymbol{0}$ 的解. 此时,若向量组(Ⅰ)线性无关,则方程组 $\boldsymbol{Ax}=\boldsymbol{0}$ 只有零解,从而方程组 $\boldsymbol{Bx}=\boldsymbol{0}$ 也只有零解,所以向量组(Ⅱ)也线性无关.

定理 3.5 对于添加分量位置不在末尾的情形亦成立,但要求各向量添加分量的个数及位置均对应相同.

推论 3　在定理 3.5 的假设条件下,若向量组(Ⅱ)线性相关,则向量组(Ⅰ)也线性相关.

下面利用向量组与矩阵的关系及克拉默法则,给出几个判别向量组线性相关性的判别法.

定理 3.6　设 $n\times r(r\leqslant n)$ 矩阵

$$\boldsymbol{A}=(\boldsymbol{\alpha}_1,\boldsymbol{\alpha}_2,\cdots,\boldsymbol{\alpha}_r)=\begin{pmatrix} a_{11} & a_{12} & \cdots & a_{1r} \\ a_{21} & a_{22} & \cdots & a_{2r} \\ \vdots & \vdots & & \vdots \\ a_{n1} & a_{n2} & \cdots & a_{nr} \end{pmatrix},$$

则 $\boldsymbol{A}$ 的列向量组 $\boldsymbol{\alpha}_1,\boldsymbol{\alpha}_2,\cdots,\boldsymbol{\alpha}_r$ 线性无关的充要条件是矩阵 $\boldsymbol{A}$ 中至少存在一个不等于零的 r 阶子式.

证　充分性. 已知矩阵 $\boldsymbol{A}$ 中有一个 r 阶子式不为零,不妨设 $\boldsymbol{A}$ 中前 r 行所构成的 r 阶子式不为零,即

$$|\boldsymbol{B}|=\begin{vmatrix} a_{11} & a_{12} & \cdots & a_{1r} \\ a_{21} & a_{22} & \cdots & a_{2r} \\ \vdots & \vdots & & \vdots \\ a_{r1} & a_{r2} & \cdots & a_{rr} \end{vmatrix}\neq 0. \tag{3.2}$$

记方阵 $\boldsymbol{B}$ 的列向量组为 $\boldsymbol{\beta}_1,\boldsymbol{\beta}_2,\cdots,\boldsymbol{\beta}_r$,即 $\boldsymbol{\beta}_i=(a_{1i},a_{2i},\cdots,a_{ri})^{\mathrm{T}}(i=1,2,\cdots,r)$.

由式(3.2)及定理1.7可知,齐次线性方程组

$$\boldsymbol{B}\boldsymbol{x}=(\boldsymbol{\beta}_1,\boldsymbol{\beta}_2,\cdots,\boldsymbol{\beta}_r)\begin{pmatrix}x_1\\x_2\\\vdots\\x_r\end{pmatrix}=\boldsymbol{0}$$

只有零解,故向量组 $\boldsymbol{\beta}_1,\boldsymbol{\beta}_2,\cdots,\boldsymbol{\beta}_r$ 线性无关. 而 $\boldsymbol{A}$ 的列向量组 $\boldsymbol{\alpha}_1,\boldsymbol{\alpha}_2,\cdots,\boldsymbol{\alpha}_r$ 是由 $\boldsymbol{B}$ 的列向量组 $\boldsymbol{\beta}_1,\boldsymbol{\beta}_2,\cdots,\boldsymbol{\beta}_r$ 添加 $n-r$ 个分量而得来的(与添加分量的位置无关,所以上述假设不失一般性),故由定理3.5可知,向量组 $\boldsymbol{\alpha}_1,\boldsymbol{\alpha}_2,\cdots,\boldsymbol{\alpha}_r$ 线性无关.

必要性. 已知矩阵 $\boldsymbol{A}$ 的列向量组 $\boldsymbol{\alpha}_1,\boldsymbol{\alpha}_2,\cdots,\boldsymbol{\alpha}_r$ 线性无关,现在要证明 $\boldsymbol{A}$ 中至少存在一个不为零的 r 阶子式,这里采用数学归纳法.

当 $r=1$ 时,由向量 $\boldsymbol{\alpha}_1$ 线性无关,可知 $\boldsymbol{\alpha}_1\neq\boldsymbol{0}$,故 $\boldsymbol{\alpha}_1$ 中至少有一个分量不为零,此即为矩阵 $\boldsymbol{A}=(\boldsymbol{\alpha}_1)=(a_{11},a_{21},\cdots,a_{n1})^{\mathrm{T}}$ 中不为零的一阶子式.

假设当 $r=k$ 时,结论成立. 下面证明当 $r=k+1\leqslant n$ 时,结论亦成立.

事实上,由 $\boldsymbol{A}=(\boldsymbol{\alpha}_1,\boldsymbol{\alpha}_2,\cdots,\boldsymbol{\alpha}_k,\boldsymbol{\alpha}_{k+1})$ 的列向量组线性无关,可知向量组 $\boldsymbol{\alpha}_1,\boldsymbol{\alpha}_2,\cdots,\boldsymbol{\alpha}_k$ 也线性无关,于是根据假设,矩阵

$$\boldsymbol{A}_1=(\boldsymbol{\alpha}_1,\boldsymbol{\alpha}_2,\cdots,\boldsymbol{\alpha}_k)=\begin{pmatrix}a_{11}&a_{12}&\cdots&a_{1k}\\a_{21}&a_{22}&\cdots&a_{2k}\\\vdots&\vdots&&\vdots\\a_{n1}&a_{n2}&\cdots&a_{nk}\end{pmatrix}$$

中至少存在一个不为零的 k 阶子式. 不妨设 $\boldsymbol{A}_1$ 中前 k 行所构成的 k 阶子式不为零,即

$$D_k=\begin{vmatrix}a_{11}&a_{12}&\cdots&a_{1k}\\a_{21}&a_{22}&\cdots&a_{2k}\\\vdots&\vdots&&\vdots\\a_{k1}&a_{k2}&\cdots&a_{kk}\end{vmatrix}\neq 0. \tag{3.3}$$

现构造 k 维列向量组

$$\boldsymbol{\gamma}_i=(a_{1i},a_{2i},\cdots,a_{ki})^{\mathrm{T}}\quad(i=1,2,\cdots,k+1).$$

考察方程组

$$(\boldsymbol{\gamma}_1,\boldsymbol{\gamma}_2,\cdots,\boldsymbol{\gamma}_k)\begin{pmatrix}x_1\\x_2\\\vdots\\x_k\end{pmatrix}=\boldsymbol{\gamma}_{k+1},$$

由式(3.3)及克拉默法则可知,上述方程组有唯一解. 设该唯一解为 $(\lambda_1,\lambda_2,\cdots,\lambda_k)^{\mathrm{T}}$,则有

$$\boldsymbol{\gamma}_{k+1}=\lambda_1\boldsymbol{\gamma}_1+\lambda_2\boldsymbol{\gamma}_2+\cdots+\lambda_k\boldsymbol{\gamma}_k. \tag{3.4}$$

再构造 n 维列向量

$$\boldsymbol{\beta}=(b_1,b_2,\cdots,b_n)^{\mathrm{T}}=\boldsymbol{\alpha}_{k+1}-(\lambda_1\boldsymbol{\alpha}_1+\lambda_2\boldsymbol{\alpha}_2+\cdots+\lambda_k\boldsymbol{\alpha}_k).$$

一方面,注意到 $\boldsymbol{\gamma}_1,\boldsymbol{\gamma}_2,\cdots,\boldsymbol{\gamma}_k,\boldsymbol{\gamma}_{k+1}$ 就是向量组 $\boldsymbol{\alpha}_1,\boldsymbol{\alpha}_2,\cdots,\boldsymbol{\alpha}_k,\boldsymbol{\alpha}_{k+1}$ 取前 k 行所构成的向量组,所以由式(3.4)可得 $b_1=b_2=\cdots=b_k=0$;另一方面,由 $\boldsymbol{\alpha}_1,\boldsymbol{\alpha}_2,\cdots,\boldsymbol{\alpha}_k,\boldsymbol{\alpha}_{k+1}$ 线性无关,可知 $\boldsymbol{\beta}$ 是非零向量. 因此,$b_{k+1},b_{k+2},\cdots,b_n$ 中至少有一个不为零. 不妨设 $b_j\neq 0(k+1\leqslant j\leqslant n)$,于是矩阵 $\boldsymbol{A}=(\boldsymbol{\alpha}_1,\boldsymbol{\alpha}_2,\cdots,\boldsymbol{\alpha}_k,\boldsymbol{\alpha}_{k+1})$ 中有如下不为零的 $k+1$ 阶子式:

$$D_{k+1}=\begin{vmatrix} a_{11} & a_{12} & \cdots & a_{1k} & a_{1,k+1} \\ a_{21} & a_{22} & \cdots & a_{2k} & a_{2,k+1} \\ \vdots & \vdots & & \vdots & \vdots \\ a_{k1} & a_{k2} & \cdots & a_{kk} & a_{k,k+1} \\ a_{j1} & a_{j2} & \cdots & a_{jk} & a_{j,k+1} \end{vmatrix} \xlongequal[(i=1,2,\cdots,k)]{c_{k+1}-\lambda_i c_i} \begin{vmatrix} a_{11} & a_{12} & \cdots & a_{1k} & 0 \\ a_{21} & a_{22} & \cdots & a_{2k} & 0 \\ \vdots & \vdots & & \vdots & \vdots \\ a_{k1} & a_{k2} & \cdots & a_{kk} & 0 \\ a_{j1} & a_{j2} & \cdots & a_{jk} & b_j \end{vmatrix}$$

$$=b_jD_k\neq 0.$$

将定理 3.6 中的列换成行,结论仍然成立. 请读者自行证明.

推论 4 若矩阵 $\boldsymbol{A}$ 中存在一个 r 阶子式不为零,则 $\boldsymbol{A}$ 中含有该子式元素的 r 个行(列)向量是线性无关的.

推论 5 方阵 $\boldsymbol{A}$ 的行(列)向量组线性无关的充要条件是 $|\boldsymbol{A}|\neq 0$.

推论 6 含有 n 个方程的 n 元齐次线性方程组有非零解的充要条件是它的系数行列式为零.

定理 3.7 n 维向量组 $\boldsymbol{\alpha}_1,\boldsymbol{\alpha}_2,\cdots,\boldsymbol{\alpha}_n,\boldsymbol{\alpha}_{n+1}$ 必线性相关.

证 假设 $\boldsymbol{\alpha}_1,\boldsymbol{\alpha}_2,\cdots,\boldsymbol{\alpha}_n,\boldsymbol{\alpha}_{n+1}$ 为列向量组,行向量组的情形可同理得证.

在向量组 $\boldsymbol{\alpha}_1,\boldsymbol{\alpha}_2,\cdots,\boldsymbol{\alpha}_n,\boldsymbol{\alpha}_{n+1}$ 中每个向量的末尾都添加一个零分量,得到一个 $n+1$ 维向量组 $\boldsymbol{\beta}_1,\boldsymbol{\beta}_2,\cdots,\boldsymbol{\beta}_n,\boldsymbol{\beta}_{n+1}$. 构造 $n+1$ 阶方阵

$$\boldsymbol{B}=(\boldsymbol{\beta}_1,\boldsymbol{\beta}_2,\cdots,\boldsymbol{\beta}_n,\boldsymbol{\beta}_{n+1}),$$

则 $|\boldsymbol{B}|=0$. 于是由推论 5 知,$\boldsymbol{\beta}_1,\boldsymbol{\beta}_2,\cdots,\boldsymbol{\beta}_n,\boldsymbol{\beta}_{n+1}$ 线性相关. 再由推论 3 知,$\boldsymbol{\alpha}_1,\boldsymbol{\alpha}_2,\cdots,\boldsymbol{\alpha}_n,\boldsymbol{\alpha}_{n+1}$ 线性相关.

推论 7 当 $m>n$ 时,n 维向量组 $\boldsymbol{\alpha}_1,\boldsymbol{\alpha}_2,\cdots,\boldsymbol{\alpha}_m$ 必线性相关.

例 3.9

讨论下列矩阵的行、列向量组的线性相关性:

$$\boldsymbol{A}=\begin{pmatrix} 2 & 3 \\ -3 & 1 \\ 0 & -2 \end{pmatrix},\quad \boldsymbol{B}=\begin{pmatrix} 1 & 2 & 3 \\ 2 & 2 & 1 \\ 3 & 4 & 3 \end{pmatrix},\quad \boldsymbol{C}=\begin{pmatrix} 1 & 3 & -2 \\ 0 & 2 & -1 \\ -2 & 0 & 1 \end{pmatrix}.$$

解 $\boldsymbol{A}$ 的行向量组是 3 个二维向量，显然它们线性相关. 而 $\boldsymbol{A}$ 有一个非零二阶子式 $\begin{vmatrix} -3 & 1 \\ 0 & -2 \end{vmatrix} = 6$，故 $\boldsymbol{A}$ 的列向量组线性无关. 因矩阵 $\boldsymbol{B},\boldsymbol{C}$ 均为三阶方阵，且 $|\boldsymbol{B}| = 2 \neq 0$，$|\boldsymbol{C}| = 0$，故 $\boldsymbol{B}$ 的行、列向量组均线性无关，$\boldsymbol{C}$ 的行、列向量组均线性相关.

定理 3.8 设有向量组（Ⅰ）：$\boldsymbol{\alpha}_1,\boldsymbol{\alpha}_2,\cdots,\boldsymbol{\alpha}_s$ 及向量组（Ⅱ）：$\boldsymbol{\beta}_1,\boldsymbol{\beta}_2,\cdots,\boldsymbol{\beta}_t$. 若向量组（Ⅰ）可由向量组（Ⅱ）线性表示，且 $s > t$，则向量组（Ⅰ）一定线性相关.

证 这里仅对列向量组的情形进行讨论，行向量组的情形可同理得证.

记矩阵 $\boldsymbol{A} = (\boldsymbol{\alpha}_1,\boldsymbol{\alpha}_2,\cdots,\boldsymbol{\alpha}_s)$，$\boldsymbol{B} = (\boldsymbol{\beta}_1,\boldsymbol{\beta}_2,\cdots,\boldsymbol{\beta}_t)$. 由于向量组（Ⅰ）可由向量组（Ⅱ）线性表示，因此存在 $t \times s$ 矩阵 $\boldsymbol{C} = (c_{ij}) = (\boldsymbol{\gamma}_1,\boldsymbol{\gamma}_2,\cdots,\boldsymbol{\gamma}_s)$，使得

$$\boldsymbol{A} = \boldsymbol{BC}.$$

又由 $s > t$ 可知，t 维向量组 $\boldsymbol{\gamma}_1,\boldsymbol{\gamma}_2,\cdots,\boldsymbol{\gamma}_s$ 线性相关，即存在一个非零向量 $\boldsymbol{x} = (x_1,x_2,\cdots,x_s)^{\mathrm{T}}$，使得

$$x_1\boldsymbol{\gamma}_1 + x_2\boldsymbol{\gamma}_2 + \cdots + x_s\boldsymbol{\gamma}_s = \boldsymbol{0}, \quad 即 \quad \boldsymbol{Cx} = \boldsymbol{0}.$$

于是，有

$$x_1\boldsymbol{\alpha}_1 + x_2\boldsymbol{\alpha}_2 + \cdots + x_s\boldsymbol{\alpha}_s = \boldsymbol{Ax} = \boldsymbol{BCx} = \boldsymbol{0}.$$

这样就证明了向量组（Ⅰ）：$\boldsymbol{\alpha}_1,\boldsymbol{\alpha}_2,\cdots,\boldsymbol{\alpha}_s$ 线性相关.

推论 8 设向量组 $\boldsymbol{\alpha}_1,\boldsymbol{\alpha}_2,\cdots,\boldsymbol{\alpha}_s$ 可由向量组 $\boldsymbol{\beta}_1,\boldsymbol{\beta}_2,\cdots,\boldsymbol{\beta}_t$ 线性表示. 若向量组 $\boldsymbol{\alpha}_1,\boldsymbol{\alpha}_2,\cdots,\boldsymbol{\alpha}_s$ 线性无关，则 $s \leqslant t$.

推论 9 若两个线性无关的向量组等价，则它们含有相同个数的向量.

第四节 向量组的最大无关组及秩

一、向量组的最大无关组及秩

定义 3.9 如果向量组中有一个部分组是线性无关的，且从其余向量（如果还有的话）中任取一个添加到该部分组后都线性相关，则称该部分组为向量组的一个**最大线性无关组**，简称**最大无关组**.

根据定理 3.3，定义 3.9 还有以下等价说法.

定义 3.9′ 若向量组 $\boldsymbol{\alpha}_1,\boldsymbol{\alpha}_2,\cdots,\boldsymbol{\alpha}_n$ 的部分组 $\boldsymbol{\alpha}_{i_1},\boldsymbol{\alpha}_{i_2},\cdots,\boldsymbol{\alpha}_{i_r}$ 满足：

(1) $\boldsymbol{\alpha}_{i_1},\boldsymbol{\alpha}_{i_2},\cdots,\boldsymbol{\alpha}_{i_r}$ 线性无关,

(2) 向量组 $\boldsymbol{\alpha}_1,\boldsymbol{\alpha}_2,\cdots,\boldsymbol{\alpha}_n$ 可由部分组 $\boldsymbol{\alpha}_{i_1},\boldsymbol{\alpha}_{i_2},\cdots,\boldsymbol{\alpha}_{i_r}$ 线性表示,

则称部分组 $\boldsymbol{\alpha}_{i_1},\boldsymbol{\alpha}_{i_2},\cdots,\boldsymbol{\alpha}_{i_r}$ 为向量组 $\boldsymbol{\alpha}_1,\boldsymbol{\alpha}_2,\cdots,\boldsymbol{\alpha}_n$ 的一个最大无关组.

显然,只含零向量的向量组没有最大无关组;含有非零向量的向量组一定有最大无关组.

例 3.10

求向量组 $\boldsymbol{\alpha}_1=(1,-1,2)^{\mathrm{T}},\boldsymbol{\alpha}_2=(2,1,3)^{\mathrm{T}},\boldsymbol{\alpha}_3=(-1,-2,-1)^{\mathrm{T}}$ 的最大无关组.

解 因部分组 $\boldsymbol{\alpha}_1,\boldsymbol{\alpha}_2$ 是线性无关的,且 $\boldsymbol{\alpha}_3=\boldsymbol{\alpha}_1-\boldsymbol{\alpha}_2$,故由定义 3.9 可知,部分组 $\boldsymbol{\alpha}_1,\boldsymbol{\alpha}_2$ 就是向量组 $\boldsymbol{\alpha}_1,\boldsymbol{\alpha}_2,\boldsymbol{\alpha}_3$ 的一个最大无关组. 另外也可验证,部分组 $\boldsymbol{\alpha}_1,\boldsymbol{\alpha}_3$ 和部分组 $\boldsymbol{\alpha}_2,\boldsymbol{\alpha}_3$ 均为向量组 $\boldsymbol{\alpha}_1,\boldsymbol{\alpha}_2,\boldsymbol{\alpha}_3$ 的最大无关组.

由例 3.10 可见,向量组的最大无关组不一定唯一. 但由定义 3.9 可以得到以下结论:

(1) 向量组与其任意一个最大无关组都是等价的;

(2) 向量组的任意两个不同的最大无关组都是等价的,且所含向量的个数是相等的;

(3) 等价向量组的最大无关组也都是等价的.

定义 3.10 向量组的最大无关组所含向量的个数称为该向量组的秩.

只含零向量的向量组的秩规定为零. 向量组 $\boldsymbol{\alpha}_1,\boldsymbol{\alpha}_2,\cdots,\boldsymbol{\alpha}_n$ 的秩记作 $\mathrm{R}(\boldsymbol{\alpha}_1,\boldsymbol{\alpha}_2,\cdots,\boldsymbol{\alpha}_n)$. 例如,在例 3.10 中,有 $\mathrm{R}(\boldsymbol{\alpha}_1,\boldsymbol{\alpha}_2,\boldsymbol{\alpha}_3)=2$.

若向量组 $\boldsymbol{\alpha}_1,\boldsymbol{\alpha}_2,\cdots,\boldsymbol{\alpha}_s$ 可由向量组 $\boldsymbol{\beta}_1,\boldsymbol{\beta}_2,\cdots,\boldsymbol{\beta}_t$ 线性表示,则 $\boldsymbol{\alpha}_1,\boldsymbol{\alpha}_2,\cdots,\boldsymbol{\alpha}_s$ 的最大无关组可由 $\boldsymbol{\beta}_1,\boldsymbol{\beta}_2,\cdots,\boldsymbol{\beta}_t$ 的最大无关组线性表示. 此时由推论 8 可知,向量组 $\boldsymbol{\alpha}_1,\boldsymbol{\alpha}_2,\cdots,\boldsymbol{\alpha}_s$ 的秩不超过向量组 $\boldsymbol{\beta}_1,\boldsymbol{\beta}_2,\cdots,\boldsymbol{\beta}_t$ 的秩. 由此可得到如下定理(实际上,由推论 9 也容易证得此定理).

定理 3.9 等价向量组具有相同的秩.

若向量组本身是线性无关的,则它的最大无关组就是它本身. 于是,又得到一个可以用来判别向量组线性相关性的如下定理.

定理 3.10 向量组线性无关的充要条件是该向量组的向量个数等于它的秩;向量组线性相关的充要条件是该向量组的向量个数大于它的秩.

二、向量组的秩与矩阵的秩的关系

下面来研究向量组的秩与以该向量组为行(列)向量组的矩阵的秩之间是否存在某种内在联系.

根据定理 3.6，容易得到如下引理.

引理 1 设矩阵 A 的某个 r 阶子式 D 是 A 的最高阶非零子式，则 D 中元素所在的 r 个行（或列）向量就是 A 的行（或列）向量组的一个最大无关组.

由上述的引理 1 即得如下定理.

定理 3.11 矩阵 A 的秩等于它的列向量组的秩，也等于它的行向量组的秩.

例 3.11

设 $m\times r$ 矩阵 $\boldsymbol{A}$ 和 $r\times n$ 矩阵 $\boldsymbol{B}$. 证明：$\mathrm{R}(\boldsymbol{AB})\leqslant\min\{\mathrm{R}(\boldsymbol{A}),\mathrm{R}(\boldsymbol{B})\}$.

证 记 $\boldsymbol{C}_{m\times n}=\boldsymbol{A}_{m\times r}\boldsymbol{B}_{r\times n}$，即

$$(\boldsymbol{\gamma}_1,\boldsymbol{\gamma}_2,\cdots,\boldsymbol{\gamma}_n)=(\boldsymbol{\alpha}_1,\boldsymbol{\alpha}_2,\cdots,\boldsymbol{\alpha}_r)\boldsymbol{B},$$

其中 $\boldsymbol{\gamma}_i(i=1,2,\cdots,n)$，$\boldsymbol{\alpha}_j(j=1,2,\cdots,r)$ 分别是矩阵 $\boldsymbol{C}$ 及 $\boldsymbol{A}$ 的列向量组. 上式表明，$\boldsymbol{C}$ 的列向量组可由 $\boldsymbol{A}$ 的列向量组线性表示，即前者的秩不超过后者的秩. 故由定理 3.11 知，$\mathrm{R}(\boldsymbol{C})\leqslant\mathrm{R}(\boldsymbol{A})$.

又由 $\boldsymbol{C}^{\mathrm{T}}=\boldsymbol{B}^{\mathrm{T}}\boldsymbol{A}^{\mathrm{T}}$，同理可知 $\mathrm{R}(\boldsymbol{C}^{\mathrm{T}})\leqslant\mathrm{R}(\boldsymbol{B}^{\mathrm{T}})$，即 $\mathrm{R}(\boldsymbol{C})\leqslant\mathrm{R}(\boldsymbol{B})$.

因此，$\mathrm{R}(\boldsymbol{AB})\leqslant\min\{\mathrm{R}(\boldsymbol{A}),\mathrm{R}(\boldsymbol{B})\}$.

推论 10 矩阵 $\boldsymbol{A},\boldsymbol{B}$（列数相同）的行向量组等价的充要条件是

$$\mathrm{R}(\boldsymbol{A})=\mathrm{R}(\boldsymbol{B})=\mathrm{R}\begin{pmatrix}\boldsymbol{A}\\\boldsymbol{B}\end{pmatrix};$$

矩阵 $\boldsymbol{A},\boldsymbol{B}$（行数相同）的列向量组等价的充要条件是

$$\mathrm{R}(\boldsymbol{A})=\mathrm{R}(\boldsymbol{B})=\mathrm{R}(\boldsymbol{A},\boldsymbol{B}).$$

因矩阵的秩可以利用矩阵的初等变换来求得，故根据定理 3.11，可以把求向量组的秩转化为求相应的矩阵的秩. 除此之外，矩阵的初等变换与矩阵的行（列）向量组之间还具有某种内在关系，即如下两个定理. 因此，还可以利用矩阵的初等变换求得矩阵的行（列）向量组的最大无关组.

定理 3.12 若矩阵 $\boldsymbol{A}_{m\times n}$ 经初等列（或行）变换变成矩阵 $\boldsymbol{B}_{m\times n}$，则 $\boldsymbol{A}$ 的列（或行）向量组与 $\boldsymbol{B}$ 的列（或行）向量组等价.

证 这里只给出初等列变换情形的证明过程，初等行变换情形可类似得证.

记矩阵 $\boldsymbol{A}=(\boldsymbol{\alpha}_1,\boldsymbol{\alpha}_2,\cdots,\boldsymbol{\alpha}_n)$，$\boldsymbol{B}=(\boldsymbol{\beta}_1,\boldsymbol{\beta}_2,\cdots,\boldsymbol{\beta}_n)$，其中 $\boldsymbol{\alpha}_j,\boldsymbol{\beta}_j(j=1,2,\cdots,n)$ 分别是矩阵 $\boldsymbol{A}$ 与 $\boldsymbol{B}$ 的列向量.

(1) 若交换 $\boldsymbol{A}$ 的第 i 列与第 j 列得到 $\boldsymbol{B}$，则

$$\begin{cases}\boldsymbol{\alpha}_l=\boldsymbol{\beta}_l \quad (l=1,2,\cdots,n;l\neq i,l\neq j),\\ \boldsymbol{\alpha}_i=\boldsymbol{\beta}_j,\\ \boldsymbol{\alpha}_j=\boldsymbol{\beta}_i.\end{cases}$$

(2) 若 $\boldsymbol{A}$ 的第 i 列乘以常数 $k(k\neq 0)$ 得到 $\boldsymbol{B}$,则

$$\begin{cases}\boldsymbol{\beta}_l=\boldsymbol{\alpha}_l \quad (l=1,2,\cdots,n;l\neq i),\\ \boldsymbol{\beta}_i=k\boldsymbol{\alpha}_i,\end{cases}$$

即

$$\begin{cases}\boldsymbol{\alpha}_l=\boldsymbol{\beta}_l \quad (l=1,2,\cdots,n;l\neq i),\\ \boldsymbol{\alpha}_i=\dfrac{1}{k}\boldsymbol{\beta}_i.\end{cases}$$

(3) 若将 $\boldsymbol{A}$ 的第 j 列乘以常数 k 后加到 $\boldsymbol{A}$ 的第 i 列上得到 $\boldsymbol{B}$,则

$$\begin{cases}\boldsymbol{\beta}_l=\boldsymbol{\alpha}_l \quad (l=1,2,\cdots,n;l\neq i),\\ \boldsymbol{\beta}_i=\boldsymbol{\alpha}_i+k\boldsymbol{\alpha}_j,\end{cases}$$

即

$$\begin{cases}\boldsymbol{\alpha}_l=\boldsymbol{\beta}_l \quad (l=1,2,\cdots,n;l\neq i),\\ \boldsymbol{\alpha}_i=\boldsymbol{\beta}_i+(-k)\boldsymbol{\alpha}_j=\boldsymbol{\beta}_i+(-k)\boldsymbol{\beta}_j.\end{cases}$$

以上说明,经三种初等列变换后,矩阵 $\boldsymbol{B}$ 的列向量组与矩阵 $\boldsymbol{A}$ 的列向量组可以互相线性表示. 因此,矩阵 $\boldsymbol{A}$ 的列向量组与矩阵 $\boldsymbol{B}$ 的列向量组是等价的.

定理 3.13 若矩阵 $\boldsymbol{A}$ 经过有限次初等行(或列)变换变成矩阵 $\boldsymbol{B}$,则 $\boldsymbol{A}$ 的任意 k 个列(或行)向量与 $\boldsymbol{B}$ 中对应的 k 个列(或行)向量有相同的线性关系.

可由定理 3.4 证明定理 3.13,请读者自行证明.

定理 3.13 说明,对矩阵施行初等行(列)变换,不改变该矩阵的列(行)向量之间的线性关系(线性相关性、线性表示).

下面通过实例来说明如何求得向量组的秩及最大无关组,并把其余向量用最大无关组线性表示.

例 3.12

求向量组 $\boldsymbol{\alpha}_1=(2,1,4,3)$,$\boldsymbol{\alpha}_2=(-1,1,-6,6)$,$\boldsymbol{\alpha}_3=(-1,-2,2,-9)$,$\boldsymbol{\alpha}_4=(1,1,-2,7)$,$\boldsymbol{\alpha}_5=(2,4,4,9)$ 的秩和一个最大无关组,并把其余向量用这个最大无关组线性表示出来.

解 设矩阵

$$A=(\boldsymbol{\alpha}_1^{\mathrm{T}},\boldsymbol{\alpha}_2^{\mathrm{T}},\boldsymbol{\alpha}_3^{\mathrm{T}},\boldsymbol{\alpha}_4^{\mathrm{T}},\boldsymbol{\alpha}_5^{\mathrm{T}})=\begin{pmatrix}2&-1&-1&1&2\\1&1&-2&1&4\\4&-6&2&-2&4\\3&6&-9&7&9\end{pmatrix}.$$

对 $\boldsymbol{A}$ 施行初等行变换，将其化为行阶梯矩阵：

$$\boldsymbol{A}\xrightarrow{\text{初等行变换}}\begin{pmatrix}1&1&-2&1&4\\0&1&-1&1&0\\0&0&0&1&-3\\0&0&0&0&0\end{pmatrix}.$$

由上可知 $\mathrm{R}(\boldsymbol{A})=3$，即向量组 $\boldsymbol{\alpha}_1,\boldsymbol{\alpha}_2,\boldsymbol{\alpha}_3,\boldsymbol{\alpha}_4,\boldsymbol{\alpha}_5$ 的秩为 3，最大无关组中有 3 个向量. 由定理 3.13 可知，行阶梯矩阵的非零行中第 1 个非零元所在的第 1,2,4 列对应的向量 $\boldsymbol{\alpha}_1,\boldsymbol{\alpha}_2,\boldsymbol{\alpha}_4$ 即为所给向量组的一个最大无关组.

为了将 $\boldsymbol{\alpha}_3,\boldsymbol{\alpha}_5$ 用最大无关组 $\boldsymbol{\alpha}_1,\boldsymbol{\alpha}_2,\boldsymbol{\alpha}_4$ 线性表示，继续将 $\boldsymbol{A}$ 化为行最简形：

$$\boldsymbol{A}\xrightarrow{\text{初等行变换}}\begin{pmatrix}1&0&-1&0&4\\0&1&-1&0&3\\0&0&0&1&-3\\0&0&0&0&0\end{pmatrix}.$$

于是，由定理 3.13，有

$$\boldsymbol{\alpha}_3=-\boldsymbol{\alpha}_1-\boldsymbol{\alpha}_2,\quad \boldsymbol{\alpha}_5=4\boldsymbol{\alpha}_1+3\boldsymbol{\alpha}_2-3\boldsymbol{\alpha}_4.$$

例 3.13

设矩阵

$$\boldsymbol{A}=\begin{pmatrix}\boldsymbol{\alpha}_1\\\boldsymbol{\alpha}_2\end{pmatrix}=\begin{pmatrix}1&1&0&0\\1&1&-1&-2\end{pmatrix},\quad \boldsymbol{B}=\begin{pmatrix}\boldsymbol{\beta}_1\\\boldsymbol{\beta}_2\end{pmatrix}=\begin{pmatrix}2&2&-1&-2\\5&5&-4&-8\end{pmatrix}.$$

证明：向量组 $\boldsymbol{\alpha}_1,\boldsymbol{\alpha}_2$ 与 $\boldsymbol{\beta}_1,\boldsymbol{\beta}_2$ 等价.

证 对矩阵 $\boldsymbol{A},\boldsymbol{B}$ 施行初等行变换，将它们各自化为行最简形：

$$\boldsymbol{A}=\begin{pmatrix}\boldsymbol{\alpha}_1\\\boldsymbol{\alpha}_2\end{pmatrix}\xrightarrow{\text{初等行变换}}\begin{pmatrix}1&1&0&0\\0&0&1&2\end{pmatrix},$$

$$\boldsymbol{B}=\begin{pmatrix}\boldsymbol{\beta}_1\\\boldsymbol{\beta}_2\end{pmatrix}\xrightarrow{\text{初等行变换}}\begin{pmatrix}1&1&0&0\\0&0&1&2\end{pmatrix}.$$

可见，矩阵 $\boldsymbol{A},\boldsymbol{B}$ 经初等行变换后化为相同的行最简形. 故根据矩阵等价关系的传递性，矩阵 $\boldsymbol{A},\boldsymbol{B}$ 之间可通过初等行变换互相转化，于是由定理 3.12 即可得证.

实际上，还可以利用推论 10 证明例 3.13，请读者自行证明.

第五节　向量空间的基、维数与坐标

一、向量空间的基、维数与坐标

前面已经介绍过向量空间的有关概念,可以知道,若向量组 $\boldsymbol{\alpha}_1,\boldsymbol{\alpha}_2,\cdots,\boldsymbol{\alpha}_n$ 有一个最大无关组 $\boldsymbol{\alpha}_{i_1},\boldsymbol{\alpha}_{i_2},\cdots,\boldsymbol{\alpha}_{i_r}$,则有 $L(\boldsymbol{\alpha}_1,\boldsymbol{\alpha}_2,\cdots,\boldsymbol{\alpha}_n)=L(\boldsymbol{\alpha}_{i_1},\boldsymbol{\alpha}_{i_2},\cdots,\boldsymbol{\alpha}_{i_r})$. 这说明,由向量组生成的向量空间等于由它的一个最大无关组生成的向量空间. 实际上,由向量空间的定义可知,向量空间也是一个向量组. 于是,向量空间的结构也就十分清晰了,我们只需要找到这个向量空间的一个最大无关组就行了.

在讨论了向量组的最大无关组及秩以后,下面给出向量空间中相应概念的定义.

定义 3.11　设 V 是一个向量空间. 若 V 中向量 $\boldsymbol{\alpha}_1,\boldsymbol{\alpha}_2,\cdots,\boldsymbol{\alpha}_r$ 满足:

(1) $\boldsymbol{\alpha}_1,\boldsymbol{\alpha}_2,\cdots,\boldsymbol{\alpha}_r$ 线性无关,

(2) V 中任一向量 $\boldsymbol{\alpha}$ 都可由 $\boldsymbol{\alpha}_1,\boldsymbol{\alpha}_2,\cdots,\boldsymbol{\alpha}_r$ 线性表示,

则称向量组 $\boldsymbol{\alpha}_1,\boldsymbol{\alpha}_2,\cdots,\boldsymbol{\alpha}_r$ 为向量空间 V 的一个基,其中数 r 称为该向量空间的维数,记为 $\dim(V)$,即 $\dim(V)=r$. 此时称向量空间 V 为 r 维向量空间.

若把向量空间视为一个向量组,则向量空间的基就是向量组的一个最大无关组,其维数就是向量组的秩. 因此,向量空间的基不是唯一的,但维数却是唯一确定的.

设向量组 $\boldsymbol{\alpha}_1,\boldsymbol{\alpha}_2,\cdots,\boldsymbol{\alpha}_r$ 是向量空间 V 的一个基,则 V 可以表示为

$$\begin{aligned}V&=L(\boldsymbol{\alpha}_1,\boldsymbol{\alpha}_2,\cdots,\boldsymbol{\alpha}_r)\\&=\{\lambda_1\boldsymbol{\alpha}_1+\lambda_2\boldsymbol{\alpha}_2+\cdots+\lambda_r\boldsymbol{\alpha}_r \mid \lambda_1,\lambda_2,\cdots,\lambda_r\in\mathbf{R}\}.\end{aligned}$$

这样就清楚地显示出向量空间 V 的结构,以及基 $\boldsymbol{\alpha}_1,\boldsymbol{\alpha}_2,\cdots,\boldsymbol{\alpha}_r$ 的作用.

由向量组 $\boldsymbol{\alpha}_1,\boldsymbol{\alpha}_2,\cdots,\boldsymbol{\alpha}_m$ 所生成的向量空间 $L(\boldsymbol{\alpha}_1,\boldsymbol{\alpha}_2,\cdots,\boldsymbol{\alpha}_m)$ 的基就是向量组 $\boldsymbol{\alpha}_1,\boldsymbol{\alpha}_2,\cdots,\boldsymbol{\alpha}_m$ 的最大无关组,$L(\boldsymbol{\alpha}_1,\boldsymbol{\alpha}_2,\cdots,\boldsymbol{\alpha}_m)$ 的维数就是向量组 $\boldsymbol{\alpha}_1,\boldsymbol{\alpha}_2,\cdots,\boldsymbol{\alpha}_m$ 的秩.

若向量空间 $V\subset\mathbf{R}^n$,则 V 的维数不会超过 n,且当 V 的维数等于 n 时,$V=\mathbf{R}^n$.

在向量空间 $\mathbf{R}^n$ 中,任意 n 个线性无关的向量都可以作为 $\mathbf{R}^n$ 的一个基,因此 $\dim(\mathbf{R}^n)=n$,即 $\mathbf{R}^n$ 为 n 维向量空间. 特别地,n 维基本单位向量组 $\boldsymbol{\varepsilon}_1=(1,0,\cdots,0),\boldsymbol{\varepsilon}_2=(0,1,\cdots,0),\cdots,\boldsymbol{\varepsilon}_n=(0,0,\cdots,1)$ 是 $\mathbf{R}^n$ 的一个基,称为标准基.

显然,只含零向量的向量空间没有基,故其维数为零,即为零维向量空间.

定义 3.12 设 $\boldsymbol{\alpha}_1,\boldsymbol{\alpha}_2,\cdots,\boldsymbol{\alpha}_r$ 是向量空间 V 的一个基,则对于任意向量 $\boldsymbol{\alpha}\in V$,存在唯一一组有序实数 $x_1,x_2,\cdots,x_r$,使得

$$\boldsymbol{\alpha}=x_1\boldsymbol{\alpha}_1+x_2\boldsymbol{\alpha}_2+\cdots+x_r\boldsymbol{\alpha}_r. \tag{3.5}$$

此时式(3.5)中的有序数组 $x_1,x_2,\cdots,x_r$ 称为**向量 $\boldsymbol{\alpha}$ 在基 $\boldsymbol{\alpha}_1,\boldsymbol{\alpha}_2,\cdots,\boldsymbol{\alpha}_r$ 下的坐标**,记为 $(x_1,x_2,\cdots,x_r)$.

显然,任意 n 维向量 $\boldsymbol{\alpha}=(a_1,a_2,\cdots,a_n)\in\mathbf{R}^n$ 在标准基 $\boldsymbol{\varepsilon}_1,\boldsymbol{\varepsilon}_2,\cdots,\boldsymbol{\varepsilon}_n$ 下的坐标为 $(a_1,a_2,\cdots,a_n)$.

例 3.14

设向量集合 $V_1=\{(0,x_2,x_3,\cdots,x_n)\mid x_2,x_3,\cdots,x_n\in\mathbf{R}\}$,在本章第一节例 3.2 中已表明它是一个向量空间. 容易验证,向量组 $\boldsymbol{\alpha}_1=(0,1,0,\cdots,0)$,$\boldsymbol{\alpha}_2=(0,0,1,\cdots,0)$,$\cdots$,$\boldsymbol{\alpha}_{n-1}=(0,0,\cdots,1)$ 是它的一个基. 故 $\dim(V_1)=n-1$,任意向量 $\boldsymbol{x}=(0,x_2,x_3,\cdots,x_n)\in V_1$ 在这个基下的坐标为 $(x_2,x_3,\cdots,x_n)$.

例 3.15

设向量 $\boldsymbol{\alpha}_1=(1,-1,1)$,$\boldsymbol{\alpha}_2=(1,2,0)$,$\boldsymbol{\alpha}_3=(1,0,3)$,$\boldsymbol{\alpha}_4=(2,-3,7)$. 证明:向量组 $\boldsymbol{\alpha}_1,\boldsymbol{\alpha}_2,\boldsymbol{\alpha}_3$ 可以作为 $\mathbf{R}^3$ 的一个基,并求向量 $\boldsymbol{\alpha}_4$ 在基 $\boldsymbol{\alpha}_1,\boldsymbol{\alpha}_2,\boldsymbol{\alpha}_3$ 下的坐标.

证 构造矩阵 $\boldsymbol{A}=(\boldsymbol{\alpha}_1^{\mathrm{T}},\boldsymbol{\alpha}_2^{\mathrm{T}},\boldsymbol{\alpha}_3^{\mathrm{T}},\boldsymbol{\alpha}_4^{\mathrm{T}})=\begin{pmatrix}1&1&1&2\\-1&2&0&-3\\1&0&3&7\end{pmatrix}$. 对 $\boldsymbol{A}$ 施行初等行变换,有

$$\boldsymbol{A}\xrightarrow{\text{初等行变换}}\begin{pmatrix}1&1&1&2\\0&-1&2&5\\0&0&7&14\end{pmatrix}.$$

由行阶梯矩阵知,$\mathrm{R}(\boldsymbol{A})=3$,且 $\boldsymbol{\alpha}_1,\boldsymbol{\alpha}_2,\boldsymbol{\alpha}_3$ 线性无关. 故向量组 $\boldsymbol{\alpha}_1,\boldsymbol{\alpha}_2,\boldsymbol{\alpha}_3$ 是 $\mathbf{R}^3$ 的一个基.

继续将 $\boldsymbol{A}$ 化成行最简形,有

$$\boldsymbol{A}\xrightarrow{\text{初等行变换}}\begin{pmatrix}1&0&0&1\\0&1&0&-1\\0&0&1&2\end{pmatrix}.$$

因此 $\boldsymbol{\alpha}_4=\boldsymbol{\alpha}_1-\boldsymbol{\alpha}_2+2\boldsymbol{\alpha}_3$,即向量 $\boldsymbol{\alpha}_4$ 在基 $\boldsymbol{\alpha}_1,\boldsymbol{\alpha}_2,\boldsymbol{\alpha}_3$ 下的坐标为 $(1,-1,2)$.

二、向量空间的基变换与坐标变换

已知向量空间中的基不唯一,且同一向量在不同的基下的坐标一般是不同

的,那么随着基的改变,向量的坐标之间有什么关系呢?下面来讨论这一问题.

设 $\boldsymbol{e}_1,\boldsymbol{e}_2,\cdots,\boldsymbol{e}_n$ 与 $\boldsymbol{e}_1',\boldsymbol{e}_2',\cdots,\boldsymbol{e}_n'$ 是 n 维向量空间 $\mathbf{R}^n$ 的两个基,则后一个基可用前一个基唯一线性表示,不妨设为

$$\begin{cases}\boldsymbol{e}_1'=p_{11}\boldsymbol{e}_1+p_{21}\boldsymbol{e}_2+\cdots+p_{n1}\boldsymbol{e}_n,\\ \boldsymbol{e}_2'=p_{12}\boldsymbol{e}_1+p_{22}\boldsymbol{e}_2+\cdots+p_{n2}\boldsymbol{e}_n,\\ \qquad\cdots\cdots\\ \boldsymbol{e}_n'=p_{1n}\boldsymbol{e}_1+p_{2n}\boldsymbol{e}_2+\cdots+p_{nn}\boldsymbol{e}_n.\end{cases}$$

上式称为向量空间 $\mathbf{R}^n$ 上关于这两个基的基变换公式.写成矩阵形式,即

$$(\boldsymbol{e}_1',\boldsymbol{e}_2',\cdots,\boldsymbol{e}_n')=(\boldsymbol{e}_1,\boldsymbol{e}_2,\cdots,\boldsymbol{e}_n)\begin{pmatrix}p_{11}&p_{12}&\cdots&p_{1n}\\p_{21}&p_{22}&\cdots&p_{2n}\\\vdots&\vdots&&\vdots\\p_{n1}&p_{n2}&\cdots&p_{nn}\end{pmatrix},\tag{3.6}$$

其中矩阵

$$\boldsymbol{P}=\begin{pmatrix}p_{11}&p_{12}&\cdots&p_{1n}\\p_{21}&p_{22}&\cdots&p_{2n}\\\vdots&\vdots&&\vdots\\p_{n1}&p_{n2}&\cdots&p_{nn}\end{pmatrix}$$

称为由基 $\boldsymbol{e}_1,\boldsymbol{e}_2,\cdots,\boldsymbol{e}_n$ 到基 $\boldsymbol{e}_1',\boldsymbol{e}_2',\cdots,\boldsymbol{e}_n'$ 的过渡矩阵.

设向量 $\boldsymbol{\alpha}$ 在上述两个基下的坐标分别为 $(x_1,x_2,\cdots,x_n)$ 和 $(x_1',x_2',\cdots,x_n')$,则有

$$\boldsymbol{\alpha}=x_1\boldsymbol{e}_1+x_2\boldsymbol{e}_2+\cdots+x_n\boldsymbol{e}_n=x_1'\boldsymbol{e}_1'+x_2'\boldsymbol{e}_2'+\cdots+x_n'\boldsymbol{e}_n'$$

或

$$\boldsymbol{\alpha}=(\boldsymbol{e}_1,\boldsymbol{e}_2,\cdots,\boldsymbol{e}_n)\begin{pmatrix}x_1\\x_2\\\vdots\\x_n\end{pmatrix}=(\boldsymbol{e}_1',\boldsymbol{e}_2',\cdots,\boldsymbol{e}_n')\begin{pmatrix}x_1'\\x_2'\\\vdots\\x_n'\end{pmatrix}.$$

以式(3.6)代入上式右端,得

$$\boldsymbol{\alpha}=(\boldsymbol{e}_1,\boldsymbol{e}_2,\cdots,\boldsymbol{e}_n)\begin{pmatrix}x_1\\x_2\\\vdots\\x_n\end{pmatrix}$$

$$=(\boldsymbol{e}_1,\boldsymbol{e}_2,\cdots,\boldsymbol{e}_n)\begin{pmatrix}p_{11}&p_{12}&\cdots&p_{1n}\\p_{21}&p_{22}&\cdots&p_{2n}\\\vdots&\vdots&&\vdots\\p_{n1}&p_{n2}&\cdots&p_{nn}\end{pmatrix}\begin{pmatrix}x_1'\\x_2'\\\vdots\\x_n'\end{pmatrix}.$$

由基中向量的线性无关性，比较上式两边，得

$$\begin{pmatrix} x_1 \\ x_2 \\ \vdots \\ x_n \end{pmatrix} = \boldsymbol{P} \begin{pmatrix} x_1' \\ x_2' \\ \vdots \\ x_n' \end{pmatrix} \quad 或 \quad \begin{pmatrix} x_1' \\ x_2' \\ \vdots \\ x_n' \end{pmatrix} = \boldsymbol{P}^{-1} \begin{pmatrix} x_1 \\ x_2 \\ \vdots \\ x_n \end{pmatrix}. \tag{3.7}$$

式(3.7)称为向量 $\boldsymbol{\alpha}$ 在这两个基下的坐标变换公式.

例 3.16

设向量空间 $\mathbf{R}^4$ 中的两个基：

(Ⅰ)：$\boldsymbol{\alpha}_1=(1,2,-1,0)^{\mathrm{T}}$，$\boldsymbol{\alpha}_2=(1,-1,1,1)^{\mathrm{T}}$，$\boldsymbol{\alpha}_3=(-1,2,1,1)^{\mathrm{T}}$，$\boldsymbol{\alpha}_4=(-1,-1,0,1)^{\mathrm{T}}$，

(Ⅱ)：$\boldsymbol{\beta}_1=(2,1,0,1)^{\mathrm{T}}$，$\boldsymbol{\beta}_2=(0,1,2,2)^{\mathrm{T}}$，$\boldsymbol{\beta}_3=(-2,1,1,2)^{\mathrm{T}}$，$\boldsymbol{\beta}_4=(1,3,1,2)^{\mathrm{T}}$.

求由基(Ⅰ)到基(Ⅱ)的过渡矩阵，以及相应的坐标变换公式.

解　设 $\mathbf{R}^4$ 中的标准基为 $\boldsymbol{\varepsilon}_1,\boldsymbol{\varepsilon}_2,\boldsymbol{\varepsilon}_3,\boldsymbol{\varepsilon}_4$，则有

$$(\boldsymbol{\alpha}_1,\boldsymbol{\alpha}_2,\boldsymbol{\alpha}_3,\boldsymbol{\alpha}_4)=(\boldsymbol{\varepsilon}_1,\boldsymbol{\varepsilon}_2,\boldsymbol{\varepsilon}_3,\boldsymbol{\varepsilon}_4)\boldsymbol{A},\quad (\boldsymbol{\beta}_1,\boldsymbol{\beta}_2,\boldsymbol{\beta}_3,\boldsymbol{\beta}_4)=(\boldsymbol{\varepsilon}_1,\boldsymbol{\varepsilon}_2,\boldsymbol{\varepsilon}_3,\boldsymbol{\varepsilon}_4)\boldsymbol{B},$$

其中

$$\boldsymbol{A}=\begin{pmatrix} 1 & 1 & -1 & -1 \\ 2 & -1 & 2 & -1 \\ -1 & 1 & 1 & 0 \\ 0 & 1 & 1 & 1 \end{pmatrix},\quad \boldsymbol{B}=\begin{pmatrix} 2 & 0 & -2 & 1 \\ 1 & 1 & 1 & 3 \\ 0 & 2 & 1 & 1 \\ 1 & 2 & 2 & 2 \end{pmatrix}.$$

于是，由

$$(\boldsymbol{\varepsilon}_1,\boldsymbol{\varepsilon}_2,\boldsymbol{\varepsilon}_3,\boldsymbol{\varepsilon}_4)=(\boldsymbol{\alpha}_1,\boldsymbol{\alpha}_2,\boldsymbol{\alpha}_3,\boldsymbol{\alpha}_4)\boldsymbol{A}^{-1},$$

有

$$(\boldsymbol{\beta}_1,\boldsymbol{\beta}_2,\boldsymbol{\beta}_3,\boldsymbol{\beta}_4)=(\boldsymbol{\alpha}_1,\boldsymbol{\alpha}_2,\boldsymbol{\alpha}_3,\boldsymbol{\alpha}_4)\boldsymbol{A}^{-1}\boldsymbol{B}.$$

因此，由基(Ⅰ)到基(Ⅱ)的过渡矩阵为 $\boldsymbol{P}=\boldsymbol{A}^{-1}\boldsymbol{B}$，经计算得

$$\boldsymbol{P}=\begin{pmatrix} 1 & 0 & 0 & 1 \\ 1 & 1 & 0 & 1 \\ 0 & 1 & 1 & 1 \\ 0 & 0 & 1 & 0 \end{pmatrix}.$$

设任意向量 $\boldsymbol{\alpha}\in\mathbf{R}^4$ 在基(Ⅰ)下的坐标为 (x_1,x_2,x_3,x_4)，在基(Ⅱ)下的坐标为 (y_1,y_2,y_3,y_4)，则它在这两个基下的坐标变换公式为

$$\begin{pmatrix} y_1 \\ y_2 \\ y_3 \\ y_4 \end{pmatrix}=\boldsymbol{P}^{-1}\begin{pmatrix} x_1 \\ x_2 \\ x_3 \\ x_4 \end{pmatrix}.$$

经计算得

$$P^{-1}=\begin{pmatrix}0&1&-1&1\\-1&1&0&0\\0&0&0&1\\1&-1&1&-1\end{pmatrix},$$

故有

$$\begin{cases}y_1=x_2-x_3+x_4,\\y_2=-x_1+x_2,\\y_3=x_4,\\y_4=x_1-x_2+x_3-x_4.\end{cases}$$

第六节 典型例题

例 3.17

下列向量组中线性无关的是( ).

A. $(1,2,3,4)^{\mathrm{T}},(2,3,4,5)^{\mathrm{T}},(0,0,0,0)^{\mathrm{T}}$

B. $(1,2,-1)^{\mathrm{T}},(3,5,6)^{\mathrm{T}},(0,7,9)^{\mathrm{T}},(1,0,2)^{\mathrm{T}}$

C. $(a,1,2,3)^{\mathrm{T}},(b,1,2,3)^{\mathrm{T}},(c,3,4,5)^{\mathrm{T}},(d,0,0,0)^{\mathrm{T}}$

D. $(a,1,b,0,0)^{\mathrm{T}},(c,0,d,6,0)^{\mathrm{T}},(a,0,c,5,6)^{\mathrm{T}}$

解 A 选项中有零向量,故它们必线性相关.

B 选项是 4 个三维向量,故它们必线性相关.

C 选项是 4 个四维向量,可利用行列式判断. 由于

$$\begin{vmatrix}a&b&c&d\\1&1&3&0\\2&2&4&0\\3&3&5&0\end{vmatrix}=-d\begin{vmatrix}1&1&3\\2&2&4\\3&3&5\end{vmatrix}=0,$$

故它们线性相关.

D 选项中,因为

$$\begin{vmatrix}1&0&0\\0&6&5\\0&0&6\end{vmatrix}=36\neq0,$$

所以向量组$(1,0,0)^{\mathrm{T}},(0,6,0)^{\mathrm{T}},(0,5,6)^{\mathrm{T}}$线性无关,那么其添加分量后的向量组(D 选项)必线性无关.

因此,答案是D选项.

例 3.18

设向量组 $\boldsymbol{\alpha}_1,\boldsymbol{\alpha}_2,\boldsymbol{\alpha}_3$ 线性无关. 试问常数 m,k 满足什么条件时,向量组 $k\boldsymbol{\alpha}_2-\boldsymbol{\alpha}_1$, $m\boldsymbol{\alpha}_3-\boldsymbol{\alpha}_2,\boldsymbol{\alpha}_1-\boldsymbol{\alpha}_3$ 线性无关或线性相关?

解 设有一组数 $\lambda_1,\lambda_2,\lambda_3$,使得

$$\lambda_1(k\boldsymbol{\alpha}_2-\boldsymbol{\alpha}_1)+\lambda_2(m\boldsymbol{\alpha}_3-\boldsymbol{\alpha}_2)+\lambda_3(\boldsymbol{\alpha}_1-\boldsymbol{\alpha}_3)=\mathbf{0},$$

即

$$(\lambda_3-\lambda_1)\boldsymbol{\alpha}_1+(k\lambda_1-\lambda_2)\boldsymbol{\alpha}_2+(m\lambda_2-\lambda_3)\boldsymbol{\alpha}_3=\mathbf{0}.$$

因 $\boldsymbol{\alpha}_1,\boldsymbol{\alpha}_2,\boldsymbol{\alpha}_3$ 线性无关,故得方程组

$$\begin{cases}-\lambda_1+\lambda_3=0,\\ k\lambda_1-\lambda_2=0,\\ m\lambda_2-\lambda_3=0.\end{cases}$$

这个线性方程组的系数行列式 $D=km-1$.

当 $D=km-1\neq0$,即 $km\neq1$ 时,上述方程组只有零解 $\lambda_1=\lambda_2=\lambda_3=0$,从而 $k\boldsymbol{\alpha}_2-\boldsymbol{\alpha}_1,m\boldsymbol{\alpha}_3-\boldsymbol{\alpha}_2,\boldsymbol{\alpha}_1-\boldsymbol{\alpha}_3$ 线性无关.

当 $D=km-1=0$,即 $km=1$ 时,上述方程组有非零解,从而 $k\boldsymbol{\alpha}_2-\boldsymbol{\alpha}_1,m\boldsymbol{\alpha}_3-\boldsymbol{\alpha}_2$, $\boldsymbol{\alpha}_1-\boldsymbol{\alpha}_3$ 线性相关.

例 3.19

设 $\boldsymbol{\alpha}_1,\boldsymbol{\alpha}_2,\cdots,\boldsymbol{\alpha}_m$ 为一个向量组,$\boldsymbol{\alpha}_1\neq\mathbf{0}$,且每一个向量 $\boldsymbol{\alpha}_i(i=2,3,\cdots,m)$ 都不能由 $\boldsymbol{\alpha}_1,\boldsymbol{\alpha}_2,\cdots,\boldsymbol{\alpha}_{i-1}$ 线性表示. 求证:向量组 $\boldsymbol{\alpha}_1,\boldsymbol{\alpha}_2,\cdots,\boldsymbol{\alpha}_m$ 线性无关.

证 用反证法. 假设存在不全为零的实数 $k_1,k_2,\cdots,k_m$,使得

$$k_1\boldsymbol{\alpha}_1+k_2\boldsymbol{\alpha}_2+\cdots+k_m\boldsymbol{\alpha}_m=\mathbf{0}.$$

对 $k_1,k_2,\cdots,k_m$ 从右向左看,设第1个不等于零的数为 k_i(因为 $\boldsymbol{\alpha}_1\neq\mathbf{0}$,所以 $i\neq1$),从而有

$$k_1\boldsymbol{\alpha}_1+k_2\boldsymbol{\alpha}_2+\cdots+k_i\boldsymbol{\alpha}_i=\mathbf{0},$$

故

$$\boldsymbol{\alpha}_i=-\frac{1}{k_i}(k_1\boldsymbol{\alpha}_1+k_2\boldsymbol{\alpha}_2+\cdots+k_{i-1}\boldsymbol{\alpha}_{i-1}),$$

即 $\boldsymbol{\alpha}_i$ 可由 $\boldsymbol{\alpha}_1,\boldsymbol{\alpha}_2,\cdots,\boldsymbol{\alpha}_{i-1}$ 线性表示,这与题设矛盾. 因此,$k_1,k_2,\cdots,k_m$ 必须全为零,说明 $\boldsymbol{\alpha}_1,\boldsymbol{\alpha}_2,\cdots,\boldsymbol{\alpha}_m$ 线性无关.

例 3.20

求向量组 $\boldsymbol{\alpha}_1=(1,-1,1,3)^{\mathrm{T}},\boldsymbol{\alpha}_2=(-1,3,5,1)^{\mathrm{T}},\boldsymbol{\alpha}_3=(-2,6,10,a)^{\mathrm{T}},\boldsymbol{\alpha}_4=(4,-1,6,10)^{\mathrm{T}},\boldsymbol{\alpha}_5=(3,-2,1,c)^{\mathrm{T}}$ 的秩和一个最大无关组.

解 对以 $\boldsymbol{\alpha}_1,\boldsymbol{\alpha}_2,\boldsymbol{\alpha}_3,\boldsymbol{\alpha}_4,\boldsymbol{\alpha}_5$ 为列向量组构成的矩阵 $\boldsymbol{A}$ 施行初等行变换,得

$$\boldsymbol{A}=\begin{pmatrix}1&-1&-2&4&3\\-1&3&6&-1&-2\\1&5&10&6&-1\\3&1&a&10&c\end{pmatrix}$$

$$\xrightarrow{\text{初等行变换}}\begin{pmatrix}1&-1&-2&4&3\\0&2&4&3&1\\0&0&0&1&1\\0&0&a-2&0&c-3\end{pmatrix}\triangleq\boldsymbol{B}.$$

当 $a\neq 2$ 时,$\mathrm{R}(\boldsymbol{B})=4$,$\boldsymbol{B}$ 中第 1,2,3,4 列线性无关,故所给向量组的秩为 4,且 $\boldsymbol{\alpha}_1,\boldsymbol{\alpha}_2,\boldsymbol{\alpha}_3,\boldsymbol{\alpha}_4$ 是一个最大无关组;

当 $c\neq 3$ 时,$\mathrm{R}(\boldsymbol{B})=4$,$\boldsymbol{B}$ 中第 1,2,4,5 列线性无关,故所给向量组的秩为 4,且 $\boldsymbol{\alpha}_1,\boldsymbol{\alpha}_2,\boldsymbol{\alpha}_4,\boldsymbol{\alpha}_5$ 是一个最大无关组;

当 $a=2$ 且 $c=3$ 时,$\mathrm{R}(\boldsymbol{B})=3$,$\boldsymbol{B}$ 中第 1,2,4 列线性无关,故所给向量组的秩为 3,且 $\boldsymbol{\alpha}_1,\boldsymbol{\alpha}_2,\boldsymbol{\alpha}_4$ 是一个最大无关组.

例 3.21

设 $\boldsymbol{A}$ 为 n 阶方阵. 若存在正整数 k 和 n 维列向量 $\boldsymbol{\alpha}$,使得 $\boldsymbol{A}^k\boldsymbol{\alpha}=\boldsymbol{0}$,$\boldsymbol{A}^{k-1}\boldsymbol{\alpha}\neq\boldsymbol{0}$. 证明:向量组 $\boldsymbol{\alpha},\boldsymbol{A}\boldsymbol{\alpha},\cdots,\boldsymbol{A}^{k-1}\boldsymbol{\alpha}$ 线性无关.

证 设有实数 $\lambda_1,\lambda_2,\cdots,\lambda_k$,使得

$$\lambda_1\boldsymbol{\alpha}+\lambda_2\boldsymbol{A}\boldsymbol{\alpha}+\cdots+\lambda_k\boldsymbol{A}^{k-1}\boldsymbol{\alpha}=\boldsymbol{0}.$$

将上式两边同时左乘 $\boldsymbol{A}^{k-1}$,有

$$\lambda_1\boldsymbol{A}^{k-1}\boldsymbol{\alpha}+\lambda_2\boldsymbol{A}^k\boldsymbol{\alpha}+\cdots+\lambda_k\boldsymbol{A}^{2k-2}\boldsymbol{\alpha}=\boldsymbol{0}.$$

由题设知,上式从第 2 项起都等于零,又 $\boldsymbol{A}^{k-1}\boldsymbol{\alpha}\neq\boldsymbol{0}$,所以 $\lambda_1=0$. 类似地,可证得 $\lambda_2=\lambda_3=\cdots=\lambda_k=0$,故 $\boldsymbol{\alpha},\boldsymbol{A}\boldsymbol{\alpha},\cdots,\boldsymbol{A}^{k-1}\boldsymbol{\alpha}$ 线性无关.

例 3.22

判别向量组(Ⅰ),(Ⅱ)是否等价,其中

(Ⅰ):$\boldsymbol{\alpha}_1=(1,0,0,1)$,$\boldsymbol{\alpha}_2=(0,1,0,2)$,$\boldsymbol{\alpha}_3=(0,0,1,3)$,

(Ⅱ):$\boldsymbol{\beta}_1=(1,-1,2,5)$,$\boldsymbol{\beta}_2=(2,2,-3,-3)$,$\boldsymbol{\beta}_3=(-1,1,0,1)$,$\boldsymbol{\beta}_4=(0,-1,1,1)$.

解 将 $\boldsymbol{\alpha}_1,\boldsymbol{\alpha}_2,\boldsymbol{\alpha}_3,\boldsymbol{\beta}_1,\boldsymbol{\beta}_2,\boldsymbol{\beta}_3,\boldsymbol{\beta}_4$ 看成列向量,由此构造一个 4×7 矩阵,对其施行初等行变换,有

$$(\boldsymbol{\alpha}_1,\boldsymbol{\alpha}_2,\boldsymbol{\alpha}_3,\boldsymbol{\beta}_1,\boldsymbol{\beta}_2,\boldsymbol{\beta}_3,\boldsymbol{\beta}_4)=\left(\begin{array}{ccc:cccc}1&0&0&1&2&-1&0\\0&1&0&-1&2&1&-1\\0&0&1&2&-3&0&1\\1&2&3&5&-3&1&1\end{array}\right)$$

$$\xrightarrow{\text{初等行变换}}\left(\begin{array}{ccc:cccc}1&0&0&1&2&-1&0\\0&1&0&-1&2&1&-1\\0&0&1&2&-3&0&1\\0&0&0&0&0&0&0\end{array}\right)$$

$$\xrightarrow{\text{初等行变换}}\left(\begin{array}{ccc:cccc}1&0&0&1&2&-1&0\\1&1&0&0&4&0&-1\\-\frac{1}{4}&\frac{7}{4}&1&0&0&2&-\frac{3}{4}\\0&0&0&0&0&0&0\end{array}\right).$$

由此可见，$R(\boldsymbol{\alpha}_1,\boldsymbol{\alpha}_2,\boldsymbol{\alpha}_3)=R(\boldsymbol{\beta}_1,\boldsymbol{\beta}_2,\boldsymbol{\beta}_3,\boldsymbol{\beta}_4)=R(\boldsymbol{\alpha}_1,\boldsymbol{\alpha}_2,\boldsymbol{\alpha}_3,\boldsymbol{\beta}_1,\boldsymbol{\beta}_2,\boldsymbol{\beta}_3,\boldsymbol{\beta}_4)$. 故由推论 10 可知，向量组(Ⅰ)与(Ⅱ)是等价的.

例 3.23

设两向量组

$$(\text{Ⅰ}):\boldsymbol{\alpha}_1=(1,2,-3)^{\mathrm{T}},\boldsymbol{\alpha}_2=(3,0,1)^{\mathrm{T}},\boldsymbol{\alpha}_3=(9,6,-7)^{\mathrm{T}},$$

$$(\text{Ⅱ}):\boldsymbol{\beta}_1=(0,1,1)^{\mathrm{T}},\boldsymbol{\beta}_2=(a,2,1)^{\mathrm{T}},\boldsymbol{\beta}_3=(b,1,0)^{\mathrm{T}}.$$

已知这两个向量组的秩相等，且 $\boldsymbol{\beta}_3$ 可由向量组(Ⅰ)线性表示，求 a,b 的值.

解　令矩阵 $\boldsymbol{A}=(\boldsymbol{\alpha}_1,\boldsymbol{\alpha}_2,\boldsymbol{\alpha}_3)$，$\boldsymbol{B}=(\boldsymbol{\beta}_1,\boldsymbol{\beta}_2,\boldsymbol{\beta}_3)$，则由

$$\boldsymbol{A}=\begin{pmatrix}1&3&9\\2&0&6\\-3&1&-7\end{pmatrix}\xrightarrow{\text{初等行变换}}\begin{pmatrix}1&3&9\\0&1&2\\0&0&0\end{pmatrix},$$

可知 $R(\boldsymbol{A})=2$，且 $\boldsymbol{\alpha}_1,\boldsymbol{\alpha}_2$ 为向量组(Ⅰ)的一个最大无关组.

因为 $R(\boldsymbol{\alpha}_1,\boldsymbol{\alpha}_2,\boldsymbol{\alpha}_3)=R(\boldsymbol{\beta}_1,\boldsymbol{\beta}_2,\boldsymbol{\beta}_3)$，所以 $R(\boldsymbol{B})=2$，于是 $|\boldsymbol{B}|=0$，即

$$|\boldsymbol{B}|=\begin{vmatrix}0&a&b\\1&2&1\\1&1&0\end{vmatrix}=a-b=0,$$

故 $a=b$.

又因为 $\boldsymbol{\beta}_3$ 可由向量组(Ⅰ)线性表示，而 $\boldsymbol{\alpha}_1,\boldsymbol{\alpha}_2$ 是向量组(Ⅰ)的最大无关组，所以 $\boldsymbol{\beta}_3$ 可由 $\boldsymbol{\alpha}_1,\boldsymbol{\alpha}_2$ 线性表示，从而有 $|(\boldsymbol{\alpha}_1,\boldsymbol{\alpha}_2,\boldsymbol{\beta}_3)|=0$，即

$$\begin{vmatrix}1&3&b\\2&0&1\\-3&1&0\end{vmatrix}=2b-10=0.$$

解得 $b=5$，故 $a=5$.

例 3.24

设向量组(Ⅰ):$\boldsymbol{\alpha}_1,\boldsymbol{\alpha}_2,\boldsymbol{\alpha}_3,\boldsymbol{\alpha}_4$ 的秩为 3,向量组(Ⅱ):$\boldsymbol{\alpha}_1,\boldsymbol{\alpha}_2,\boldsymbol{\alpha}_3,\boldsymbol{\alpha}_5$ 的秩为 4. 证明:向量组 $\boldsymbol{\alpha}_1,\boldsymbol{\alpha}_2,\boldsymbol{\alpha}_3,\boldsymbol{\alpha}_5-\boldsymbol{\alpha}_4$ 的秩为 4.

分析 向量组 $\boldsymbol{\alpha}_1,\boldsymbol{\alpha}_2,\boldsymbol{\alpha}_3,\boldsymbol{\alpha}_5-\boldsymbol{\alpha}_4$ 的秩为 4,等价于该向量组线性无关.

证 由向量组(Ⅱ)的秩为 4,可知 $\boldsymbol{\alpha}_1,\boldsymbol{\alpha}_2,\boldsymbol{\alpha}_3$ 线性无关. 又由向量组(Ⅰ)的秩为 3,可知 $\boldsymbol{\alpha}_1,\boldsymbol{\alpha}_2,\boldsymbol{\alpha}_3,\boldsymbol{\alpha}_4$ 线性相关,从而 $\boldsymbol{\alpha}_4$ 可由 $\boldsymbol{\alpha}_1,\boldsymbol{\alpha}_2,\boldsymbol{\alpha}_3$ 线性表示,即存在一组数 l_1,l_2,l_3,使得 $\boldsymbol{\alpha}_4=l_1\boldsymbol{\alpha}_1+l_2\boldsymbol{\alpha}_2+l_3\boldsymbol{\alpha}_3$. 若有一组数 k_1,k_2,k_3,k_4,使得

$$k_1\boldsymbol{\alpha}_1+k_2\boldsymbol{\alpha}_2+k_3\boldsymbol{\alpha}_3+k_4(\boldsymbol{\alpha}_5-\boldsymbol{\alpha}_4)=\mathbf{0},$$

则有

$$(k_1-k_4l_1)\boldsymbol{\alpha}_1+(k_2-k_4l_2)\boldsymbol{\alpha}_2+(k_3-k_4l_3)\boldsymbol{\alpha}_3+k_4\boldsymbol{\alpha}_5=\mathbf{0}.$$

由于 $\boldsymbol{\alpha}_1,\boldsymbol{\alpha}_2,\boldsymbol{\alpha}_3,\boldsymbol{\alpha}_5$ 线性无关,因此有

$$\begin{cases}k_1-k_4l_1=0,\\ k_2-k_4l_2=0,\\ k_3-k_4l_3=0,\\ k_4=0.\end{cases}$$

而上述方程组只有零解 $k_1=k_2=k_3=k_4=0$,故 $\boldsymbol{\alpha}_1,\boldsymbol{\alpha}_2,\boldsymbol{\alpha}_3,\boldsymbol{\alpha}_5-\boldsymbol{\alpha}_4$ 线性无关,即该向量组的秩为 4.

例 3.25

求由向量组 $\boldsymbol{\alpha}_1=(1,2,1,0)^{\mathrm{T}},\boldsymbol{\alpha}_2=(1,1,1,2)^{\mathrm{T}},\boldsymbol{\alpha}_3=(3,4,3,4)^{\mathrm{T}},\boldsymbol{\alpha}_4=(1,1,2,1)^{\mathrm{T}},\boldsymbol{\alpha}_5=(4,5,6,4)^{\mathrm{T}}$ 所生成的向量空间的一个基及其维数.

分析 由条件可知,所求向量空间中的任一向量都可由 $\boldsymbol{\alpha}_1,\boldsymbol{\alpha}_2,\boldsymbol{\alpha}_3,\boldsymbol{\alpha}_4,\boldsymbol{\alpha}_5$ 线性表示. 若能求得 $\boldsymbol{\alpha}_1,\boldsymbol{\alpha}_2,\boldsymbol{\alpha}_3,\boldsymbol{\alpha}_4,\boldsymbol{\alpha}_5$ 的一个最大无关组,则就得到所求向量空间的一个基及其维数.

解 利用初等行变换求向量组 $\boldsymbol{\alpha}_1,\boldsymbol{\alpha}_2,\boldsymbol{\alpha}_3,\boldsymbol{\alpha}_4,\boldsymbol{\alpha}_5$ 的一个最大无关组. 因为

$$\boldsymbol{A}=(\boldsymbol{\alpha}_1,\boldsymbol{\alpha}_2,\boldsymbol{\alpha}_3,\boldsymbol{\alpha}_4,\boldsymbol{\alpha}_5)=\begin{pmatrix}1&1&3&1&4\\2&1&4&1&5\\1&1&3&2&6\\0&2&4&1&4\end{pmatrix}$$

$$\xrightarrow[r_3-r_1]{r_2-2r_1}\begin{pmatrix}1&1&3&1&4\\0&-1&-2&-1&-3\\0&0&0&1&2\\0&2&4&1&4\end{pmatrix}$$

$$\xrightarrow{r_4+2r_2}\begin{pmatrix}1&1&3&1&4\\0&-1&-2&-1&-3\\0&0&0&1&2\\0&0&0&-1&-2\end{pmatrix}$$

$$\xrightarrow{r_4+r_3}\begin{pmatrix}1&1&3&1&4\\0&-1&-2&-1&-3\\0&0&0&1&2\\0&0&0&0&0\end{pmatrix},$$

所以 $\mathrm{R}(\boldsymbol{A})=3$，且 $\boldsymbol{\alpha}_1,\boldsymbol{\alpha}_2,\boldsymbol{\alpha}_4$；$\boldsymbol{\alpha}_1,\boldsymbol{\alpha}_2,\boldsymbol{\alpha}_5$；$\boldsymbol{\alpha}_1,\boldsymbol{\alpha}_3,\boldsymbol{\alpha}_4$；$\boldsymbol{\alpha}_1,\boldsymbol{\alpha}_3,\boldsymbol{\alpha}_5$ 都是题设向量组的最大无关组，它们都可作为所求向量空间的一个基. 显见，所求向量空间的维数是 3.

习 题 三

1. 验证：$\{\mathbf{0}\}$ 是向量空间，其中 $\mathbf{0}$ 为零向量.

2. 验证：

(1) 向量空间必定含有零向量；

(2) 若向量空间含有向量 $\boldsymbol{\alpha}$，则它必定含有 $-\boldsymbol{\alpha}$.

3. 判定 $\mathbf{R}^3$ 的下列子集是否为 $\mathbf{R}^3$ 的子空间：

(1) $W_1=\{(0,1,z)\mid z\in\mathbf{R}\}$；

(2) $W_2=\{(x,y,0)\mid x,y\in\mathbf{R}\}$；

(3) $W_3=\{(x,y,z)\mid x-y+3z=0,x,y,z\in\mathbf{R}\}$；

(4) $W_4=\{(x_1,x_2,x_3)\mid x_1+x_2+x_3=1,x_1,x_2,x_3\in\mathbf{R}\}$；

(5) $W_5=\left\{(x,y,z)\,\middle|\,\dfrac{x-1}{2}=\dfrac{y}{3}=-2z,x,y,z\in\mathbf{R}\right\}$；

(6) $W_6=\{(x,y,z)\mid x+2y+3z=0,x=y,x,y,z\in\mathbf{R}\}$.

4. 设向量 $\boldsymbol{\alpha}_1=(1,1,0)$，$\boldsymbol{\alpha}_2=(0,1,1)$，$\boldsymbol{\alpha}_3=(3,4,0)$，求 $\boldsymbol{\alpha}_1-\boldsymbol{\alpha}_2$ 及 $3\boldsymbol{\alpha}_1+2\boldsymbol{\alpha}_2-\boldsymbol{\alpha}_3$.

5. 设 $3(\boldsymbol{\alpha}_1-\boldsymbol{\alpha})+2(\boldsymbol{\alpha}_2+\boldsymbol{\alpha})=5(\boldsymbol{\alpha}_3+\boldsymbol{\alpha})$，其中 $\boldsymbol{\alpha}_1=(2,5,1,3)$，$\boldsymbol{\alpha}_2=(10,1,5,10)$，$\boldsymbol{\alpha}_3=(4,1,-1,1)$，求 $\boldsymbol{\alpha}$.

6. 设 $\boldsymbol{\beta}_1=\boldsymbol{\alpha}_1$，$\boldsymbol{\beta}_2=\boldsymbol{\alpha}_1+\boldsymbol{\alpha}_2$，$\cdots$，$\boldsymbol{\beta}_r=\boldsymbol{\alpha}_1+\boldsymbol{\alpha}_2+\cdots+\boldsymbol{\alpha}_r$，且向量组 $\boldsymbol{\alpha}_1,\boldsymbol{\alpha}_2,\cdots,\boldsymbol{\alpha}_r$ 线性无关. 证明：向量组 $\boldsymbol{\beta}_1,\boldsymbol{\beta}_2,\cdots,\boldsymbol{\beta}_r$ 线性无关.

7. 设 $\boldsymbol{\beta}_1=\boldsymbol{\alpha}_1+\boldsymbol{\alpha}_2$，$\boldsymbol{\beta}_2=\boldsymbol{\alpha}_2+\boldsymbol{\alpha}_3$，$\boldsymbol{\beta}_3=\boldsymbol{\alpha}_3+\boldsymbol{\alpha}_4$，$\boldsymbol{\beta}_4=\boldsymbol{\alpha}_4+\boldsymbol{\alpha}_1$. 证明：向量组 $\boldsymbol{\beta}_1,\boldsymbol{\beta}_2,\boldsymbol{\beta}_3,\boldsymbol{\beta}_4$ 线性相关（提示：分 $\boldsymbol{\alpha}_1,\boldsymbol{\alpha}_2,\boldsymbol{\alpha}_3,\boldsymbol{\alpha}_4$ 线性相关、线性无关两种情况证明）.

8. 讨论下列向量组的线性相关性：

(1) $\boldsymbol{\alpha}_1=(1,1,1)$，$\boldsymbol{\alpha}_2=(0,2,5)$，$\boldsymbol{\alpha}_3=(1,3,6)$；

(2) $\boldsymbol{\alpha}_1=(1,1,0)$，$\boldsymbol{\alpha}_2=(0,2,0)$，$\boldsymbol{\alpha}_3=(0,0,1)$.

9. 设向量组 $\boldsymbol{\alpha}_1=(1,1,1)$，$\boldsymbol{\alpha}_2=(1,2,3)$，$\boldsymbol{\alpha}_3=(1,3,t)$.

(1) 当 t 为何值时，向量组 $\boldsymbol{\alpha}_1,\boldsymbol{\alpha}_2,\boldsymbol{\alpha}_3$ 线性相关？

(2) 当 t 为何值时，向量组 $\boldsymbol{\alpha}_1,\boldsymbol{\alpha}_2,\boldsymbol{\alpha}_3$ 线性无关？

(3) 当向量组 $\boldsymbol{\alpha}_1,\boldsymbol{\alpha}_2,\boldsymbol{\alpha}_3$ 线性相关时，将 $\boldsymbol{\alpha}_3$ 表示为 $\boldsymbol{\alpha}_1$ 和 $\boldsymbol{\alpha}_2$ 的线性组合.

10. 用矩阵的秩判别下列向量组的线性相关性：

(1) $\boldsymbol{\alpha}_1=(3,1,0,2)^{\mathrm{T}}$，$\boldsymbol{\alpha}_2=(1,-1,2,-1)^{\mathrm{T}}$，$\boldsymbol{\alpha}_3=(1,3,-4,4)^{\mathrm{T}}$；

(2) $\boldsymbol{\alpha}_1=(1,0,1)^{\mathrm{T}},\boldsymbol{\alpha}_2=(2,2,0)^{\mathrm{T}},\boldsymbol{\alpha}_3=(0,3,3)^{\mathrm{T}}$;

(3) $\boldsymbol{\alpha}_1=(2,4,1,1,0)^{\mathrm{T}},\boldsymbol{\alpha}_2=(1,-2,0,1,1)^{\mathrm{T}},\boldsymbol{\alpha}_3=(1,3,1,0,1)^{\mathrm{T}}$.

11. 设向量组 $\boldsymbol{\alpha}_1,\boldsymbol{\alpha}_2$ 线性相关,向量组 $\boldsymbol{\beta}_1,\boldsymbol{\beta}_2$ 线性相关. 问向量组 $\boldsymbol{\alpha}_1+\boldsymbol{\beta}_1,\boldsymbol{\alpha}_2+\boldsymbol{\beta}_2$ 是否一定线性相关?举例说明.

12. 设向量组 $\boldsymbol{\alpha}_1,\boldsymbol{\alpha}_2$ 线性无关,$\boldsymbol{\beta}$ 是不同于 $\boldsymbol{\alpha}_1,\boldsymbol{\alpha}_2$ 的一个向量. 问向量组 $\boldsymbol{\alpha}_1+\boldsymbol{\beta},\boldsymbol{\alpha}_2+\boldsymbol{\beta}$ 是否线性无关?

13. 设 $\boldsymbol{\alpha}_1,\boldsymbol{\alpha}_2,\cdots,\boldsymbol{\alpha}_n$ 是一个线性无关的向量组,$k\neq 0$. 问 $k\boldsymbol{\alpha}_1,k\boldsymbol{\alpha}_2,\cdots,k\boldsymbol{\alpha}_n$ 也是一个线性无关的向量组吗?

14. 举例说明下列命题是错误的:

(1) 若向量组 $\boldsymbol{\alpha}_1,\boldsymbol{\alpha}_2$ 线性相关,则 $\boldsymbol{\alpha}_1$ 可由 $\boldsymbol{\alpha}_2$ 线性表示;

(2) 若存在不全为零的数 λ_1,λ_2,使得 $\lambda_1\boldsymbol{\alpha}_1+\lambda_2\boldsymbol{\alpha}_2+\lambda_1\boldsymbol{\beta}_1+\lambda_2\boldsymbol{\beta}_2=\mathbf{0}$ 成立,则向量组 $\boldsymbol{\alpha}_1,\boldsymbol{\alpha}_2$ 线性相关,向量组 $\boldsymbol{\beta}_1,\boldsymbol{\beta}_2$ 亦线性相关;

(3) 若只有当 λ_1,λ_2 全为零时,等式 $\lambda_1\boldsymbol{\alpha}_1+\lambda_2\boldsymbol{\alpha}_2+\lambda_1\boldsymbol{\beta}_1+\lambda_2\boldsymbol{\beta}_2=\mathbf{0}$ 才成立,则向量组 $\boldsymbol{\alpha}_1,\boldsymbol{\alpha}_2$ 线性无关,向量组 $\boldsymbol{\beta}_1,\boldsymbol{\beta}_2$ 亦线性无关;

(4) 若向量组 $\boldsymbol{\alpha}_1,\boldsymbol{\alpha}_2$ 线性相关,向量组 $\boldsymbol{\beta}_1,\boldsymbol{\beta}_2$ 也线性相关,则存在不全为零的数 λ_1,λ_2,使得

$$\lambda_1\boldsymbol{\alpha}_1+\lambda_2\boldsymbol{\alpha}_2=\mathbf{0}\quad 和\quad \lambda_1\boldsymbol{\beta}_1+\lambda_2\boldsymbol{\beta}_2=\mathbf{0}$$

同时成立.

15. 已知向量组 $\boldsymbol{\alpha}_1=(1,1,2,1),\boldsymbol{\alpha}_2=(1,0,0,2),\boldsymbol{\alpha}_3=(-1,-4,-8,k)$ 线性相关,求 k 的值.

16. 设向量 $\boldsymbol{x}$ 可由向量组 $\boldsymbol{\alpha}_1,\boldsymbol{\alpha}_2,\cdots,\boldsymbol{\alpha}_r$ 线性表示,而 $\boldsymbol{\alpha}_1,\boldsymbol{\alpha}_2,\cdots,\boldsymbol{\alpha}_r$ 可由向量组 $\boldsymbol{\beta}_1,\boldsymbol{\beta}_2,\cdots,\boldsymbol{\beta}_s$ 线性表示. 证明:$\boldsymbol{x}$ 可由 $\boldsymbol{\beta}_1,\boldsymbol{\beta}_2,\cdots,\boldsymbol{\beta}_s$ 线性表示.

17. 求一个秩为 4 的五阶方阵,使得它有两个行向量是 $(1,0,1,0,0),(1,-1,0,0,0)$.

18. 设向量组 $\boldsymbol{\alpha}_1,\boldsymbol{\alpha}_2,\cdots,\boldsymbol{\alpha}_m$ 线性无关,向量 $\boldsymbol{\beta}_1$ 可由它们线性表示,向量 $\boldsymbol{\beta}_2$ 不能由它们线性表示. 证明:向量组 $\boldsymbol{\alpha}_1,\boldsymbol{\alpha}_2,\cdots,\boldsymbol{\alpha}_m,\lambda\boldsymbol{\beta}_1+\boldsymbol{\beta}_2$($\lambda$ 为常数) 线性无关.

19. 设向量组 $\boldsymbol{\alpha}_1,\boldsymbol{\alpha}_2,\cdots,\boldsymbol{\alpha}_{m-1}$ ($m\geqslant 3$) 线性相关,向量组 $\boldsymbol{\alpha}_2,\boldsymbol{\alpha}_3,\cdots,\boldsymbol{\alpha}_m$ 线性无关. 试问:

(1) $\boldsymbol{\alpha}_1$ 能否由 $\boldsymbol{\alpha}_2,\boldsymbol{\alpha}_3,\cdots,\boldsymbol{\alpha}_{m-1}$ 线性表示?

(2) $\boldsymbol{\alpha}_m$ 能否由 $\boldsymbol{\alpha}_1,\boldsymbol{\alpha}_2,\cdots,\boldsymbol{\alpha}_{m-1}$ 线性表示?

20. 设 $\boldsymbol{\alpha}_1,\boldsymbol{\alpha}_2,\cdots,\boldsymbol{\alpha}_n$ 是一个 n 维向量组,且已知 n 维基本单位向量组 $\boldsymbol{\varepsilon}_1,\boldsymbol{\varepsilon}_2,\cdots,\boldsymbol{\varepsilon}_n$ 可由它们线性表示. 证明:$\boldsymbol{\alpha}_1,\boldsymbol{\alpha}_2,\cdots,\boldsymbol{\alpha}_n$ 线性无关.

21. 设 $\boldsymbol{\alpha}_1,\boldsymbol{\alpha}_2,\cdots,\boldsymbol{\alpha}_n$ 是一个 n 维向量组. 证明:它们线性无关的充要条件是任一 n 维向量都能由它们线性表示.

22. 设向量组 $\boldsymbol{\alpha}_1,\boldsymbol{\alpha}_2,\cdots,\boldsymbol{\alpha}_s$ 的秩为 r_1,向量组 $\boldsymbol{\beta}_1,\boldsymbol{\beta}_2,\cdots,\boldsymbol{\beta}_t$ 的秩为 r_2,向量组 $\boldsymbol{\alpha}_1,\cdots,\boldsymbol{\alpha}_s,\boldsymbol{\beta}_1,\cdots,\boldsymbol{\beta}_t$ 的秩为 r_3. 证明:

$$\max\{r_1,r_2\}\leqslant r_3\leqslant r_1+r_2.$$

23. 设矩阵 $\boldsymbol{A},\boldsymbol{B}$ 是同型矩阵. 证明:

$$\mathrm{R}(\boldsymbol{A}\pm\boldsymbol{B})\leqslant\mathrm{R}(\boldsymbol{A})+\mathrm{R}(\boldsymbol{B}).$$

24. 求下列向量组的秩和一个最大无关组,并把其余向量用该最大无关组线性表示出来:

(1) $\boldsymbol{\alpha}_1=(1,2,1,3),\boldsymbol{\alpha}_2=(4,-1,-5,-6),\boldsymbol{\alpha}_3=(-1,-3,-4,-7),\boldsymbol{\alpha}_4=(2,1,2,3)$;

(2) $\boldsymbol{\alpha}_1=(1,3,2,0),\boldsymbol{\alpha}_2=(7,0,14,3),\boldsymbol{\alpha}_3=(2,-1,0,1),\boldsymbol{\alpha}_4=(5,1,6,2),\boldsymbol{\alpha}_5=(2,-1,4,1)$;

(3) $\boldsymbol{\alpha}_1=(1,2,1,2),\boldsymbol{\alpha}_2=(1,0,3,1),\boldsymbol{\alpha}_3=(2,-1,0,1),\boldsymbol{\alpha}_4=(2,1,-2,2),\boldsymbol{\alpha}_5=(2,2,4,3)$.

25. 设 $\boldsymbol{A}$ 与 $\boldsymbol{B}$ 都是 $m\times n$ 矩阵. 证明:矩阵 $\boldsymbol{A}$ 与 $\boldsymbol{B}$ 等价的充要条件是

$$R(\boldsymbol{A}) = R(\boldsymbol{B}).$$

26. 求向量组 $\boldsymbol{\alpha}_1 = (1, -1, 5, -1)$，$\boldsymbol{\alpha}_2 = (1, 1, -2, 3)$，$\boldsymbol{\alpha}_3 = (3, -1, 8, 1)$，$\boldsymbol{\alpha}_4 = (1, 3, -9, 7)$ 所有的最大无关组.

27. 试证:由向量组 $\boldsymbol{\alpha}_1 = (0,1,1)$,$\boldsymbol{\alpha}_2 = (1,0,1)$,$\boldsymbol{\alpha}_3 = (1,1,0)$ 所生成的向量空间就是 $\mathbf{R}^3$.

28. 由向量组 $\boldsymbol{\alpha}_1 = (1,1,0,0)$,$\boldsymbol{\alpha}_2 = (1,0,1,1)$ 所生成的向量空间记为 V_1,由向量组 $\boldsymbol{\beta}_1 = (2,-1,3,3)$,$\boldsymbol{\beta}_2 = (0,1,-1,-1)$ 所生成的向量空间记为 V_2. 证明:$V_1 = V_2$.

29. 验证:$\boldsymbol{\alpha}_1 = (1,-1,0)$,$\boldsymbol{\alpha}_2 = (2,1,3)$,$\boldsymbol{\alpha}_3 = (3,1,2)$ 为 $\mathbf{R}^3$ 的一个基,并求向量 $\boldsymbol{v}_1 = (5,0,7)$,$\boldsymbol{v}_2 = (-9,-8,-13)$ 在这个基下的坐标.

30. 设向量组 $\boldsymbol{\alpha}_1 = (3,2,5)$,$\boldsymbol{\alpha}_2 = (2,4,7)$,$\boldsymbol{\alpha}_3 = (5,6,\lambda)$,$\boldsymbol{\beta} = (1,3,5)$. 当 λ 为何值时,$\boldsymbol{\beta}$ 可由 $\boldsymbol{\alpha}_1$,$\boldsymbol{\alpha}_2$,$\boldsymbol{\alpha}_3$ 线性表示?

31. 证明:向量组 $\boldsymbol{\beta}_1 = (1,1,\cdots,1)$,$\boldsymbol{\beta}_2 = (0,1,\cdots,1)$,$\cdots$,$\boldsymbol{\beta}_n = (0,0,\cdots,1)$ 为 $\mathbf{R}^n$ 的一个基,并求向量 $\boldsymbol{\alpha} = (a_1,a_2,\cdots,a_n)$ 在这个基下的坐标.

32. 计算:

(1) 设三阶方阵 $\boldsymbol{A} = (\boldsymbol{A}_1,\boldsymbol{A}_2,\boldsymbol{A}_3)$,其中 $\boldsymbol{A}_i(i = 1,2,3)$ 是 $\boldsymbol{A}$ 的第 i 个列向量. 已知行列式 $|\boldsymbol{A}| = -3$,计算行列式 $|(2\boldsymbol{A}_2, 2\boldsymbol{A}_1 - \boldsymbol{A}_2, -\boldsymbol{A}_3)|$ 的值;

(2) 设四阶方阵 $\boldsymbol{A} = (\boldsymbol{\alpha}, -\boldsymbol{r}_2, \boldsymbol{r}_3, -\boldsymbol{r}_4)$,$\boldsymbol{B} = (\boldsymbol{\beta}, \boldsymbol{r}_2, -\boldsymbol{r}_3, \boldsymbol{r}_4)$,其中 $\boldsymbol{\alpha},\boldsymbol{\beta},\boldsymbol{r}_2,\boldsymbol{r}_3,\boldsymbol{r}_4$ 均为四维列向量. 已知行列式 $|\boldsymbol{A}| = 4$,$|\boldsymbol{B}| = 1$,计算行列式 $|\boldsymbol{A} - \boldsymbol{B}|$ 的值.

第四章 线性方程组

知识框图

课程思政案例

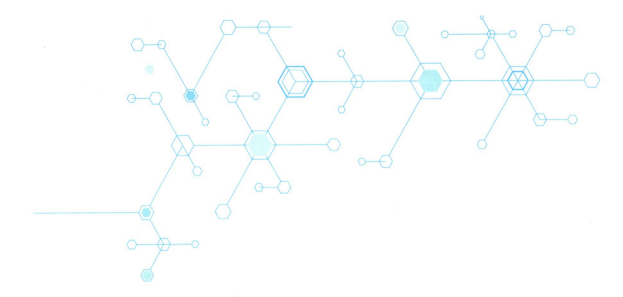

第一节　高斯消元法

微课视频

在第一章中，我们介绍了求解线性方程组的克拉默法则，下面讨论一般的线性方程组

$$\begin{cases} a_{11}x_1 + a_{12}x_2 + \cdots + a_{1n}x_n = b_1, \\ a_{21}x_1 + a_{22}x_2 + \cdots + a_{2n}x_n = b_2, \\ \cdots\cdots \\ a_{m1}x_1 + a_{m2}x_2 + \cdots + a_{mn}x_n = b_m \end{cases} \tag{4.1}$$

的求解问题. 方程组(4.1)的矩阵形式为

$$\boldsymbol{Ax} = \boldsymbol{b},$$

其中

$$\boldsymbol{A} = \begin{pmatrix} a_{11} & a_{12} & \cdots & a_{1n} \\ a_{21} & a_{22} & \cdots & a_{2n} \\ \vdots & \vdots & & \vdots \\ a_{m1} & a_{m2} & \cdots & a_{mn} \end{pmatrix}$$

称为系数矩阵，

$$\boldsymbol{b} = (b_1, b_2, \cdots, b_m)^{\mathrm{T}}, \quad \boldsymbol{x} = (x_1, x_2, \cdots, x_n)^{\mathrm{T}}.$$

称矩阵

$$\widetilde{\boldsymbol{A}} = (\boldsymbol{A}, \boldsymbol{b}) = \begin{pmatrix} a_{11} & a_{12} & \cdots & a_{1n} & b_1 \\ a_{21} & a_{22} & \cdots & a_{2n} & b_2 \\ \vdots & \vdots & & \vdots & \vdots \\ a_{m1} & a_{m2} & \cdots & a_{mn} & b_m \end{pmatrix}$$

为方程组(4.1)的增广矩阵.

消元法的基本思想是通过同解变换把线性方程组化成容易求解的线性方程组.

例 4.1

求解线性方程组

$$\begin{cases} 2x_1 + 2x_2 - x_3 = 6, \\ x_1 - 2x_2 + 4x_3 = 3, \\ 5x_1 + 7x_2 + x_3 = 28. \end{cases} \quad ①$$

解　将方程组①中第 2 个与第 3 个方程分别减去第 1 个方程的 $\frac{1}{2}$ 倍与 $\frac{5}{2}$ 倍，得

$$\begin{cases}2x_1+2x_2-\quad x_3=6,\\ \quad -3x_2+\dfrac{9}{2}x_3=0,\\ \quad 2x_2+\dfrac{7}{2}x_3=13.\end{cases} \qquad ②$$

再将方程组 ② 中第 3 个方程加上第 2 个方程的 $\dfrac{2}{3}$ 倍,得

$$\begin{cases}2x_1+2x_2-\quad x_3=6,\\ \quad -3x_2+\dfrac{9}{2}x_3=0,\\ \quad \dfrac{13}{2}x_3=13.\end{cases} \qquad ③$$

方程组 ③ 是一个阶梯形方程组,从第 3 个方程可以得到 x_3 的值,然后逐次代入前两个方程,求出 x_2,x_1,得

$$\begin{cases}x_1=1,\\ x_2=3,\\ x_3=2.\end{cases}$$

这个解法就称为**高斯(Gauss)消元法**,它分为消元过程和回代过程两部分.

上面的求解过程也可以用方程组 ① 的增广矩阵的初等行变换来表示:

$$(\boldsymbol{A},\boldsymbol{b})=\begin{pmatrix}2&2&-1&6\\1&-2&4&3\\5&7&1&28\end{pmatrix}\xrightarrow[r_3-\frac{5}{2}r_1]{r_2-\frac{1}{2}r_1}\begin{pmatrix}2&2&-1&6\\0&-3&\dfrac{9}{2}&0\\0&2&\dfrac{7}{2}&13\end{pmatrix}$$

$$\xrightarrow[r_3\div\frac{13}{2}]{r_3+\frac{2}{3}r_2}\begin{pmatrix}2&2&-1&6\\0&-3&\dfrac{9}{2}&0\\0&0&1&2\end{pmatrix}\xrightarrow[r_2-\frac{9}{2}r_3]{r_1+r_3}\begin{pmatrix}2&2&0&8\\0&-3&0&-9\\0&0&1&2\end{pmatrix}$$

$$\xrightarrow[r_1-2r_2]{r_2\div(-3)}\begin{pmatrix}2&0&0&2\\0&1&0&3\\0&0&1&2\end{pmatrix}\xrightarrow{r_1\div 2}\begin{pmatrix}1&0&0&1\\0&1&0&3\\0&0&1&2\end{pmatrix}.$$

由最后一个矩阵得到方程组 ① 的解

$$x_1=1,\quad x_2=3,\quad x_3=2.$$

由例 4.1 可以看出,求解线性方程组时,只需写出该方程组的增广矩阵,再对增广矩阵施行初等行变换,化成行最简形即可得到所求解.

一般地,假设线性方程组(4.1)的增广矩阵 $\widetilde{\boldsymbol{A}}=(\boldsymbol{A},\boldsymbol{b})$ 经初等行变换(如有必要,可重新安排方程组中未知量的次序)后,化成如下的行最简形阶

梯矩阵：

$$\widetilde{\boldsymbol{A}} \xrightarrow{\text{初等行变换}} \begin{pmatrix} 1 & 0 & \cdots & 0 & c_{11} & \cdots & c_{1,n-r} & d_1 \\ 0 & 1 & \cdots & 0 & c_{21} & \cdots & c_{2,n-r} & d_2 \\ \vdots & \vdots & & \vdots & \vdots & & \vdots & \vdots \\ 0 & 0 & \cdots & 1 & c_{r1} & \cdots & c_{r,n-r} & d_r \\ 0 & 0 & \cdots & 0 & 0 & \cdots & 0 & d_{r+1} \\ 0 & 0 & \cdots & 0 & 0 & \cdots & 0 & 0 \\ \vdots & \vdots & & \vdots & \vdots & & \vdots & \vdots \\ 0 & 0 & \cdots & 0 & 0 & \cdots & 0 & 0 \end{pmatrix}, \tag{4.2}$$

相应的线性方程组为

$$\begin{cases} x_1 + \qquad c_{11}x_{r+1} + \cdots + c_{1,n-r}x_n = d_1, \\ \quad x_2 + \quad c_{21}x_{r+1} + \cdots + c_{2,n-r}x_n = d_2, \\ \qquad \cdots\cdots \\ \qquad x_r + c_{r1}x_{r+1} + \cdots + c_{r,n-r}x_n = d_r, \\ \qquad\qquad 0 = d_{r+1}. \end{cases} \tag{4.3}$$

显然，方程组(4.3)与方程组(4.1)为同解方程组.

由方程组(4.3)可直接得到：

(1) 若 $d_{r+1} \neq 0$，则方程组无解.

(2) 若 $d_{r+1} = 0$，又有以下两种情况：

① 若 $r = n$，则方程组有唯一解

$$x_1 = d_1, \quad x_2 = d_2, \quad \cdots, \quad x_n = d_n.$$

② 若 $r < n$，则将 $x_{r+1}, x_{r+2}, \cdots, x_n$ 作为自由未知量，方程组(4.3)变为

$$\begin{cases} x_1 = d_1 - c_{11}x_{r+1} - \cdots - c_{1,n-r}x_n, \\ x_2 = d_2 - c_{21}x_{r+1} - \cdots - c_{2,n-r}x_n, \\ \qquad \cdots\cdots \\ x_r = d_r - c_{r1}x_{r+1} - \cdots - c_{r,n-r}x_n. \end{cases} \tag{4.4}$$

由式(4.4)可见，对于任取 $x_{r+1}, x_{r+2}, \cdots, x_n$ 的每一组值，$x_1, x_2, \cdots, x_r$ 的值是唯一确定的，此时方程组有无穷多组解.

特别地，当方程组(4.1)为齐次线性方程组，即 $b_1 = b_2 = \cdots = b_m = 0$ 时，有下述结果：

(1) 若 $r = n$，则齐次线性方程组只有零解；

(2) 若 $r < n$，则齐次线性方程组有无穷多组非零解.

下面，我们将利用向量理论，对线性方程组进行更深入的分析，对有解的条件及解的结构进行详细的讨论.

第二节　齐次线性方程组

齐次线性方程组

$$\begin{cases} a_{11}x_1+a_{12}x_2+\cdots+a_{1n}x_n=0, \\ a_{21}x_1+a_{22}x_2+\cdots+a_{2n}x_n=0, \\ \cdots\cdots \\ a_{m1}x_1+a_{m2}x_2+\cdots+a_{mn}x_n=0 \end{cases} \tag{4.5}$$

的矩阵形式为

$$\boldsymbol{A}\boldsymbol{x}=\boldsymbol{0}, \tag{4.6}$$

其中 $\boldsymbol{A}=(a_{ij})_{m\times n}$，$\boldsymbol{x}=(x_1,x_2,\cdots,x_n)^{\mathrm{T}}$.

由于 $\boldsymbol{x}=\boldsymbol{0}$ 总是方程组(4.6)的解，因此对于齐次线性方程组，需研究其在什么情况下有非零解，以及在有非零解时如何求出其所有解.

把方程组(4.5)写成向量形式

$$x_1\boldsymbol{\alpha}_1+x_2\boldsymbol{\alpha}_2+\cdots+x_n\boldsymbol{\alpha}_n=\boldsymbol{0}, \tag{4.7}$$

其中

$$\boldsymbol{\alpha}_j=(a_{1j},a_{2j},\cdots,a_{mj})^{\mathrm{T}} \quad (j=1,2,\cdots,n).$$

若方程组(4.5)有非零解

$$\boldsymbol{x}=(c_1,c_2,\cdots,c_n)^{\mathrm{T}},$$

则存在不全为零的常数 $c_1,c_2,\cdots,c_n$，使得

$$c_1\boldsymbol{\alpha}_1+c_2\boldsymbol{\alpha}_2+\cdots+c_n\boldsymbol{\alpha}_n=\boldsymbol{0},$$

从而向量组 $\boldsymbol{\alpha}_1,\boldsymbol{\alpha}_2,\cdots,\boldsymbol{\alpha}_n$ 线性相关，即方程组(4.5)的系数矩阵 $\boldsymbol{A}$ 的列向量组线性相关. 于是，可得下述定理.

定理 4.1　n 元齐次线性方程组 $\boldsymbol{A}\boldsymbol{x}=\boldsymbol{0}$ 存在非零解的充要条件是其系数矩阵 $\boldsymbol{A}$ 的秩 $\mathrm{R}(\boldsymbol{A})<n$，也即 $\boldsymbol{A}\boldsymbol{x}=\boldsymbol{0}$ 只有零解的充要条件是 $\mathrm{R}(\boldsymbol{A})=n$.

利用方程组的矩阵形式(4.6)，可得齐次线性方程的解有如下结构.

定理 4.2　若 $\boldsymbol{x}=\boldsymbol{\xi}_1$，$\boldsymbol{x}=\boldsymbol{\xi}_2$ 为齐次线性方程组 $\boldsymbol{A}\boldsymbol{x}=\boldsymbol{0}$ 的两个解，则 $\boldsymbol{x}=\boldsymbol{\xi}_1+\boldsymbol{\xi}_2$ 也是齐次线性方程组 $\boldsymbol{A}\boldsymbol{x}=\boldsymbol{0}$ 的解，即齐次线性方程组的任意两个解之和还是它的解.

证　$\boldsymbol{A}(\boldsymbol{\xi}_1+\boldsymbol{\xi}_2)=\boldsymbol{A}\boldsymbol{\xi}_1+\boldsymbol{A}\boldsymbol{\xi}_2=\boldsymbol{0}+\boldsymbol{0}=\boldsymbol{0}.$

定理 4.3　若 $\boldsymbol{x}=\boldsymbol{\xi}$ 是齐次线性方程组 $\boldsymbol{A}\boldsymbol{x}=\boldsymbol{0}$ 的一个解，k 为任意常数，则 $\boldsymbol{x}=k\boldsymbol{\xi}$ 也是齐次线性方程组 $\boldsymbol{A}\boldsymbol{x}=\boldsymbol{0}$ 的解，即齐次线性方程组的解的任意常数倍还是它的解.

证　$\boldsymbol{A}(k\boldsymbol{\xi})=k(\boldsymbol{A}\boldsymbol{\xi})=k\boldsymbol{0}=\boldsymbol{0}$.

容易将定理 4.2 和定理 4.3 推广如下：齐次线性方程组的解的线性组合

$$k_1\boldsymbol{\xi}_1+k_2\boldsymbol{\xi}_2+\cdots+k_r\boldsymbol{\xi}_r$$

也是它的解，其中 $\boldsymbol{\xi}_i$ 为方程组的解，k_i 为任意常数($i=1,2,\cdots,r$).

由此，齐次线性方程组 $\boldsymbol{Ax}=\boldsymbol{0}$ 的所有解恰好构成一个向量空间，称为 $\boldsymbol{Ax}=\boldsymbol{0}$ 的解空间. 我们知道，向量空间的基可以线性表示出向量空间的所有向量. 因此，若能求出解空间的基，则解空间也就清楚了.

定义 4.1　设 $\boldsymbol{\xi}_1,\boldsymbol{\xi}_2,\cdots,\boldsymbol{\xi}_r$ 是齐次线性方程组 $\boldsymbol{Ax}=\boldsymbol{0}$ 的解向量. 若

(1) $\boldsymbol{\xi}_1,\boldsymbol{\xi}_2,\cdots,\boldsymbol{\xi}_r$ 线性无关，

(2) $\boldsymbol{Ax}=\boldsymbol{0}$ 的任一解向量均可由 $\boldsymbol{\xi}_1,\boldsymbol{\xi}_2,\cdots,\boldsymbol{\xi}_r$ 线性表示，

则称 $\boldsymbol{\xi}_1,\boldsymbol{\xi}_2,\cdots,\boldsymbol{\xi}_r$ 为 $\boldsymbol{Ax}=\boldsymbol{0}$ 的一个基础解系.

由定义 4.1 可知，$\boldsymbol{Ax}=\boldsymbol{0}$ 的一个基础解系实际上就是 $\boldsymbol{Ax}=\boldsymbol{0}$ 的解空间的一个基.

定理 4.4　对于 n 元齐次线性方程组 $\boldsymbol{Ax}=\boldsymbol{0}$，如果 $\mathrm{R}(\boldsymbol{A})=r<n$，那么方程组 $\boldsymbol{Ax}=\boldsymbol{0}$ 的基础解系存在，且含 $n-r$ 个解向量，即其解空间的维数为 $n-r$.

证　不失一般性，不妨设对 $\boldsymbol{A}$ 施行初等行变换后，将 $\boldsymbol{A}$ 化成如下的行最简形：

$$\boldsymbol{A}\xrightarrow{\text{初等行变换}}\begin{pmatrix}1&0&\cdots&0&c_{11}&\cdots&c_{1,n-r}\\0&1&\cdots&0&c_{21}&\cdots&c_{2,n-r}\\\vdots&\vdots&&\vdots&\vdots&&\vdots\\0&0&\cdots&1&c_{r1}&\cdots&c_{r,n-r}\\0&0&\cdots&0&0&\cdots&0\\\vdots&\vdots&&\vdots&\vdots&&\vdots\\0&0&\cdots&0&0&\cdots&0\end{pmatrix},$$

对应的同解方程组为

$$\begin{cases}x_1=-c_{11}x_{r+1}-\cdots-c_{1,n-r}x_n,\\x_2=-c_{21}x_{r+1}-\cdots-c_{2,n-r}x_n,\\\quad\cdots\cdots\\x_r=-c_{r1}x_{r+1}-\cdots-c_{r,n-r}x_n.\end{cases}\tag{4.8}$$

对 $x_{r+1},x_{r+2},\cdots,x_n$ 这 $n-r$ 个自由未知量分别取值如下：

$$\begin{pmatrix}x_{r+1}\\x_{r+2}\\\vdots\\x_n\end{pmatrix}=\begin{pmatrix}1\\0\\\vdots\\0\end{pmatrix},\begin{pmatrix}0\\1\\\vdots\\0\end{pmatrix},\cdots,\begin{pmatrix}0\\0\\\vdots\\1\end{pmatrix},$$

则由式(4.8),依次可得

$$\begin{pmatrix} x_1 \\ x_2 \\ \vdots \\ x_r \end{pmatrix} = \begin{pmatrix} -c_{11} \\ -c_{21} \\ \vdots \\ -c_{r1} \end{pmatrix}, \begin{pmatrix} -c_{12} \\ -c_{22} \\ \vdots \\ -c_{r2} \end{pmatrix}, \cdots, \begin{pmatrix} -c_{1,n-r} \\ -c_{2,n-r} \\ \vdots \\ -c_{r,n-r} \end{pmatrix}.$$

这样就得到 $\boldsymbol{Ax}=\boldsymbol{0}$ 的 $n-r$ 个解向量

$$\boldsymbol{\xi}_1 = \begin{pmatrix} -c_{11} \\ -c_{21} \\ \vdots \\ -c_{r1} \\ 1 \\ 0 \\ \vdots \\ 0 \end{pmatrix}, \quad \boldsymbol{\xi}_2 = \begin{pmatrix} -c_{12} \\ -c_{22} \\ \vdots \\ -c_{r2} \\ 0 \\ 1 \\ \vdots \\ 0 \end{pmatrix}, \quad \cdots, \quad \boldsymbol{\xi}_{n-r} = \begin{pmatrix} -c_{1,n-r} \\ -c_{2,n-r} \\ \vdots \\ -c_{r,n-r} \\ 0 \\ 0 \\ \vdots \\ 1 \end{pmatrix}.$$

下面证明 $\boldsymbol{\xi}_1,\boldsymbol{\xi}_2,\cdots,\boldsymbol{\xi}_{n-r}$ 构成方程组 $\boldsymbol{Ax}=\boldsymbol{0}$ 的一个基础解系.

首先,由于 $n-r$ 维向量组

$$\begin{pmatrix} 1 \\ 0 \\ \vdots \\ 0 \end{pmatrix}, \begin{pmatrix} 0 \\ 1 \\ \vdots \\ 0 \end{pmatrix}, \cdots, \begin{pmatrix} 0 \\ 0 \\ \vdots \\ 1 \end{pmatrix}$$

线性无关,因此在每个向量前面添加 r 个分量而得到的 $n-r$ 个 n 维向量 $\boldsymbol{\xi}_1$, $\boldsymbol{\xi}_2,\cdots,\boldsymbol{\xi}_{n-r}$ 也线性无关.

其次,证明 $\boldsymbol{Ax}=\boldsymbol{0}$ 的任一解都可由 $\boldsymbol{\xi}_1,\boldsymbol{\xi}_2,\cdots,\boldsymbol{\xi}_{n-r}$ 线性表示. 设任一解

$$\boldsymbol{\xi} = (\lambda_1,\lambda_2,\cdots,\lambda_r,\lambda_{r+1},\cdots,\lambda_n)^{\mathrm{T}},$$

作向量

$$\boldsymbol{\eta} = \lambda_{r+1}\boldsymbol{\xi}_1 + \lambda_{r+2}\boldsymbol{\xi}_2 + \cdots + \lambda_n\boldsymbol{\xi}_{n-r}.$$

由 $\boldsymbol{\xi}_1,\boldsymbol{\xi}_2,\cdots,\boldsymbol{\xi}_{n-r}$ 是 $\boldsymbol{Ax}=\boldsymbol{0}$ 的解,知 $\boldsymbol{\eta}$ 也是 $\boldsymbol{Ax}=\boldsymbol{0}$ 的解. 比较 $\boldsymbol{\eta}$ 与 $\boldsymbol{\xi}$,知它们后面的 $n-r$ 个分量对应相等. 又由于 $\boldsymbol{\eta}$ 与 $\boldsymbol{\xi}$ 都满足方程组(4.8),从而知它们前面的 r 个分量亦对应相等,因此 $\boldsymbol{\eta}=\boldsymbol{\xi}$,即

$$\boldsymbol{\xi} = \lambda_{r+1}\boldsymbol{\xi}_1 + \lambda_{r+2}\boldsymbol{\xi}_2 + \cdots + \lambda_n\boldsymbol{\xi}_{n-r}.$$

这样就证明了 $\boldsymbol{\xi}_1,\boldsymbol{\xi}_2,\cdots,\boldsymbol{\xi}_{n-r}$ 是方程组 $\boldsymbol{Ax}=\boldsymbol{0}$ 的一个基础解系,从而知其解空间的维数为 $n-r$.

注 (1) 该定理的证明过程提供了求方程组 $\boldsymbol{Ax}=\boldsymbol{0}$ 的基础解系的方法.

(2) 自由未知量的选取不是唯一的.

(3) $n-r$ 个自由未知量的取值也不是唯一的. 事实上,只需在 $n-r$ 维向量空间中任取一个基,其分量即可作为对应的自由未知量的取值. 读者可根

据需要得到不同的基础解系，这点在以后的学习中很有应用价值.

设求得齐次线性方程组 $\boldsymbol{Ax}=\boldsymbol{0}$ 的一个基础解系 $\boldsymbol{\xi}_1,\boldsymbol{\xi}_2,\cdots,\boldsymbol{\xi}_{n-r}$，则 $\boldsymbol{Ax}=\boldsymbol{0}$ 的解可表示为

$$\boldsymbol{x}=k_1\boldsymbol{\xi}_1+k_2\boldsymbol{\xi}_2+\cdots+k_{n-r}\boldsymbol{\xi}_{n-r},$$

其中 $k_1,k_2,\cdots,k_{n-r}$ 为任意常数. 上式称为方程组 $\boldsymbol{Ax}=\boldsymbol{0}$ 的**通解**或**一般解**.

例 4.2

求解线性方程组

$$\begin{cases} x_1+2x_2+3x_3+x_4=0, \\ 2x_1+4x_2-x_4=0, \\ -x_1-2x_2+3x_3+2x_4=0, \\ x_1+2x_2-9x_3-5x_4=0. \end{cases}$$

解　对系数矩阵 $\boldsymbol{A}$ 施行初等行变换，将其化为行最简形：

$$\boldsymbol{A}=\begin{pmatrix} 1 & 2 & 3 & 1 \\ 2 & 4 & 0 & -1 \\ -1 & -2 & 3 & 2 \\ 1 & 2 & -9 & -5 \end{pmatrix} \xrightarrow[r_4-r_1]{\substack{r_2-2r_1 \\ r_3+r_1}} \begin{pmatrix} 1 & 2 & 3 & 1 \\ 0 & 0 & -6 & -3 \\ 0 & 0 & 6 & 3 \\ 0 & 0 & -12 & -6 \end{pmatrix}$$

$$\xrightarrow[r_2\div(-6)]{\substack{r_4+2r_3 \\ r_3+r_2}} \begin{pmatrix} 1 & 2 & 3 & 1 \\ 0 & 0 & 1 & \frac{1}{2} \\ 0 & 0 & 0 & 0 \\ 0 & 0 & 0 & 0 \end{pmatrix} \xrightarrow{r_1-3r_2} \begin{pmatrix} 1 & 2 & 0 & -\frac{1}{2} \\ 0 & 0 & 1 & \frac{1}{2} \\ 0 & 0 & 0 & 0 \\ 0 & 0 & 0 & 0 \end{pmatrix}.$$

由此得

$$\begin{cases} x_1=-2x_2+\dfrac{1}{2}x_4, \\ x_3=-\dfrac{1}{2}x_4, \end{cases}$$

将其写成

$$\begin{cases} x_1=-2x_2+\dfrac{1}{2}x_4, \\ x_2=x_2, \\ x_3=-\dfrac{1}{2}x_4, \\ x_4=x_4. \end{cases}$$

记 $x_2=c_1,x_4=c_2$，则原方程组的解可写成向量形式

$$\begin{pmatrix} x_1 \\ x_2 \\ x_3 \\ x_4 \end{pmatrix} = c_1 \begin{pmatrix} -2 \\ 1 \\ 0 \\ 0 \end{pmatrix} + c_2 \begin{pmatrix} \frac{1}{2} \\ 0 \\ -\frac{1}{2} \\ 1 \end{pmatrix},$$

c_1, c_2 为任意常数,其中向量组

$$\boldsymbol{\xi}_1 = \begin{pmatrix} -2 \\ 1 \\ 0 \\ 0 \end{pmatrix}, \quad \boldsymbol{\xi}_2 = \begin{pmatrix} \frac{1}{2} \\ 0 \\ -\frac{1}{2} \\ 1 \end{pmatrix}$$

就是原方程组的一个基础解系.

例 4.3

设 $\boldsymbol{\xi}_1, \boldsymbol{\xi}_2, \boldsymbol{\xi}_3$ 是齐次线性方程组 $\boldsymbol{Ax} = \boldsymbol{0}$ 的一个基础解系,$\boldsymbol{\eta}_1 = \boldsymbol{\xi}_1 + \boldsymbol{\xi}_2 + \boldsymbol{\xi}_3$, $\boldsymbol{\eta}_2 = \boldsymbol{\xi}_2 - \boldsymbol{\xi}_3$, $\boldsymbol{\eta}_3 = \boldsymbol{\xi}_2 + \boldsymbol{\xi}_3$. 判定向量组 $\boldsymbol{\eta}_1, \boldsymbol{\eta}_2, \boldsymbol{\eta}_3$ 是否也是 $\boldsymbol{Ax} = \boldsymbol{0}$ 的一个基础解系.

解 $\boldsymbol{\eta}_1, \boldsymbol{\eta}_2, \boldsymbol{\eta}_3$ 显然是 $\boldsymbol{Ax} = \boldsymbol{0}$ 的解,故只需判定 $\boldsymbol{\eta}_1, \boldsymbol{\eta}_2, \boldsymbol{\eta}_3$ 是否线性无关. 设有一组数 x_1, x_2, x_3,使得

$$x_1 \boldsymbol{\eta}_1 + x_2 \boldsymbol{\eta}_2 + x_3 \boldsymbol{\eta}_3 = \boldsymbol{0},$$

即

$$x_1(\boldsymbol{\xi}_1 + \boldsymbol{\xi}_2 + \boldsymbol{\xi}_3) + x_2(\boldsymbol{\xi}_2 - \boldsymbol{\xi}_3) + x_3(\boldsymbol{\xi}_2 + \boldsymbol{\xi}_3) = \boldsymbol{0},$$

亦即

$$x_1 \boldsymbol{\xi}_1 + (x_1 + x_2 + x_3)\boldsymbol{\xi}_2 + (x_1 - x_2 + x_3)\boldsymbol{\xi}_3 = \boldsymbol{0}.$$

由于 $\boldsymbol{\xi}_1, \boldsymbol{\xi}_2, \boldsymbol{\xi}_3$ 线性无关,因此有

$$\begin{cases} x_1 = 0, \\ x_1 + x_2 + x_3 = 0, \\ x_1 - x_2 + x_3 = 0. \end{cases}$$

又因为上述方程组的系数行列式不等于零,则只有零解 $x_1 = x_2 = x_3 = 0$,所以 $\boldsymbol{\eta}_1, \boldsymbol{\eta}_2, \boldsymbol{\eta}_3$ 线性无关. 因此,$\boldsymbol{\eta}_1, \boldsymbol{\eta}_2, \boldsymbol{\eta}_3$ 也是方程组 $\boldsymbol{Ax} = \boldsymbol{0}$ 的一个基础解系.

例 4.4

设 $\boldsymbol{A}$ 为 r 阶方阵,$\boldsymbol{C}$ 为 $r \times n$ 矩阵. 证明:当且仅当 $\mathrm{R}(\boldsymbol{C}) = r$ 时,

(1) 若 $\boldsymbol{AC} = \boldsymbol{O}$,则 $\boldsymbol{A} = \boldsymbol{O}$;

(2) 若 $\boldsymbol{AC} = \boldsymbol{C}$,则 $\boldsymbol{A} = \boldsymbol{E}$.

证　充分性. 设 $\mathrm{R}(\boldsymbol{C})=r$.

(1) 若 $\boldsymbol{AC}=\boldsymbol{O}$,则 $\boldsymbol{C}$ 的 n 个列向量均为方程组 $\boldsymbol{Ax}=\boldsymbol{0}$ 的解. 而 $\mathrm{R}(\boldsymbol{C})=r$,于是 $\boldsymbol{Ax}=\boldsymbol{0}$ 有 r 个线性无关的解. 故由 $\boldsymbol{A}$ 为 r 阶方阵可知,$\mathrm{R}(\boldsymbol{A})=0$,即 $\boldsymbol{A}=\boldsymbol{O}$.

(2) 由 $\boldsymbol{AC}=\boldsymbol{C}$,即 $\boldsymbol{AC}-\boldsymbol{C}=\boldsymbol{O}$,得 $(\boldsymbol{A}-\boldsymbol{E})\boldsymbol{C}=\boldsymbol{O}$. 那么,由(1)即得 $\boldsymbol{A}-\boldsymbol{E}=\boldsymbol{O}$,从而 $\boldsymbol{A}=\boldsymbol{E}$.

必要性.

(1) 若 $\boldsymbol{AC}=\boldsymbol{O}$,则 $\boldsymbol{A}=\boldsymbol{O}$ 成立,即若 $\boldsymbol{C}^{\mathrm{T}}\boldsymbol{A}^{\mathrm{T}}=\boldsymbol{O}$,则 $\boldsymbol{A}^{\mathrm{T}}=\boldsymbol{O}$ 成立,说明齐次线性方程组 $\boldsymbol{C}^{\mathrm{T}}\boldsymbol{y}=\boldsymbol{0}$ 只有零解. 而 $\boldsymbol{C}^{\mathrm{T}}$ 为 $n\times r$ 矩阵,所以 $\mathrm{R}(\boldsymbol{C}^{\mathrm{T}})=r$,即 $\mathrm{R}(\boldsymbol{C})=r$.

(2) 若 $\boldsymbol{AC}=\boldsymbol{C}$,则 $\boldsymbol{A}=\boldsymbol{E}$ 成立,说明当 $(\boldsymbol{A}-\boldsymbol{E})\boldsymbol{C}=\boldsymbol{O}$ 时,有 $\boldsymbol{A}-\boldsymbol{E}=\boldsymbol{O}$. 于是,由(1)即得 $\mathrm{R}(\boldsymbol{C})=r$.

第三节　非齐次线性方程组

设有非齐次线性方程组

$$\begin{cases}a_{11}x_1+a_{12}x_2+\cdots+a_{1n}x_n=b_1,\\a_{21}x_1+a_{22}x_2+\cdots+a_{2n}x_n=b_2,\\\qquad\cdots\cdots\\a_{m1}x_1+a_{m2}x_2+\cdots+a_{mn}x_n=b_m.\end{cases}\tag{4.9}$$

若方程组(4.9)有解,则称该方程组是**相容**的,否则称它是**不相容**的.

方程组(4.9)可写成矩阵形式

$$\boldsymbol{Ax}=\boldsymbol{b},\tag{4.10}$$

其中 $\boldsymbol{A}=(a_{ij})_{m\times n}$, $\boldsymbol{x}=(x_1,x_2,\cdots,x_n)^{\mathrm{T}}$, $\boldsymbol{b}=(b_1,b_2,\cdots,b_m)^{\mathrm{T}}$.

方程组(4.9)亦可写成向量形式

$$x_1\boldsymbol{\alpha}_1+x_2\boldsymbol{\alpha}_2+\cdots+x_n\boldsymbol{\alpha}_n=\boldsymbol{b},\tag{4.11}$$

其中 $\boldsymbol{\alpha}_1,\boldsymbol{\alpha}_2,\cdots,\boldsymbol{\alpha}_n$ 是 $\boldsymbol{A}$ 的 n 个列向量. 故方程组(4.9)有解的充要条件是 $\boldsymbol{b}$ 可由 $\boldsymbol{\alpha}_1,\boldsymbol{\alpha}_2,\cdots,\boldsymbol{\alpha}_n$ 线性表示,从而

$$\mathrm{R}(\boldsymbol{\alpha}_1,\boldsymbol{\alpha}_2,\cdots,\boldsymbol{\alpha}_n)=\mathrm{R}(\boldsymbol{\alpha}_1,\boldsymbol{\alpha}_2,\cdots,\boldsymbol{\alpha}_n,\boldsymbol{b}),$$

即

$$\mathrm{R}(\boldsymbol{A})=\mathrm{R}(\boldsymbol{A},\boldsymbol{b})=\mathrm{R}(\widetilde{\boldsymbol{A}}).$$

于是有下述定理.

定理 4.5　对于非齐次线性方程组 $\boldsymbol{Ax}=\boldsymbol{b}$,下列条件等价:

(1) $\boldsymbol{Ax}=\boldsymbol{b}$ 有解;

(2) $\boldsymbol{b}$ 可由 $\boldsymbol{A}$ 的列向量组线性表示;

(3) 增广矩阵 $\widetilde{A}$ 的秩等于系数矩阵 A 的秩.

下面讨论非齐次线性方程组的解的结构.

定理 4.6 设 $\boldsymbol{\eta}_1, \boldsymbol{\eta}_2$ 是非齐次线性方程组 $\boldsymbol{Ax}=\boldsymbol{b}$ 的解，则 $\boldsymbol{\eta}_1-\boldsymbol{\eta}_2$ 是 $\boldsymbol{Ax}=\boldsymbol{b}$ 对应的齐次线性方程组(也称导出组) $\boldsymbol{Ax}=\boldsymbol{0}$ 的解.

证 因为

$$\boldsymbol{A}(\boldsymbol{\eta}_1-\boldsymbol{\eta}_2)=\boldsymbol{A}\boldsymbol{\eta}_1-\boldsymbol{A}\boldsymbol{\eta}_2=\boldsymbol{b}-\boldsymbol{b}=\boldsymbol{0},$$

所以 $\boldsymbol{\eta}_1-\boldsymbol{\eta}_2$ 是 $\boldsymbol{Ax}=\boldsymbol{0}$ 的解.

定理 4.7 若非齐次线性方程组 $\boldsymbol{Ax}=\boldsymbol{b}$ 有解，则其通解为

$$\boldsymbol{\eta}=\boldsymbol{\xi}+\boldsymbol{\eta}^*,$$

其中 $\boldsymbol{\xi}$ 是 $\boldsymbol{Ax}=\boldsymbol{0}$ 的通解，$\boldsymbol{\eta}^*$ 是 $\boldsymbol{Ax}=\boldsymbol{b}$ 的一个特解.

证 由于

$$\boldsymbol{A}(\boldsymbol{\xi}+\boldsymbol{\eta}^*)=\boldsymbol{A}\boldsymbol{\xi}+\boldsymbol{A}\boldsymbol{\eta}^*=\boldsymbol{0}+\boldsymbol{b}=\boldsymbol{b},$$

因此 $\boldsymbol{\xi}+\boldsymbol{\eta}^*$ 是 $\boldsymbol{Ax}=\boldsymbol{b}$ 的解. 设 $\boldsymbol{x}^*$ 是 $\boldsymbol{Ax}=\boldsymbol{b}$ 的任一解，则 $\boldsymbol{x}^*-\boldsymbol{\eta}^*$ 是 $\boldsymbol{Ax}=\boldsymbol{0}$ 的解. 而

$$\boldsymbol{x}^*=(\boldsymbol{x}^*-\boldsymbol{\eta}^*)+\boldsymbol{\eta}^*,$$

即任一解 $\boldsymbol{x}^*$ 均可表示成 $\boldsymbol{\xi}+\boldsymbol{\eta}^*$ 的形式. 综上所述，$\boldsymbol{\eta}=\boldsymbol{\xi}+\boldsymbol{\eta}^*$ 为 $\boldsymbol{Ax}=\boldsymbol{b}$ 的通解.

注 (1) 非齐次线性方程组 $\boldsymbol{Ax}=\boldsymbol{b}$ 有解的充要条件是 $\mathrm{R}(\boldsymbol{A})=\mathrm{R}(\widetilde{\boldsymbol{A}})=r$，且当 $r=n$ 时只有唯一解，当 $r<n$ 时有无穷多组解.

(2) 由 $\boldsymbol{Ax}=\boldsymbol{0}$ 有无穷多组解，不能得出 $\boldsymbol{Ax}=\boldsymbol{b}$ 有解. 但 $\boldsymbol{Ax}=\boldsymbol{b}$ 有无穷多组解时，$\boldsymbol{Ax}=\boldsymbol{0}$ 有非零解；而 $\boldsymbol{Ax}=\boldsymbol{b}$ 有唯一解时，$\boldsymbol{Ax}=\boldsymbol{0}$ 只有零解.

(3) 判定 $\boldsymbol{Ax}=\boldsymbol{b}$ 是否有解及求 $\boldsymbol{Ax}=\boldsymbol{b}$ 的解，只需对增广矩阵 $\widetilde{\boldsymbol{A}}$ 施行初等行变换，将其化成行最简形或行阶梯矩阵即可.

例 4.5

求解线性方程组

$$\begin{cases} x_1-2x_2+3x_3-x_4=1, \\ 3x_1-x_2+5x_3-3x_4=2, \\ 2x_1+x_2+2x_3-2x_4=3. \end{cases}$$

解 对增广矩阵 $\widetilde{\boldsymbol{A}}$ 施行初等行变换：

$$\widetilde{\boldsymbol{A}}=\begin{pmatrix} 1 & -2 & 3 & -1 & 1 \\ 3 & -1 & 5 & -3 & 2 \\ 2 & 1 & 2 & -2 & 3 \end{pmatrix} \xrightarrow[r_3-2r_1]{r_2-3r_1} \begin{pmatrix} 1 & -2 & 3 & -1 & 1 \\ 0 & 5 & -4 & 0 & -1 \\ 0 & 5 & -4 & 0 & 1 \end{pmatrix}$$

$$\xrightarrow{r_3-r_2} \begin{pmatrix} 1 & -2 & 3 & -1 & 1 \\ 0 & 5 & -4 & 0 & -1 \\ 0 & 0 & 0 & 0 & 2 \end{pmatrix}.$$

故 $\mathrm{R}(\boldsymbol{A})=2$，$\mathrm{R}(\widetilde{\boldsymbol{A}})=3$，即方程组无解.

例 4.6

求解线性方程组

$$\begin{cases} x_1+x_2-3x_3-x_4=1, \\ 3x_1-x_2-3x_3+4x_4=4, \\ x_1+5x_2-9x_3-8x_4=0. \end{cases}$$

解　对增广矩阵 $\widetilde{\mathbf{A}}$ 施行初等行变换：

$$\widetilde{\mathbf{A}}=\begin{pmatrix} 1 & 1 & -3 & -1 & 1 \\ 3 & -1 & -3 & 4 & 4 \\ 1 & 5 & -9 & -8 & 0 \end{pmatrix} \xrightarrow[r_3-r_1]{r_2-3r_1} \begin{pmatrix} 1 & 1 & -3 & -1 & 1 \\ 0 & -4 & 6 & 7 & 1 \\ 0 & 4 & -6 & -7 & -1 \end{pmatrix}$$

$$\xrightarrow[r_2\div(-4)]{r_3+r_2} \begin{pmatrix} 1 & 1 & -3 & -1 & 1 \\ 0 & 1 & -\frac{3}{2} & -\frac{7}{4} & -\frac{1}{4} \\ 0 & 0 & 0 & 0 & 0 \end{pmatrix} \xrightarrow{r_1-r_2} \begin{pmatrix} 1 & 0 & -\frac{3}{2} & \frac{3}{4} & \frac{5}{4} \\ 0 & 1 & -\frac{3}{2} & -\frac{7}{4} & -\frac{1}{4} \\ 0 & 0 & 0 & 0 & 0 \end{pmatrix},$$

即得

$$\begin{cases} x_1=\frac{3}{2}x_3-\frac{3}{4}x_4+\frac{5}{4}, \\ x_2=\frac{3}{2}x_3+\frac{7}{4}x_4-\frac{1}{4}, \\ x_3=x_3, \\ x_4=x_4, \end{cases}$$

写成向量形式为

$$\begin{pmatrix} x_1 \\ x_2 \\ x_3 \\ x_4 \end{pmatrix}=c_1\begin{pmatrix} \frac{3}{2} \\ \frac{3}{2} \\ 1 \\ 0 \end{pmatrix}+c_2\begin{pmatrix} -\frac{3}{4} \\ \frac{7}{4} \\ 0 \\ 1 \end{pmatrix}+\begin{pmatrix} \frac{5}{4} \\ -\frac{1}{4} \\ 0 \\ 0 \end{pmatrix} \quad (c_1,c_2\in\mathbf{R}).$$

例 4.7

已知向量 $\boldsymbol{\alpha}_1=(1,0,2,3)^{\mathrm{T}}$，$\boldsymbol{\alpha}_2=(1,1,3,5)^{\mathrm{T}}$，$\boldsymbol{\alpha}_3=(1,-1,a+2,1)^{\mathrm{T}}$，$\boldsymbol{\alpha}_4=(1,2,4,a+8)^{\mathrm{T}}$ 及 $\boldsymbol{\beta}=(1,1,b+3,5)^{\mathrm{T}}$. 试问：

(1) a,b 为何值时，$\boldsymbol{\beta}$ 不能表示成 $\boldsymbol{\alpha}_1,\boldsymbol{\alpha}_2,\boldsymbol{\alpha}_3,\boldsymbol{\alpha}_4$ 的线性组合？

(2) a,b 为何值时，$\boldsymbol{\beta}$ 有 $\boldsymbol{\alpha}_1,\boldsymbol{\alpha}_2,\boldsymbol{\alpha}_3,\boldsymbol{\alpha}_4$ 的唯一线性表示式？并写出该表示式.

解　设 $\boldsymbol{\beta}=x_1\boldsymbol{\alpha}_1+x_2\boldsymbol{\alpha}_2+x_3\boldsymbol{\alpha}_3+x_4\boldsymbol{\alpha}_4$，则得方程组，且其增广矩阵

$$\widetilde{\mathbf{A}}=\begin{pmatrix} 1 & 1 & 1 & 1 & 1 \\ 0 & 1 & -1 & 2 & 1 \\ 2 & 3 & a+2 & 4 & b+3 \\ 3 & 5 & 1 & a+8 & 5 \end{pmatrix} \xrightarrow[r_4-3r_1]{r_3-2r_1} \begin{pmatrix} 1 & 1 & 1 & 1 & 1 \\ 0 & 1 & -1 & 2 & 1 \\ 0 & 1 & a & 2 & b+1 \\ 0 & 2 & -2 & a+5 & 2 \end{pmatrix}$$

$$\xrightarrow[r_4-2r_2]{r_3-r_2}\begin{pmatrix}1&1&1&1&1\\0&1&-1&2&1\\0&0&a+1&0&b\\0&0&0&a+1&0\end{pmatrix}.$$

(1) 当 $a+1=0$ 且 $b\neq 0$,即 $a=-1$ 且 $b\neq 0$ 时,方程组无解,即 $\boldsymbol{\beta}$ 不能表示成 $\boldsymbol{\alpha}_1$, $\boldsymbol{\alpha}_2$, $\boldsymbol{\alpha}_3$, $\boldsymbol{\alpha}_4$ 的线性组合.

(2) 当 $a+1\neq 0$,即 $a\neq -1$ 时,$\boldsymbol{\beta}$ 有 $\boldsymbol{\alpha}_1$, $\boldsymbol{\alpha}_2$, $\boldsymbol{\alpha}_3$, $\boldsymbol{\alpha}_4$ 的唯一表示式. 此时,继续对 $\widetilde{\boldsymbol{A}}$ 施行初等行变换,将其化为行最简形:

$$\widetilde{\boldsymbol{A}}\xrightarrow[\substack{r_3\div(a+1)\\r_4\div(a+1)}]{r_1-r_2}\begin{pmatrix}1&0&2&-1&0\\0&1&-1&2&1\\0&0&1&0&\dfrac{b}{a+1}\\0&0&0&1&0\end{pmatrix}\xrightarrow[\substack{r_2+r_3\\r_2-2r_4}]{\substack{r_1-2r_3\\r_1+r_4}}\begin{pmatrix}1&0&0&0&\dfrac{-2b}{a+1}\\0&1&0&0&\dfrac{a+b+1}{a+1}\\0&0&1&0&\dfrac{b}{a+1}\\0&0&0&1&0\end{pmatrix}.$$

故唯一表示式为

$$\boldsymbol{\beta}=-\frac{2b}{a+1}\boldsymbol{\alpha}_1+\frac{a+b+1}{a+1}\boldsymbol{\alpha}_2+\frac{b}{a+1}\boldsymbol{\alpha}_3.$$

第四节　典 型 例 题

例 4.8

试问 k 为何值时,线性方程组

$$\begin{cases}x_1+\ x_2+kx_3=4,\\-x_1+kx_2+\ x_3=k^2,\\x_1-\ x_2+2x_3=-4\end{cases}$$

有唯一解、无解、有无穷多组解?若有解,求出其通解.

解　因为原方程组的系数行列式

$$|\boldsymbol{A}|=\begin{vmatrix}1&1&k\\-1&k&1\\1&-1&2\end{vmatrix}=-(k^2-3k-4)=-(k-4)(k+1),$$

所以当 $|\boldsymbol{A}|\neq 0$,即 $k\neq -1,4$ 时,原方程组有唯一解. 用克拉默法则求得

$$x_1=\frac{k^2+2k}{k+1},\quad x_2=\frac{k^2+2k+4}{k+1},\quad x_3=\frac{-2k}{k+1}.$$

当 $k=-1$ 时，原方程组为

$$\begin{cases} x_1+x_2-\ x_3=4, \\ -x_1-x_2+\ x_3=1, \\ x_1-x_2+2x_3=-4, \end{cases}$$

则其增广矩阵

$$\widetilde{\boldsymbol{A}}=\begin{pmatrix} 1 & 1 & -1 & 4 \\ -1 & -1 & 1 & 1 \\ 1 & -1 & 2 & -4 \end{pmatrix} \xrightarrow{\text{初等行变换}} \begin{pmatrix} 1 & 1 & -1 & 4 \\ 0 & -2 & 3 & -8 \\ 0 & 0 & 0 & 5 \end{pmatrix}.$$

故 $\mathrm{R}(\boldsymbol{A})=2, \mathrm{R}(\widetilde{\boldsymbol{A}})=3$，即方程组无解.

当 $k=4$ 时，原方程组为

$$\begin{cases} x_1+\ x_2+4x_3=4, \\ -x_1+4x_2+\ x_3=16, \\ x_1-\ x_2+2x_3=-4, \end{cases}$$

则其增广矩阵

$$\widetilde{\boldsymbol{A}}=\begin{pmatrix} 1 & 1 & 4 & 4 \\ -1 & 4 & 1 & 16 \\ 1 & -1 & 2 & -4 \end{pmatrix} \xrightarrow{\text{初等行变换}} \begin{pmatrix} 1 & 0 & 3 & 0 \\ 0 & 1 & 1 & 4 \\ 0 & 0 & 0 & 0 \end{pmatrix}.$$

故 $\mathrm{R}(\widetilde{\boldsymbol{A}})=\mathrm{R}(\boldsymbol{A})=2$，即方程组有无穷多组解，且

$$\begin{cases} x_1=-3x_3, \\ x_2=-x_3+4. \end{cases}$$

令 $x_3=c$，则得通解为

$$\boldsymbol{x}=\begin{pmatrix} -3c \\ 4-c \\ c \end{pmatrix}, \quad 即 \quad \boldsymbol{x}=\begin{pmatrix} 0 \\ 4 \\ 0 \end{pmatrix}+c\begin{pmatrix} -3 \\ -1 \\ 1 \end{pmatrix} \quad (c\in\mathbf{R}).$$

例 4.9

设 $\boldsymbol{A}$ 是 n 阶方阵，$\mathrm{R}(\boldsymbol{A})=n-1$.

(1) 若方阵 $\boldsymbol{A}$ 各行元素之和均为零，求方程组 $\boldsymbol{Ax}=\boldsymbol{0}$ 的通解；

(2) 若行列式 $|\boldsymbol{A}|$ 的代数余子式 $A_{11}\neq 0$，求方程组 $\boldsymbol{Ax}=\boldsymbol{0}$ 的通解.

分析　由于 $n-\mathrm{R}(A)=n-(n-1)=1$，故 $\boldsymbol{Ax}=\boldsymbol{0}$ 的通解形式为 $k\boldsymbol{\xi}$（k 为任意常数），即只需找出 $\boldsymbol{Ax}=\boldsymbol{0}$ 的一个非零解 $\boldsymbol{\xi}$ 就可以了.

解　(1) 设齐次线性方程组 $\boldsymbol{Ax}=\boldsymbol{0}$ 为

$$\begin{cases} a_{11}x_1+a_{12}x_2+\cdots+a_{1n}x_n=0, \\ a_{21}x_1+a_{22}x_2+\cdots+a_{2n}x_n=0, \\ \qquad\cdots\cdots \\ a_{n1}x_1+a_{n2}x_2+\cdots+a_{nn}x_n=0. \end{cases}$$

那么,由 $\boldsymbol{A}$ 各行元素之和均为零,有

$$\begin{cases} a_{11}+a_{12}+\cdots+a_{1n}=0, \\ a_{21}+a_{22}+\cdots+a_{2n}=0, \\ \qquad\cdots\cdots \\ a_{n1}+a_{n2}+\cdots+a_{nn}=0, \end{cases}$$

所以 $x_1=1,x_2=1,\cdots,x_n=1$ 是 $\boldsymbol{Ax}=\boldsymbol{0}$ 的一个非零解. 因此,$\boldsymbol{Ax}=\boldsymbol{0}$ 的通解为

$$k(1,1,\cdots,1)^{\mathrm{T}} \quad (k\text{ 为任意常数}).$$

(2) 由 $\mathrm{R}(\boldsymbol{A})=n-1$,可知 $|\boldsymbol{A}|=0$,那么

$$\boldsymbol{AA}^*=|\boldsymbol{A}|\boldsymbol{E}=\boldsymbol{O},$$

故伴随矩阵 $\boldsymbol{A}^*$ 的每一列向量都是方程组 $\boldsymbol{Ax}=\boldsymbol{0}$ 的解. 对于

$$\boldsymbol{A}^*=\begin{pmatrix} A_{11} & A_{21} & \cdots & A_{n1} \\ A_{12} & A_{22} & \cdots & A_{n2} \\ \vdots & \vdots & & \vdots \\ A_{1n} & A_{2n} & \cdots & A_{nn} \end{pmatrix},$$

因 $A_{11}\neq 0$,故 $(A_{11},A_{12},\cdots,A_{1n})^{\mathrm{T}}$ 是 $\boldsymbol{Ax}=\boldsymbol{0}$ 的一个非零解. 因此,$\boldsymbol{Ax}=\boldsymbol{0}$ 的通解为

$$k(A_{11},A_{12},\cdots,A_{1n})^{\mathrm{T}} \quad (k\text{ 为任意常数}).$$

例 4.10

已知三阶非零方阵 $\boldsymbol{B}$ 的每一列向量均是以下线性方程组的解:

$$\begin{cases} x_1+2x_2-2x_3=0, \\ 2x_1-x_2+\lambda x_3=0, \\ 3x_1+x_2-x_3=0. \end{cases}$$

(1) 求 λ 的值;

(2) 证明:$|\boldsymbol{B}|=0$.

解 (1) 记方程组为 $\boldsymbol{Ax}=\boldsymbol{0}$,并记 $\boldsymbol{B}=(\boldsymbol{\beta}_1,\boldsymbol{\beta}_2,\boldsymbol{\beta}_3)$. 由题设知,$\boldsymbol{\beta}_1,\boldsymbol{\beta}_2,\boldsymbol{\beta}_3$ 均为方程组 $\boldsymbol{Ax}=\boldsymbol{0}$ 的解. 又因 $\boldsymbol{B}$ 为非零方阵,故 $\boldsymbol{Ax}=\boldsymbol{0}$ 有非零解,则其系数行列式

$$|\boldsymbol{A}|=\begin{vmatrix} 1 & 2 & -2 \\ 2 & -1 & \lambda \\ 3 & 1 & -1 \end{vmatrix}=5(\lambda-1)=0,$$

解得 $\lambda=1$.

(2) 通过计算可得 $\mathrm{R}(\boldsymbol{A})=2$,则 $\boldsymbol{Ax}=\boldsymbol{0}$ 的基础解系只含一个解向量,于是 $\boldsymbol{\beta}_1,\boldsymbol{\beta}_2,\boldsymbol{\beta}_3$ 必定线性相关,故 $|\boldsymbol{B}|=0$.

例 4.11

设有线性方程组

$$\begin{cases}(1+a)x_1+x_2+\cdots+x_n=0,\\2x_1+(2+a)x_2+\cdots+2x_n=0,\\\cdots\cdots\\nx_1+nx_2+\cdots+(n+a)x_n=0\end{cases}\quad(n\geqslant 2).$$

试问 a 为何值时，该方程组有非零解？并求其通解.

解　方法 1　对原方程组的系数矩阵 $\boldsymbol{A}$ 施行初等行变换：

$$\boldsymbol{A}=\begin{pmatrix}1+a&1&\cdots&1\\2&2+a&\cdots&2\\\vdots&\vdots&&\vdots\\n&n&\cdots&n+a\end{pmatrix}\xrightarrow{\text{初等行变换}}\begin{pmatrix}1+a&1&\cdots&1\\-2a&a&\cdots&0\\\vdots&\vdots&&\vdots\\-na&0&\cdots&a\end{pmatrix}.$$

当 $a=0$ 时，$\mathrm{R}(\boldsymbol{A})=1$，方程组有非零解，其同解方程组为

$$x_1+x_2+\cdots+x_n=0.$$

由此得基础解系为

$$\boldsymbol{\xi}_1=(-1,1,0,\cdots,0)^{\mathrm{T}},\quad \boldsymbol{\xi}_2=(-1,0,1,\cdots,0)^{\mathrm{T}},\quad \cdots,\quad \boldsymbol{\xi}_{n-1}=(-1,0,0,\cdots,1)^{\mathrm{T}},$$

所以方程组的通解为

$$k_1\boldsymbol{\xi}_1+k_2\boldsymbol{\xi}_2+\cdots+k_{n-1}\boldsymbol{\xi}_{n-1}\quad(k_1,k_2,\cdots,k_{n-1}\text{ 为任意常数}).$$

当 $a\neq 0$ 时，继续对 $\boldsymbol{A}$ 施行初等行变换：

$$\boldsymbol{A}\xrightarrow{\text{初等行变换}}\begin{pmatrix}a+\frac{1}{2}n(n+1)&0&\cdots&0\\-2&1&\cdots&0\\\vdots&\vdots&&\vdots\\-n&0&\cdots&1\end{pmatrix}.$$

由此可见，当 $a=-\frac{1}{2}n(n+1)$ 时，$\mathrm{R}(\boldsymbol{A})=n-1<n$，方程组也有非零解，其同解方程组为

$$\begin{cases}-2x_1+x_2=0,\\-3x_1+x_3=0,\\\cdots\cdots\\-nx_1+x_n=0.\end{cases}$$

解得基础解系为

$$\boldsymbol{\xi}=(1,2,\cdots,n)^{\mathrm{T}},$$

于是方程组的通解为 $k\boldsymbol{\xi}$（k 为任意常数）.

方法 2　由于原方程组的系数行列式

$$
|\boldsymbol{A}|=\begin{vmatrix}1+a & 1 & \cdots & 1\\ 2 & 2+a & \cdots & 2\\ \vdots & \vdots & & \vdots\\ n & n & \cdots & n+a\end{vmatrix}
$$

$$
=\begin{vmatrix}a+\frac{(n+1)n}{2} & a+\frac{(n+1)n}{2} & \cdots & a+\frac{(n+1)n}{2}\\ 2 & 2+a & \cdots & 2\\ \vdots & \vdots & & \vdots\\ n & n & \cdots & n+a\end{vmatrix}
$$

$$
=\begin{vmatrix}a+\frac{(n+1)n}{2} & 0 & \cdots & 0\\ 2 & a & \cdots & 0\\ \vdots & \vdots & & \vdots\\ n & 0 & \cdots & a\end{vmatrix}=\left[a+\frac{1}{2}n(n+1)\right]a^{n-1},
$$

而 $\boldsymbol{A}\boldsymbol{x}=\boldsymbol{0}$ 有非零解等价于 $|\boldsymbol{A}|=0$,故 $a=0$ 或 $a=-\frac{1}{2}n(n+1)$.

当 $a=0$ 时,对系数矩阵 $\boldsymbol{A}$ 施行初等行变换:

$$
\boldsymbol{A}=\begin{pmatrix}1 & 1 & \cdots & 1\\ 2 & 2 & \cdots & 2\\ \vdots & \vdots & & \vdots\\ n & n & \cdots & n\end{pmatrix}\xrightarrow{\text{初等行变换}}\begin{pmatrix}1 & 1 & \cdots & 1\\ 0 & 0 & \cdots & 0\\ \vdots & \vdots & & \vdots\\ 0 & 0 & \cdots & 0\end{pmatrix}.
$$

后面的求解过程与方法 1 相同,这里不再复述.

当 $a=-\frac{1}{2}n(n+1)$ 时,对系数矩阵 $\boldsymbol{A}$ 施行初等行变换:

$$
\boldsymbol{A}=\begin{pmatrix}1+a & 1 & \cdots & 1\\ 2 & 2+a & \cdots & 2\\ \vdots & \vdots & & \vdots\\ n & n & \cdots & n+a\end{pmatrix}\xrightarrow{\text{初等行变换}}\begin{pmatrix}0 & 0 & \cdots & 0\\ -2 & 1 & \cdots & 0\\ \vdots & \vdots & & \vdots\\ -n & 0 & \cdots & 1\end{pmatrix}.
$$

后面的求解过程与方法 1 相同,这里不再复述.

例 4.12

设四阶方阵 $\boldsymbol{A}=(\boldsymbol{\alpha}_1,\boldsymbol{\alpha}_2,\boldsymbol{\alpha}_3,\boldsymbol{\alpha}_4)$,且 $\boldsymbol{\alpha}_i(i=1,2,3,4)$ 均为四维列向量,其中 $\boldsymbol{\alpha}_2,\boldsymbol{\alpha}_3,\boldsymbol{\alpha}_4$ 线性无关,$\boldsymbol{\alpha}_1=2\boldsymbol{\alpha}_2-3\boldsymbol{\alpha}_3$. 若向量 $\boldsymbol{\beta}=\boldsymbol{\alpha}_1+\boldsymbol{\alpha}_2+\boldsymbol{\alpha}_3+\boldsymbol{\alpha}_4$,求方程组 $\boldsymbol{A}\boldsymbol{x}=\boldsymbol{\beta}$ 的通解.

解 由 $\boldsymbol{\alpha}_2,\boldsymbol{\alpha}_3,\boldsymbol{\alpha}_4$ 线性无关及 $\boldsymbol{\alpha}_1=2\boldsymbol{\alpha}_2-3\boldsymbol{\alpha}_3$,可知 $\mathrm{R}(\boldsymbol{A})=3$,故 $\boldsymbol{A}\boldsymbol{x}=\boldsymbol{0}$ 的基础解系只含一个解向量. 又由 $\boldsymbol{\alpha}_1=2\boldsymbol{\alpha}_2-3\boldsymbol{\alpha}_3$,即 $\boldsymbol{\alpha}_1-2\boldsymbol{\alpha}_2+3\boldsymbol{\alpha}_3+0\boldsymbol{\alpha}_4=\boldsymbol{0}$,可知 $\boldsymbol{\xi}=(1,-2,3,0)^{\mathrm{T}}$ 是齐次线性方程组 $\boldsymbol{A}\boldsymbol{x}=\boldsymbol{0}$ 的一个基础解系. 而

$$\boldsymbol{\beta}=\boldsymbol{\alpha}_1+\boldsymbol{\alpha}_2+\boldsymbol{\alpha}_3+\boldsymbol{\alpha}_4=(\boldsymbol{\alpha}_1,\boldsymbol{\alpha}_2,\boldsymbol{\alpha}_3,\boldsymbol{\alpha}_4)\begin{pmatrix}1\\1\\1\\1\end{pmatrix}=\boldsymbol{A}\begin{pmatrix}1\\1\\1\\1\end{pmatrix},$$

故 $\boldsymbol{\eta}=(1,1,1,1)^{\mathrm{T}}$ 是非齐次线性方程组 $\boldsymbol{Ax}=\boldsymbol{\beta}$ 的一个特解. 因此,方程组 $\boldsymbol{Ax}=\boldsymbol{\beta}$ 的通解为

$$k\begin{pmatrix}1\\-2\\3\\0\end{pmatrix}+\begin{pmatrix}1\\1\\1\\1\end{pmatrix}\quad(k\text{ 为任意常数}).$$

例 4.13

设向量 $\boldsymbol{\alpha}_1,\boldsymbol{\alpha}_2,\cdots,\boldsymbol{\alpha}_t$ 是方程组 $\boldsymbol{Ax}=\mathbf{0}$ 的一个基础解系,向量 $\boldsymbol{\beta}$ 不是 $\boldsymbol{Ax}=\mathbf{0}$ 的解,即 $\boldsymbol{A\beta}\neq\mathbf{0}$. 证明:向量组 $\boldsymbol{\beta},\boldsymbol{\beta}+\boldsymbol{\alpha}_1,\boldsymbol{\beta}+\boldsymbol{\alpha}_2,\cdots,\boldsymbol{\beta}+\boldsymbol{\alpha}_t$ 线性无关.

证 用定义证明. 设有一组数 $k,k_1,k_2,\cdots,k_t$,使得

$$k\boldsymbol{\beta}+k_1(\boldsymbol{\beta}+\boldsymbol{\alpha}_1)+k_2(\boldsymbol{\beta}+\boldsymbol{\alpha}_2)+\cdots+k_t(\boldsymbol{\beta}+\boldsymbol{\alpha}_t)=\mathbf{0},$$

即

$$\left(k+\sum_{i=1}^{t}k_i\right)\boldsymbol{\beta}=\sum_{i=1}^{t}(-k_i)\boldsymbol{\alpha}_i. \qquad ①$$

上式两边同时左乘矩阵 $\boldsymbol{A}$,有

$$\left(k+\sum_{i=1}^{t}k_i\right)\boldsymbol{A\beta}=\sum_{i=1}^{t}(-k_i)\boldsymbol{A\alpha}_i=\mathbf{0}.$$

因 $\boldsymbol{A\beta}\neq\mathbf{0}$,故

$$k+\sum_{i=1}^{t}k_i=0, \qquad ②$$

从而由式 ①,得 $\sum\limits_{i=1}^{t}(-k_i)\boldsymbol{\alpha}_i=\mathbf{0}$. 又因为 $\boldsymbol{\alpha}_1,\boldsymbol{\alpha}_2,\cdots,\boldsymbol{\alpha}_t$ 是基础解系,所以

$$k_1=k_2=\cdots=k_t=0,$$

因而由式 ②,得 $k=0$. 因此,向量组 $\boldsymbol{\beta},\boldsymbol{\beta}+\boldsymbol{\alpha}_1,\boldsymbol{\beta}+\boldsymbol{\alpha}_2,\cdots,\boldsymbol{\beta}+\boldsymbol{\alpha}_t$ 线性无关.

例 4.14

设四元齐次线性方程组(Ⅰ)为

$$\begin{cases}2x_1+3x_2-x_3=0,\\x_1+2x_2+x_3-x_4=0,\end{cases}$$

且已知另一四元齐次线性方程组(Ⅱ)的一个基础解系为

$$\boldsymbol{\alpha}_1=(2,-1,a+2,1)^{\mathrm{T}},\quad \boldsymbol{\alpha}_2=(-1,2,4,a+8)^{\mathrm{T}}.$$

(1) 求方程组(Ⅰ)的一个基础解系;

(2) 当 a 为何值时,方程组(Ⅰ)与(Ⅱ)有公共非零解?

解 (1) 由方程组(Ⅰ)的系数矩阵

$$A=\begin{pmatrix}2&3&-1&0\\1&2&1&-1\end{pmatrix}\xrightarrow{\text{初等行变换}}\begin{pmatrix}1&0&-5&3\\0&1&3&-2\end{pmatrix},$$

得同解方程组

$$\begin{cases}x_1=5x_3-3x_4,\\x_2=-3x_3+2x_4.\end{cases}$$

取 $\begin{pmatrix}x_3\\x_4\end{pmatrix}$ 分别为 $\begin{pmatrix}1\\0\end{pmatrix}$,$\begin{pmatrix}0\\1\end{pmatrix}$,可得基础解系为

$$\boldsymbol{\beta}_1=(5,-3,1,0)^{\mathrm{T}},\quad \boldsymbol{\beta}_2=(-3,2,0,1)^{\mathrm{T}}.$$

(2) 求方程组(Ⅰ)与(Ⅱ)的公共解,可把方程组(Ⅱ)的通解 $k_1\boldsymbol{\alpha}_1+k_2\boldsymbol{\alpha}_2$ 代入方程组(Ⅰ),整理得

$$\begin{cases}(a+1)k_1=0,\\(a+1)k_1-(a+1)k_2=0.\end{cases}$$

当 $a\neq-1$ 时,$k_1=k_2=0$,即方程组(Ⅰ)与(Ⅱ)只有公共零解;

当 $a=-1$ 时,方程组(Ⅰ)与(Ⅱ)有公共非零解,且为 $k_1(2,-1,1,1)^{\mathrm{T}}+k_2(-1,2,4,7)^{\mathrm{T}}$,其中 k_1,k_2 不全为零.

例 4.15

已知线性方程组

$$(\text{Ⅰ}):\begin{cases}x_1+2x_2+3x_3=0,\\2x_1+3x_2+5x_3=0,\\x_1+x_2+ax_3=0,\end{cases}\quad(\text{Ⅱ}):\begin{cases}x_1+bx_2+cx_3=0,\\2x_1+b^2x_2+(c+1)x_3=0\end{cases}$$

同解,求 a,b,c 的值.

解 因为方程组(Ⅱ)中方程的个数小于未知量的个数,故方程组(Ⅱ)必有无穷多组解.那么,方程组(Ⅰ)也必有无穷多组解,于是其系数行列式

$$|A|=\begin{vmatrix}1&2&3\\2&3&5\\1&1&a\end{vmatrix}=2-a=0,$$

从而 $a=2$.此时方程组(Ⅰ)的系数矩阵经初等行变换后可化为

$$A=\begin{pmatrix}1&2&3\\2&3&5\\1&1&2\end{pmatrix}\xrightarrow{\text{初等行变换}}\begin{pmatrix}1&0&1\\0&1&1\\0&0&0\end{pmatrix},$$

故 $k(-1,-1,1)^{\mathrm{T}}$(k 为任意常数)是方程组(Ⅰ)的通解.把该通解代入方程组(Ⅱ),则有

$$\begin{cases}(-1-b+c)k=0,\\(-2-b^2+c+1)k=0.\end{cases}$$

那么 $b^2-b=0$，解得 $b=1,c=2$ 或 $b=0,c=1$.

当 $b=1,c=2$ 时，对方程组(Ⅱ)的系数矩阵 $\boldsymbol{B}$ 施行初等行变换：

$$\boldsymbol{B}=\begin{pmatrix}1&1&2\\2&1&3\end{pmatrix}\xrightarrow{\text{初等行变换}}\begin{pmatrix}1&0&1\\0&1&1\end{pmatrix}.$$

故方程组(Ⅰ)与(Ⅱ)同解.

当 $b=0,c=1$ 时，对方程组(Ⅱ)的系数矩阵 $\boldsymbol{B}$ 施行初等行变换：

$$\boldsymbol{B}=\begin{pmatrix}1&0&1\\2&0&2\end{pmatrix}\xrightarrow{\text{初等行变换}}\begin{pmatrix}1&0&1\\0&0&0\end{pmatrix}.$$

故方程组(Ⅰ)与(Ⅱ)不同解.

综上所述，当 $a=2,b=1,c=2$ 时，方程组(Ⅰ)与(Ⅱ)同解.

例 4.16

证明：如果非齐次线性方程组

$$\begin{cases}a_{11}x_1+a_{12}x_2+\cdots+a_{1n}x_n=b_1,\\a_{21}x_1+a_{22}x_2+\cdots+a_{2n}x_n=b_2,\\\qquad\cdots\cdots\\a_{n1}x_1+a_{n2}x_2+\cdots+a_{nn}x_n=b_n\end{cases}$$

的系数矩阵的秩等于矩阵

$$\boldsymbol{C}=\begin{pmatrix}a_{11}&\cdots&a_{1n}&b_1\\\vdots&&\vdots&\vdots\\a_{n1}&\cdots&a_{nn}&b_n\\b_1&\cdots&b_n&0\end{pmatrix}$$

的秩，那么该方程组有解.

证　要证一个非齐次线性方程组有解，只要证明 $\mathrm{R}(\boldsymbol{A})=\mathrm{R}(\widetilde{\boldsymbol{A}})$ 即可. 已知原方程组的系数矩阵与增广矩阵分别为

$$\boldsymbol{A}=\begin{pmatrix}a_{11}&a_{12}&\cdots&a_{1n}\\a_{21}&a_{22}&\cdots&a_{2n}\\\vdots&\vdots&&\vdots\\a_{n1}&a_{n2}&\cdots&a_{nn}\end{pmatrix},\quad\widetilde{\boldsymbol{A}}=\begin{pmatrix}a_{11}&a_{12}&\cdots&a_{1n}&b_1\\a_{21}&a_{22}&\cdots&a_{2n}&b_2\\\vdots&\vdots&&\vdots&\vdots\\a_{n1}&a_{n2}&\cdots&a_{nn}&b_n\end{pmatrix},$$

显然有 $\mathrm{R}(\boldsymbol{A})\leqslant\mathrm{R}(\widetilde{\boldsymbol{A}})\leqslant\mathrm{R}(\boldsymbol{C})$. 又 $\mathrm{R}(\boldsymbol{A})=\mathrm{R}(\boldsymbol{C})$，所以 $\mathrm{R}(\boldsymbol{A})=\mathrm{R}(\widetilde{\boldsymbol{A}})$，故原方程组有解.

例 4.17

求一个齐次线性方程组，使其基础解系由下列向量组成：

$$\boldsymbol{\xi}_1=\begin{pmatrix}1\\-2\\0\\3\\-1\end{pmatrix},\quad \boldsymbol{\xi}_2=\begin{pmatrix}2\\-3\\2\\5\\-3\end{pmatrix},\quad \boldsymbol{\xi}_3=\begin{pmatrix}1\\-2\\1\\2\\-2\end{pmatrix}.$$

解 设所求齐次线性方程组为 $\boldsymbol{Ax}=\boldsymbol{0}$,则有 $\boldsymbol{A}(\boldsymbol{\xi}_1,\boldsymbol{\xi}_2,\boldsymbol{\xi}_3)=\boldsymbol{O}$,于是 $\boldsymbol{A}$ 的行向量均为方程组

$$(x_1,x_2,x_3,x_4,x_5)\begin{pmatrix}1&2&1\\-2&-3&-2\\0&2&1\\3&5&2\\-1&-3&-2\end{pmatrix}=(0,0,0),$$

即

$$\begin{cases}x_1-2x_2\qquad\quad+3x_4-\ \ x_5=0,\\2x_1-3x_2+2x_3+5x_4-3x_5=0,\\x_1-2x_2+\ \ x_3+2x_4-2x_5=0\end{cases}$$

的解.

对上述方程组的系数矩阵 $\boldsymbol{A}$ 施行初等行变换:

$$\boldsymbol{A}=\begin{pmatrix}1&-2&0&3&-1\\2&-3&2&5&-3\\1&-2&1&2&-2\end{pmatrix}\xrightarrow{\text{初等行变换}}\begin{pmatrix}1&0&0&5&1\\0&1&0&1&1\\0&0&1&-1&-1\end{pmatrix},$$

得基础解系为

$$\boldsymbol{\eta}_1=(-5,-1,1,1,0),\quad \boldsymbol{\eta}_2=(-1,-1,1,0,1).$$

故可取系数矩阵 $\boldsymbol{A}$ 为

$$\boldsymbol{A}=\begin{pmatrix}-5&-1&1&1&0\\-1&-1&1&0&1\end{pmatrix},$$

即所求齐次线性方程组为

$$\begin{cases}-5x_1-x_2+x_3+x_4\qquad=0,\\-x_1-x_2+x_3+\qquad x_5=0.\end{cases}\quad(\text{答案不唯一})$$

习　题　四

1. 求下列齐次线性方程组的一个基础解系:

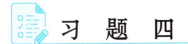

(1) $\begin{cases} x_1+x_2+2x_3-x_4=0, \\ 2x_1+x_2+x_3-x_4=0, \\ 2x_1+2x_2+x_3+2x_4=0; \end{cases}$　　(2) $\begin{cases} x_1+2x_2+x_3-x_4=0, \\ 3x_1+6x_2-x_3-3x_4=0, \\ 5x_1+10x_2+x_3-5x_4=0; \end{cases}$

(3) $\begin{cases} 2x_1+3x_2-x_3+5x_4=0, \\ 3x_1+x_2+2x_3-7x_4=0, \\ 4x_1+x_2-3x_3+6x_4=0, \\ x_1-2x_2+4x_3-7x_4=0; \end{cases}$　　(4) $\begin{cases} 3x_1+4x_2-5x_3+7x_4=0, \\ 2x_1-3x_2+3x_3-2x_4=0, \\ 4x_1+11x_2-13x_3+16x_4=0, \\ 7x_1-2x_2+x_3+3x_4=0. \end{cases}$

2. 求解下列非齐次线性方程组：

(1) $\begin{cases} x_1+x_2+x_3=0, \\ x_1+x_2-x_3-x_4-2x_5=1, \\ 2x_1+2x_2-x_4-2x_5=1, \\ 5x_1+5x_2-3x_3-4x_4-8x_5=4; \end{cases}$　　(2) $\begin{cases} x_1-2x_2+3x_3-x_4=1, \\ 3x_1-x_2+5x_3-3x_4=2, \\ 2x_1+x_2+2x_3-2x_4=3. \end{cases}$

3. 试证：方程组

$$\begin{cases} x_1-x_2=a_1, \\ x_2-x_3=a_2, \\ x_3-x_4=a_3, \\ x_4-x_5=a_4, \\ x_5-x_1=a_5 \end{cases}$$

有解的充要条件是$\sum_{i=1}^{5}a_i=0$，并在有解时，求出其通解.

4. 设向量$\boldsymbol{\alpha}_1=(\lambda,1,1)^{\mathrm{T}}$，$\boldsymbol{\alpha}_2=(1,\lambda,1)^{\mathrm{T}}$，$\boldsymbol{\alpha}_3=(1,1,\lambda)^{\mathrm{T}}$，$\boldsymbol{\beta}=(1,\lambda,\lambda^2)^{\mathrm{T}}$，问当$\lambda$取何值时，向量$\boldsymbol{\beta}$可由向量组$\boldsymbol{\alpha}_1,\boldsymbol{\alpha}_2,\boldsymbol{\alpha}_3$线性表示？表示式是否唯一？

5. 设非齐次线性方程组

$$\begin{cases} -2x_1+x_2+x_3=-2, \\ x_1-2x_2+x_3=\lambda, \\ x_1+x_2-2x_3=\lambda^2. \end{cases}$$

问当λ取何值时，方程组有解？并求出其通解.

6. 设齐次线性方程组

$$\begin{cases} x_1+2x_2+x_3+2x_4=0, \\ x_2+cx_3+cx_4=0, \\ x_1+cx_2+x_4=0 \end{cases}$$

的解空间的维数是2，求其通解及c的值.

7. 已知线性方程组

(Ⅰ)：$\begin{cases} x_1+x_2-2x_4=-6, \\ 4x_1-x_2-x_3-x_4=1, \\ 3x_1-x_2-x_3=3, \end{cases}$　　(Ⅱ)：$\begin{cases} x_1+mx_2-x_3-x_4=-5, \\ nx_2-x_3-2x_4=-11, \\ x_3-2x_4=-t+1. \end{cases}$

问当m,n,t为何值时，方程组(Ⅰ)和(Ⅱ)同解？

8. 已知齐次线性方程组

$$(\text{Ⅰ}):\begin{cases}x_1+x_2-x_3 \qquad = 0,\\ \qquad x_2+x_3-x_4=0,\end{cases}$$

另一个齐次线性方程组(Ⅱ)的通解为

$$k_1(0,1,0,1)^{\mathrm{T}}+k_2(-1,0,1,1)^{\mathrm{T}} \quad (k_1,k_2 \text{ 为任意常数}).$$

求方程组(Ⅰ),(Ⅱ)的公共解.

9. 求一个齐次线性方程组,使它的基础解系为 $\boldsymbol{\alpha}_1=(2,1,0,0,0)^{\mathrm{T}}$,$\boldsymbol{\alpha}_2=(0,0,1,1,0)^{\mathrm{T}}$,$\boldsymbol{\alpha}_3=(1,0,-5,0,3)^{\mathrm{T}}$.

10. 设 $\boldsymbol{A}$ 是 n 阶方阵,证明:$\mathrm{R}(\boldsymbol{A}^{\mathrm{T}}\boldsymbol{A})=\mathrm{R}(\boldsymbol{A})$.

11. 设 $\boldsymbol{A}$ 和 $\boldsymbol{B}$ 均为 n 阶方阵,证明:$\mathrm{R}(\boldsymbol{AB})=\mathrm{R}(\boldsymbol{B})$ 当且仅当方程组 $\boldsymbol{ABx}=\boldsymbol{0}$ 和 $\boldsymbol{Bx}=\boldsymbol{0}$ 有完全相同的解,其中 $\boldsymbol{x}=(x_1,x_2,\cdots,x_n)^{\mathrm{T}}$.

12. 设 $\boldsymbol{\eta}^*$ 是非齐次线性方程组 $\boldsymbol{Ax}=\boldsymbol{b}$ 的一个解,$\boldsymbol{\xi}_1,\boldsymbol{\xi}_2,\cdots,\boldsymbol{\xi}_{n-r}$ 是对应的齐次线性方程组的一个基础解系.证明:

(1) 向量组 $\boldsymbol{\eta}^*,\boldsymbol{\xi}_1,\boldsymbol{\xi}_2,\cdots,\boldsymbol{\xi}_{n-r}$ 线性无关;

(2) 向量组 $\boldsymbol{\eta}^*,\boldsymbol{\eta}^*+\boldsymbol{\xi}_1,\boldsymbol{\eta}^*+\boldsymbol{\xi}_2,\cdots,\boldsymbol{\eta}^*+\boldsymbol{\xi}_{n-r}$ 线性无关.

13. 设线性方程组

$$(\text{Ⅰ}):\begin{cases}a_{11}x_1+a_{12}x_2+\cdots+a_{1,2n}x_{2n}=0,\\ a_{21}x_1+a_{22}x_2+\cdots+a_{2,2n}x_{2n}=0,\\ \qquad\cdots\cdots\\ a_{n1}x_1+a_{n2}x_2+\cdots+a_{n,2n}x_{2n}=0,\end{cases}$$

$$(\text{Ⅱ}):\begin{cases}b_{11}y_1+b_{12}y_2+\cdots+b_{1,2n}y_{2n}=0,\\ b_{21}y_1+b_{22}y_2+\cdots+b_{2,2n}y_{2n}=0,\\ \qquad\cdots\cdots\\ b_{n1}y_1+b_{n2}y_2+\cdots+b_{n,2n}y_{2n}=0.\end{cases}$$

已知方程组(Ⅰ)的一个基础解系为 $(b_{11},b_{12},\cdots,b_{1,2n})^{\mathrm{T}},(b_{21},b_{22},\cdots,b_{2,2n})^{\mathrm{T}},\cdots,(b_{n1},b_{n2},\cdots,b_{n,2n})^{\mathrm{T}}$,试写出方程组(Ⅱ)的解,并说明理由.

第五章

矩阵对角化

知识框图

课程思政案例

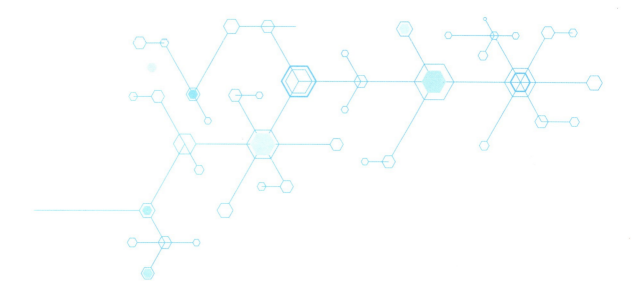

第一节　特征值与特征向量

微课视频

一、特征值与特征向量的基本概念

定义 5.1　设 $\boldsymbol{A}=(a_{ij})$ 是一个 n 阶方阵. 若存在一个数 λ 和一个非零列向量 $\boldsymbol{x}=(x_1,x_2,\cdots,x_n)^{\mathrm{T}}$，使得关系式

$$\boldsymbol{A}\boldsymbol{x}=\lambda\boldsymbol{x} \tag{5.1}$$

成立，则称数 λ 为方阵 $\boldsymbol{A}$ 的一个特征值，非零向量 $\boldsymbol{x}$ 称为 $\boldsymbol{A}$ 的对应于(或属于)特征值 λ 的特征向量.

注　(1) 特征值问题只是对于方阵而言的；

(2) 特征向量必须是非零向量.

显然，方阵 $\boldsymbol{A}$ 的每个特征值均对应无穷多个特征向量. 这是因为，如果 $\boldsymbol{x}$ 是 $\boldsymbol{A}$ 的属于 λ 的特征向量，那么由

$$\boldsymbol{A}(k\boldsymbol{x})=k(\boldsymbol{A}\boldsymbol{x})=k(\lambda\boldsymbol{x})=\lambda(k\boldsymbol{x}),$$

知 $k\boldsymbol{x}(k\neq 0)$ 也是 $\boldsymbol{A}$ 的属于 λ 的特征向量.

假若 $\boldsymbol{x}_1$ 和 $\boldsymbol{x}_2$ 都是 $\boldsymbol{A}$ 的属于 λ 的特征向量，那么由

$$\boldsymbol{A}(\boldsymbol{x}_1+\boldsymbol{x}_2)=\boldsymbol{A}\boldsymbol{x}_1+\boldsymbol{A}\boldsymbol{x}_2=\lambda\boldsymbol{x}_1+\lambda\boldsymbol{x}_2=\lambda(\boldsymbol{x}_1+\boldsymbol{x}_2),$$

知当 $\boldsymbol{x}_1+\boldsymbol{x}_2\neq\boldsymbol{0}$ 时，$\boldsymbol{x}_1+\boldsymbol{x}_2$ 也是 $\boldsymbol{A}$ 的属于 λ 的特征向量.

综上所述，属于同一特征值的特征向量的任意非零线性组合也是属于该特征值的特征向量.

下面讨论特征值与特征向量的求法.

式(5.1)也可以写成

$$(\boldsymbol{A}-\lambda\boldsymbol{E})\boldsymbol{x}=\boldsymbol{0}\quad 或\quad (\lambda\boldsymbol{E}-\boldsymbol{A})\boldsymbol{x}=\boldsymbol{0}. \tag{5.2}$$

这是含 n 个未知量 n 个方程的齐次线性方程组，它有非零解的充要条件是系数行列式

$$|\boldsymbol{A}-\lambda\boldsymbol{E}|=0, \tag{5.3}$$

即

$$\begin{vmatrix} a_{11}-\lambda & a_{12} & \cdots & a_{1n} \\ a_{21} & a_{22}-\lambda & \cdots & a_{2n} \\ \vdots & \vdots & & \vdots \\ a_{n1} & a_{n2} & \cdots & a_{nn}-\lambda \end{vmatrix}=0.$$

上式是以 λ 为未知量的一元 n 次方程，称为方阵 $\boldsymbol{A}$ 的特征方程. 其左端 $|\boldsymbol{A}-\lambda\boldsymbol{E}|$ 是 λ 的 n 次多项式，称为方阵 $\boldsymbol{A}$ 的特征多项式，记为 $f(\lambda)$. 显然，$\boldsymbol{A}$

的特征值就是其特征方程的根. 例如,对角矩阵、三角形矩阵的特征值即为主对角线上的元素. 在复数范围内,n 阶方阵有 n 个特征值(重根按重数计算).

对于所求得的每个特征值 $\lambda=\lambda_i$,由方程组

$$(\boldsymbol{A}-\lambda_i\boldsymbol{E})\boldsymbol{x}=\boldsymbol{0}$$

可求得其全部非零解,这些非零解便是 $\boldsymbol{A}$ 的属于特征值 λ_i 的全部特征向量.

例 5.1

求方阵 $\boldsymbol{A}=\begin{pmatrix}4&6&0\\-3&-5&0\\-3&-6&1\end{pmatrix}$ 的特征值和对应的特征向量.

解　因为 $\boldsymbol{A}$ 的特征多项式为

$$|\boldsymbol{A}-\lambda\boldsymbol{E}|=\begin{vmatrix}4-\lambda&6&0\\-3&-5-\lambda&0\\-3&-6&1-\lambda\end{vmatrix}=-(\lambda-1)^2(\lambda+2),$$

所以 $\boldsymbol{A}$ 的特征值为 $\lambda_1=-2,\lambda_2=\lambda_3=1$.

当 $\lambda_1=-2$ 时,解方程组 $(\boldsymbol{A}+2\boldsymbol{E})\boldsymbol{x}=\boldsymbol{0}$,由

$$\boldsymbol{A}+2\boldsymbol{E}=\begin{pmatrix}6&6&0\\-3&-3&0\\-3&-6&3\end{pmatrix}\xrightarrow{\text{初等行变换}}\begin{pmatrix}1&0&1\\0&1&-1\\0&0&0\end{pmatrix},$$

得基础解系

$$\boldsymbol{\eta}_1=\begin{pmatrix}-1\\1\\1\end{pmatrix},$$

所以 $\boldsymbol{A}$ 的属于 $\lambda_1=-2$ 的全部特征向量为

$$k_1\boldsymbol{\eta}_1=k_1\begin{pmatrix}-1\\1\\1\end{pmatrix}\quad(k_1\neq 0).$$

当 $\lambda_2=\lambda_3=1$ 时,解方程组 $(\boldsymbol{A}-\boldsymbol{E})\boldsymbol{x}=\boldsymbol{0}$,由

$$\boldsymbol{A}-\boldsymbol{E}=\begin{pmatrix}3&6&0\\-3&-6&0\\-3&-6&0\end{pmatrix}\xrightarrow{\text{初等行变换}}\begin{pmatrix}1&2&0\\0&0&0\\0&0&0\end{pmatrix},$$

得基础解系

$$\boldsymbol{\eta}_2=\begin{pmatrix}-2\\1\\0\end{pmatrix},\quad \boldsymbol{\eta}_3=\begin{pmatrix}0\\0\\1\end{pmatrix},$$

所以 $\boldsymbol{A}$ 的属于 $\lambda_2=\lambda_3=1$ 的全部特征向量为

$$k_2\boldsymbol{\eta}_2+k_3\boldsymbol{\eta}_3=k_2\begin{pmatrix}-2\\1\\0\end{pmatrix}+k_3\begin{pmatrix}0\\0\\1\end{pmatrix}\quad(k_2,k_3\text{ 不同时为零}).$$

例 5.2

求方阵 $\boldsymbol{A}=\begin{pmatrix}-1&1&0\\-4&3&0\\1&0&2\end{pmatrix}$ 的特征值与对应的特征向量.

解 由 $\boldsymbol{A}$ 的特征多项式

$$|\boldsymbol{A}-\lambda\boldsymbol{E}|=\begin{vmatrix}-1-\lambda&1&0\\-4&3-\lambda&0\\1&0&2-\lambda\end{vmatrix}=(2-\lambda)(\lambda-1)^2,$$

得 $\boldsymbol{A}$ 的特征值为 $\lambda_1=2,\lambda_2=\lambda_3=1$.

当 $\lambda_1=2$ 时,解方程组 $(\boldsymbol{A}-2\boldsymbol{E})\boldsymbol{x}=\boldsymbol{0}$,由

$$\boldsymbol{A}-2\boldsymbol{E}=\begin{pmatrix}-3&1&0\\-4&1&0\\1&0&0\end{pmatrix}\xrightarrow{\text{初等行变换}}\begin{pmatrix}1&0&0\\0&1&0\\0&0&0\end{pmatrix},$$

得基础解系

$$\boldsymbol{\eta}_1=\begin{pmatrix}0\\0\\1\end{pmatrix},$$

所以 $\boldsymbol{A}$ 的属于 $\lambda_1=2$ 的全部特征向量为

$$k_1\boldsymbol{\eta}_1=k_1\begin{pmatrix}0\\0\\1\end{pmatrix}\quad(k_1\neq 0).$$

当 $\lambda_2=\lambda_3=1$ 时,解方程组 $(\boldsymbol{A}-\boldsymbol{E})\boldsymbol{x}=\boldsymbol{0}$,由

$$\boldsymbol{A}-\boldsymbol{E}=\begin{pmatrix}-2&1&0\\-4&2&0\\1&0&1\end{pmatrix}\xrightarrow{\text{初等行变换}}\begin{pmatrix}1&0&1\\0&1&2\\0&0&0\end{pmatrix},$$

得基础解系

$$\boldsymbol{\eta}_2=\begin{pmatrix}-1\\-2\\1\end{pmatrix},$$

所以 $\boldsymbol{A}$ 的属于 $\lambda_2=\lambda_3=1$ 的全部特征向量为

$$k_2\boldsymbol{\eta}_2=k_2\begin{pmatrix}-1\\-2\\1\end{pmatrix}\quad(k_2\neq 0).$$

二、特征值与特征向量的性质

性质 1 一个特征向量只能属于一个特征值.

证 设 $\boldsymbol{x}$ 是 $\boldsymbol{A}$ 的属于不同特征值 λ_1 和 $\lambda_2(\lambda_1 \neq \lambda_2)$ 的特征向量,则

$$\boldsymbol{A}\boldsymbol{x} = \lambda_1 \boldsymbol{x}, \quad \boldsymbol{A}\boldsymbol{x} = \lambda_2 \boldsymbol{x},$$

从而

$$\lambda_1 \boldsymbol{x} = \lambda_2 \boldsymbol{x}, \quad 即 \quad (\lambda_1 - \lambda_2)\boldsymbol{x} = \boldsymbol{0}.$$

因为 $\lambda_1 - \lambda_2 \neq 0$,所以 $\boldsymbol{x} = \boldsymbol{0}$,故矛盾.

性质 2 若 λ 是方阵 $\boldsymbol{A}$ 的特征值,$\boldsymbol{x}$ 是其属于 λ 的特征向量,则

(1) $\mu\lambda$ 是 $\mu\boldsymbol{A}$ 的特征值,$\boldsymbol{x}$ 是其属于 $\mu\lambda$ 的特征向量(μ 是常数);

(2) λ^m 是 $\boldsymbol{A}^m$ 的特征值,$\boldsymbol{x}$ 是其属于 λ^m 的特征向量(m 是正整数);

(3) 当 $|\boldsymbol{A}| \neq 0$ 时,λ^{-1} 是 $\boldsymbol{A}^{-1}$ 的特征值,$\lambda^{-1}|\boldsymbol{A}|$ 为 $\boldsymbol{A}^*$ 的特征值,且 $\boldsymbol{x}$ 为它们对应的特征向量.

证 由 $\boldsymbol{A}\boldsymbol{x} = \lambda\boldsymbol{x}$,可得

(1) $(\mu\boldsymbol{A})\boldsymbol{x} = \mu(\boldsymbol{A}\boldsymbol{x}) = \mu(\lambda\boldsymbol{x}) = (\mu\lambda)\boldsymbol{x}$;

(2) $\boldsymbol{A}^2\boldsymbol{x} = \boldsymbol{A}(\boldsymbol{A}\boldsymbol{x}) = \boldsymbol{A}(\lambda\boldsymbol{x}) = \lambda(\boldsymbol{A}\boldsymbol{x}) = \lambda^2\boldsymbol{x}$,由归纳法即得

$$\boldsymbol{A}^m\boldsymbol{x} = \lambda^m\boldsymbol{x} \quad (m \in \mathbf{N}^*);$$

(3) 若 $|\boldsymbol{A}| \neq 0$,则 $\lambda \neq 0$,于是

$$\boldsymbol{x} = \boldsymbol{A}^{-1}(\boldsymbol{A}\boldsymbol{x}) = \boldsymbol{A}^{-1}(\lambda\boldsymbol{x}) = \lambda\boldsymbol{A}^{-1}\boldsymbol{x},$$

则 $\boldsymbol{A}^{-1}\boldsymbol{x} = \lambda^{-1}\boldsymbol{x}$,而

$$\boldsymbol{A}^*\boldsymbol{x} = (|\boldsymbol{A}|\boldsymbol{A}^{-1})\boldsymbol{x} = |\boldsymbol{A}|\boldsymbol{A}^{-1}\boldsymbol{x} = \lambda^{-1}|\boldsymbol{A}|\boldsymbol{x}.$$

性质 3 方阵 $\boldsymbol{A}$ 与 $\boldsymbol{A}^{\mathrm{T}}$ 有相同的特征值.

证 因为

$$(\boldsymbol{A} - \lambda\boldsymbol{E})^{\mathrm{T}} = \boldsymbol{A}^{\mathrm{T}} - (\lambda\boldsymbol{E})^{\mathrm{T}} = \boldsymbol{A}^{\mathrm{T}} - \lambda\boldsymbol{E},$$

所以

$$|\boldsymbol{A} - \lambda\boldsymbol{E}| = |(\boldsymbol{A} - \lambda\boldsymbol{E})^{\mathrm{T}}| = |\boldsymbol{A}^{\mathrm{T}} - \lambda\boldsymbol{E}|,$$

即 $\boldsymbol{A}$ 与 $\boldsymbol{A}^{\mathrm{T}}$ 有相同的特征多项式,从而特征值相同.

性质 4 设 n 阶方阵 $\boldsymbol{A} = (a_{ij})$ 的 n 个特征值为 $\lambda_1, \lambda_2, \cdots, \lambda_n$,则

(1) $\sum\limits_{i=1}^{n}\lambda_i = \sum\limits_{i=1}^{n}a_{ii} = \operatorname{tr}\boldsymbol{A}$,

(2) $\lambda_1\lambda_2\cdots\lambda_n = |\boldsymbol{A}|$,

其中 $\operatorname{tr}\boldsymbol{A}$ 为 $\boldsymbol{A}$ 的主对角线元素之和,称为 $\boldsymbol{A}$ 的迹.

证 $\boldsymbol{A}$ 的特征多项式为

$$|\boldsymbol{A} - \lambda\boldsymbol{E}| = \begin{vmatrix} a_{11} - \lambda & a_{12} & \cdots & a_{1n} \\ a_{21} & a_{22} - \lambda & \cdots & a_{2n} \\ \vdots & \vdots & & \vdots \\ a_{n1} & a_{n2} & \cdots & a_{nn} - \lambda \end{vmatrix}.$$

考虑特征方程 $f(\lambda)=|\boldsymbol{A}-\lambda\boldsymbol{E}|=0$,而

$$f(\lambda)=(-1)^n\lambda^n+(-1)^{n-1}(a_{11}+a_{22}+\cdots+a_{nn})\lambda^{n-1}+\cdots+|\boldsymbol{A}|,$$

又 $f(\lambda)=(\lambda_1-\lambda)(\lambda_2-\lambda)\cdots(\lambda_n-\lambda)$,其中 λ^0 和 λ^{n-1} 的系数分别为 $\lambda_1\lambda_2\cdots\lambda_n$ 和 $(-1)^{n-1}(\lambda_1+\lambda_2+\cdots+\lambda_n)$,即得证.

注 由性质 4 可知,$\boldsymbol{A}$ 可逆当且仅当 $\boldsymbol{A}$ 的特征值全不为零.

性质 5 设 $\lambda_1,\lambda_2,\cdots,\lambda_m$ 是方阵 $\boldsymbol{A}$ 的 m 个特征值,$\boldsymbol{p}_1,\boldsymbol{p}_2,\cdots,\boldsymbol{p}_m$ 是依次与之对应的特征向量. 若 $\lambda_1,\lambda_2,\cdots,\lambda_m$ 互不相等,则 $\boldsymbol{p}_1,\boldsymbol{p}_2,\cdots,\boldsymbol{p}_m$ 线性无关.

证 设存在常数 $x_1,x_2,\cdots,x_m$,使得

$$x_1\boldsymbol{p}_1+x_2\boldsymbol{p}_2+\cdots+x_m\boldsymbol{p}_m=\boldsymbol{0},$$

则

$$\boldsymbol{A}(x_1\boldsymbol{p}_1+x_2\boldsymbol{p}_2+\cdots+x_m\boldsymbol{p}_m)=\boldsymbol{0},$$

即

$$\lambda_1x_1\boldsymbol{p}_1+\lambda_2x_2\boldsymbol{p}_2+\cdots+\lambda_mx_m\boldsymbol{p}_m=\boldsymbol{0}.$$

进行类推,有

$$\lambda_1^kx_1\boldsymbol{p}_1+\lambda_2^kx_2\boldsymbol{p}_2+\cdots+\lambda_m^kx_m\boldsymbol{p}_m=\boldsymbol{0}\quad(k=1,2,\cdots,m-1).$$

把上列各式合写成矩阵形式,得

$$(x_1\boldsymbol{p}_1,x_2\boldsymbol{p}_2,\cdots,x_m\boldsymbol{p}_m)\begin{pmatrix}1&\lambda_1&\cdots&\lambda_1^{m-1}\\1&\lambda_2&\cdots&\lambda_2^{m-1}\\\vdots&\vdots&&\vdots\\1&\lambda_m&\cdots&\lambda_m^{m-1}\end{pmatrix}=(\boldsymbol{0},\boldsymbol{0},\cdots,\boldsymbol{0}).$$

因为上式等号左端第 2 个矩阵的行列式为范德蒙德行列式,所以当 λ_i 各不相等时,该行列式不为零,从而该矩阵可逆,于是有

$$(x_1\boldsymbol{p}_1,x_2\boldsymbol{p}_2,\cdots,x_m\boldsymbol{p}_m)=(\boldsymbol{0},\boldsymbol{0},\cdots,\boldsymbol{0}),$$

即有 $x_j\boldsymbol{p}_j=\boldsymbol{0}(j=1,2,\cdots,m)$. 故由 $\boldsymbol{p}_j\neq\boldsymbol{0}$,得 $x_j=0(j=1,2,\cdots,m)$,因此 $\boldsymbol{p}_1,\boldsymbol{p}_2,\cdots,\boldsymbol{p}_m$ 线性无关.

例 5.3

设 $\boldsymbol{x}_1$ 是方阵 $\boldsymbol{A}$ 的属于特征值 λ_1 的特征向量,$\boldsymbol{x}_2$ 是 $\boldsymbol{A}$ 的属于特征值 λ_2 的特征向量. 证明:若 $\lambda_1\neq\lambda_2$,则 $\boldsymbol{x}_1+\boldsymbol{x}_2$ 不是 $\boldsymbol{A}$ 的特征向量.

证 假设 $\boldsymbol{x}_1+\boldsymbol{x}_2$ 是 $\boldsymbol{A}$ 的属于特征值 λ 的特征向量,则

$$\boldsymbol{A}(\boldsymbol{x}_1+\boldsymbol{x}_2)=\lambda(\boldsymbol{x}_1+\boldsymbol{x}_2).$$

而

$$\boldsymbol{A}(\boldsymbol{x}_1+\boldsymbol{x}_2)=\boldsymbol{A}\boldsymbol{x}_1+\boldsymbol{A}\boldsymbol{x}_2=\lambda_1\boldsymbol{x}_1+\lambda_2\boldsymbol{x}_2,$$

于是

$$(\lambda-\lambda_1)\boldsymbol{x}_1+(\lambda-\lambda_2)\boldsymbol{x}_2=\boldsymbol{0}.$$

因为 $\boldsymbol{x}_1$ 和 $\boldsymbol{x}_2$ 是 $\boldsymbol{A}$ 的属于不同特征值的特征向量,所以 x_1 和 x_2 线性无关. 于是

$$\lambda-\lambda_1=0,\quad \lambda-\lambda_2=0,$$

即 $\lambda_1=\lambda_2$，故矛盾.

例 5.4

设 n 阶方阵 $\boldsymbol{A}=(a_{ij})$ 的特征值为 $\lambda_1,\lambda_2,\cdots,\lambda_n$，求 $\sum_{i=1}^{n}\lambda_i^2$.

解　由 $\lambda_1,\lambda_2,\cdots,\lambda_n$ 为 $\boldsymbol{A}$ 的全部特征值，知 $\lambda_1^2,\lambda_2^2,\cdots,\lambda_n^2$ 为 $\boldsymbol{A}^2$ 的全部特征值，则

$$\sum_{i=1}^{n}\lambda_i^2=\operatorname{tr}\boldsymbol{A}^2.$$

而 $\boldsymbol{A}=(a_{ij})_{n\times n}$，故

$$\operatorname{tr}\boldsymbol{A}^2=\sum_{i=1}^{n}\sum_{j=1}^{n}a_{ij}a_{ji},$$

即

$$\sum_{i=1}^{n}\lambda_i^2=\sum_{i=1}^{n}\sum_{j=1}^{n}a_{ij}a_{ji}.$$

第二节　相似矩阵

一、向量的内积

内积概念是三维几何空间中向量的数量积概念的直接推广.

定义 5.2　设有 n 维向量

$$\boldsymbol{x}=\begin{pmatrix}x_1\\x_2\\\vdots\\x_n\end{pmatrix},\quad \boldsymbol{y}=\begin{pmatrix}y_1\\y_2\\\vdots\\y_n\end{pmatrix},$$

则 $\boldsymbol{x}$ 与 $\boldsymbol{y}$ 的内积$(\boldsymbol{x},\boldsymbol{y})$定义为

$$(\boldsymbol{x},\boldsymbol{y})=x_1y_1+x_2y_2+\cdots+x_ny_n=\boldsymbol{x}^{\mathrm{T}}\boldsymbol{y}.$$

向量的内积具有下列性质：

(1) $(\boldsymbol{x},\boldsymbol{y})=(\boldsymbol{y},\boldsymbol{x})$；

(2) $(\lambda\boldsymbol{x},\boldsymbol{y})=\lambda(\boldsymbol{x},\boldsymbol{y})\quad(\lambda\in\mathbf{R})$；

(3) $(\boldsymbol{x}+\boldsymbol{y},\boldsymbol{z})=(\boldsymbol{x},\boldsymbol{z})+(\boldsymbol{y},\boldsymbol{z})$；

(4) $(\boldsymbol{x},\boldsymbol{x})\geqslant 0$，当且仅当 $\boldsymbol{x}=\boldsymbol{0}$ 时等号成立.

定义 5.3 对于任一 n 维向量 $\boldsymbol{x}=(x_1,x_2,\cdots,x_n)^{\mathrm{T}}$,记

$$\|\boldsymbol{x}\|=\sqrt{(\boldsymbol{x},\boldsymbol{x})}=\sqrt{x_1^2+x_2^2+\cdots+x_n^2},$$

$\|\boldsymbol{x}\|$ 称为 n 维向量 $\boldsymbol{x}$ 的长度(或范数).

向量的长度具有下列性质:

(1) 非负性:$\|\boldsymbol{x}\|\geqslant 0$,当且仅当 $\boldsymbol{x}=\boldsymbol{0}$ 时等号成立;

(2) 齐次性:$\|\lambda\boldsymbol{x}\|=|\lambda|\,\|\boldsymbol{x}\|$;

(3) 三角不等式:$\|\boldsymbol{x}+\boldsymbol{y}\|\leqslant\|\boldsymbol{x}\|+\|\boldsymbol{y}\|$.

当 $\|\boldsymbol{x}\|=1$ 时,称 $\boldsymbol{x}$ 为单位向量. 显然,当 $\boldsymbol{x}\neq\boldsymbol{0}$ 时,$\dfrac{\boldsymbol{x}}{\|\boldsymbol{x}\|}$ 是单位向量,这一运算称为把向量 $\boldsymbol{x}$ 单位化.

向量的内积满足柯西-施瓦茨(Cauchy-Schwarz)不等式

$$(\boldsymbol{x},\boldsymbol{y})^2\leqslant(\boldsymbol{x},\boldsymbol{x})(\boldsymbol{y},\boldsymbol{y})$$

或

$$|(\boldsymbol{x},\boldsymbol{y})|\leqslant\|\boldsymbol{x}\|\cdot\|\boldsymbol{y}\|.$$

定义 5.4 非零向量 $\boldsymbol{x},\boldsymbol{y}$ 的夹角定义为

$$\theta=\arccos\frac{(\boldsymbol{x},\boldsymbol{y})}{\|\boldsymbol{x}\|\cdot\|\boldsymbol{y}\|}.$$

当 $(\boldsymbol{x},\boldsymbol{y})=0$ 时,称向量 $\boldsymbol{x}$ 与 $\boldsymbol{y}$ 正交. 显然,零向量与任何向量都正交.

一组两两正交的非零向量称为正交向量组.

定理 5.1 正交向量组必定是线性无关向量组.

证 设 $\boldsymbol{\alpha}_1,\boldsymbol{\alpha}_2,\cdots,\boldsymbol{\alpha}_r$ 是一组两两正交的非零向量,存在数 $\lambda_1,\lambda_2,\cdots,\lambda_r$,使得

$$\lambda_1\boldsymbol{\alpha}_1+\lambda_2\boldsymbol{\alpha}_2+\cdots+\lambda_r\boldsymbol{\alpha}_r=\boldsymbol{0},$$

以 $\boldsymbol{\alpha}_j^{\mathrm{T}}(j=1,2,\cdots,r)$ 分别左乘上式两边,得

$$\lambda_j\boldsymbol{\alpha}_j^{\mathrm{T}}\boldsymbol{\alpha}_j=0.$$

因 $\boldsymbol{\alpha}_j\neq\boldsymbol{0}$,故 $\boldsymbol{\alpha}_j^{\mathrm{T}}\boldsymbol{\alpha}_j=\|\boldsymbol{\alpha}_j\|^2\neq 0$,从而 $\lambda_j=0(j=1,2,\cdots,r)$. 因此,$\boldsymbol{\alpha}_1,\boldsymbol{\alpha}_2,\cdots,\boldsymbol{\alpha}_r$ 线性无关.

我们常采用正交向量组作向量空间的基,称之为向量空间的正交基. 如果正交基中每个向量均是单位向量,那么称之为向量空间的正交规范基(或标准正交基).

若 $\boldsymbol{e}_1,\boldsymbol{e}_2,\cdots,\boldsymbol{e}_r$ 是向量空间 V 的一个正交规范基,那么 V 中任一向量 $\boldsymbol{\alpha}$ 均可由 $\boldsymbol{e}_1,\boldsymbol{e}_2,\cdots,\boldsymbol{e}_r$ 线性表示. 设

$$\boldsymbol{\alpha}=x_1\boldsymbol{e}_1+x_2\boldsymbol{e}_2+\cdots+x_r\boldsymbol{e}_r,$$

用 $\boldsymbol{e}_i^{\mathrm{T}}(i=1,2,\cdots,r)$ 分别左乘上式两边,有

$$\boldsymbol{e}_i^{\mathrm{T}}\boldsymbol{\alpha}=x_i\boldsymbol{e}_i^{\mathrm{T}}\boldsymbol{e}_i,$$

即

$$x_i = \boldsymbol{e}_i^{\mathrm{T}}\boldsymbol{\alpha} = (\boldsymbol{\alpha},\boldsymbol{e}_i) \quad (i=1,2,\cdots,r).$$

下面给出从线性无关向量组构造出正交向量组的方法,从而可得出从向量空间的一个基构造出正交规范基的方法.

设向量组 $\boldsymbol{\alpha}_1,\boldsymbol{\alpha}_2,\cdots,\boldsymbol{\alpha}_r$ 线性无关,取

$$\boldsymbol{\beta}_1 = \boldsymbol{\alpha}_1;$$

$$\boldsymbol{\beta}_2 = \boldsymbol{\alpha}_2 - \frac{(\boldsymbol{\alpha}_2,\boldsymbol{\beta}_1)}{(\boldsymbol{\beta}_1,\boldsymbol{\beta}_1)}\boldsymbol{\beta}_1;$$

$$\boldsymbol{\beta}_3 = \boldsymbol{\alpha}_3 - \frac{(\boldsymbol{\alpha}_3,\boldsymbol{\beta}_1)}{(\boldsymbol{\beta}_1,\boldsymbol{\beta}_1)}\boldsymbol{\beta}_1 - \frac{(\boldsymbol{\alpha}_3,\boldsymbol{\beta}_2)}{(\boldsymbol{\beta}_2,\boldsymbol{\beta}_2)}\boldsymbol{\beta}_2;$$

……

$$\boldsymbol{\beta}_r = \boldsymbol{\alpha}_r - \frac{(\boldsymbol{\alpha}_r,\boldsymbol{\beta}_1)}{(\boldsymbol{\beta}_1,\boldsymbol{\beta}_1)}\boldsymbol{\beta}_1 - \frac{(\boldsymbol{\alpha}_r,\boldsymbol{\beta}_2)}{(\boldsymbol{\beta}_2,\boldsymbol{\beta}_2)}\boldsymbol{\beta}_2 - \cdots - \frac{(\boldsymbol{\alpha}_r,\boldsymbol{\beta}_{r-1})}{(\boldsymbol{\beta}_{r-1},\boldsymbol{\beta}_{r-1})}\boldsymbol{\beta}_{r-1}.$$

容易验证,向量组 $\boldsymbol{\beta}_1,\boldsymbol{\beta}_2,\cdots,\boldsymbol{\beta}_r$ 两两正交,且 $\boldsymbol{\alpha}_1,\boldsymbol{\alpha}_2,\cdots,\boldsymbol{\alpha}_r$ 与 $\boldsymbol{\beta}_1,\boldsymbol{\beta}_2,\cdots,\boldsymbol{\beta}_r$ 等价.

上述从线性无关向量组 $\boldsymbol{\alpha}_1,\boldsymbol{\alpha}_2,\cdots,\boldsymbol{\alpha}_r$ 导出正交向量组 $\boldsymbol{\beta}_1,\boldsymbol{\beta}_2,\cdots,\boldsymbol{\beta}_r$ 的过程称为**施密特(Schmidt)正交化过程**.

如果再将 $\boldsymbol{\beta}_1,\boldsymbol{\beta}_2,\cdots,\boldsymbol{\beta}_r$ 单位化,就得到一个与 $\boldsymbol{\alpha}_1,\boldsymbol{\alpha}_2,\cdots,\boldsymbol{\alpha}_r$ 等价的正交规范基.

例 5.5

已知 $\mathbf{R}^3$ 中两个向量

$$\boldsymbol{\alpha}_1 = \begin{pmatrix}1\\1\\1\end{pmatrix}, \quad \boldsymbol{\alpha}_2 = \begin{pmatrix}1\\-2\\1\end{pmatrix}$$

正交. 试求一个非零向量 $\boldsymbol{\alpha}_3$,使得 $\boldsymbol{\alpha}_1,\boldsymbol{\alpha}_2,\boldsymbol{\alpha}_3$ 两两正交.

解　记矩阵

$$\boldsymbol{A} = \begin{pmatrix}\boldsymbol{\alpha}_1^{\mathrm{T}}\\ \boldsymbol{\alpha}_2^{\mathrm{T}}\end{pmatrix} = \begin{pmatrix}1 & 1 & 1\\ 1 & -2 & 1\end{pmatrix},$$

则 $\boldsymbol{\alpha}_3$ 应满足方程组 $\boldsymbol{A}\boldsymbol{x}=\boldsymbol{0}$. 又由

$$\boldsymbol{A} \xrightarrow{\text{初等行变换}} \begin{pmatrix}1 & 0 & 1\\ 0 & 1 & 0\end{pmatrix},$$

得基础解系 $\begin{pmatrix}-1\\0\\1\end{pmatrix}$,则取 $\boldsymbol{\alpha}_3 = \begin{pmatrix}-1\\0\\1\end{pmatrix}$ 即为所求.

例 5.6

设向量 $\boldsymbol{\alpha}_1=(1,1,0)^{\mathrm{T}},\boldsymbol{\alpha}_2=(1,0,1)^{\mathrm{T}},\boldsymbol{\alpha}_3=(0,1,1)^{\mathrm{T}}$,试用施密特正交化过程把这组向量化为正交规范基.

解 令

$$\boldsymbol{\beta}_1=\boldsymbol{\alpha}_1=(1,1,0)^{\mathrm{T}},$$

$$\boldsymbol{\beta}_2=\boldsymbol{\alpha}_2-\frac{(\boldsymbol{\alpha}_2,\boldsymbol{\beta}_1)}{(\boldsymbol{\beta}_1,\boldsymbol{\beta}_1)}\boldsymbol{\beta}_1=\begin{pmatrix}1\\0\\1\end{pmatrix}-\frac{1}{2}\begin{pmatrix}1\\1\\0\end{pmatrix}=\begin{pmatrix}\frac{1}{2}\\-\frac{1}{2}\\1\end{pmatrix},$$

$$\boldsymbol{\beta}_3=\boldsymbol{\alpha}_3-\frac{(\boldsymbol{\alpha}_3,\boldsymbol{\beta}_1)}{(\boldsymbol{\beta}_1,\boldsymbol{\beta}_1)}\boldsymbol{\beta}_1-\frac{(\boldsymbol{\alpha}_3,\boldsymbol{\beta}_2)}{(\boldsymbol{\beta}_2,\boldsymbol{\beta}_2)}\boldsymbol{\beta}_2=\begin{pmatrix}0\\1\\1\end{pmatrix}-\frac{1}{2}\begin{pmatrix}1\\1\\0\end{pmatrix}-\frac{1}{3}\begin{pmatrix}\frac{1}{2}\\-\frac{1}{2}\\1\end{pmatrix}=\begin{pmatrix}-\frac{2}{3}\\\frac{2}{3}\\\frac{2}{3}\end{pmatrix}.$$

再将 $\boldsymbol{\beta}_1,\boldsymbol{\beta}_2,\boldsymbol{\beta}_3$ 单位化,得

$$\boldsymbol{e}_1=\frac{\boldsymbol{\beta}_1}{\|\boldsymbol{\beta}_1\|}=\frac{1}{\sqrt{2}}\begin{pmatrix}1\\1\\0\end{pmatrix},$$

$$\boldsymbol{e}_2=\frac{\boldsymbol{\beta}_2}{\|\boldsymbol{\beta}_2\|}=\frac{1}{\sqrt{6}}\begin{pmatrix}1\\-1\\2\end{pmatrix},$$

$$\boldsymbol{e}_3=\frac{\boldsymbol{\beta}_3}{\|\boldsymbol{\beta}_3\|}=\frac{1}{\sqrt{3}}\begin{pmatrix}-1\\1\\1\end{pmatrix}.$$

$\boldsymbol{e}_1,\boldsymbol{e}_2,\boldsymbol{e}_3$ 即为所求.

例 5.7

已知向量 $\boldsymbol{\alpha}_1=(1,1,1)^{\mathrm{T}}$,求一组非零向量 $\boldsymbol{\alpha}_2,\boldsymbol{\alpha}_3$,使得 $\boldsymbol{\alpha}_1,\boldsymbol{\alpha}_2,\boldsymbol{\alpha}_3$ 两两正交.

解 由题意知 $\boldsymbol{\alpha}_2,\boldsymbol{\alpha}_3$ 应满足

$$\boldsymbol{\alpha}_1^{\mathrm{T}}\boldsymbol{x}=\boldsymbol{0},\quad \text{即}\quad x_1+x_2+x_3=0.$$

解得基础解系

$$\boldsymbol{\xi}_1=\begin{pmatrix}1\\0\\-1\end{pmatrix},\quad \boldsymbol{\xi}_2=\begin{pmatrix}1\\-2\\1\end{pmatrix},$$

且 $\boldsymbol{\xi}_1,\boldsymbol{\xi}_2$ 正交.故取 $\boldsymbol{\alpha}_2=\boldsymbol{\xi}_1,\boldsymbol{\alpha}_3=\boldsymbol{\xi}_2$ 即为所求.

注　齐次线性方程组的基础解系不唯一，按前面的方法求出基础解系的一个解向量后，用观察待定法可求得基础解系的其余向量，使得该基础解系成为两两正交的基础解系，从而简化计算. 在例 5.7 中，若求出基础解系为 $\boldsymbol{\xi}_1=(1,0,-1)^{\mathrm{T}}$，$\boldsymbol{\xi}_2=(0,1,-1)^{\mathrm{T}}$，则需把 $\boldsymbol{\xi}_1$，$\boldsymbol{\xi}_2$ 正交化.

定义 5.5　如果 n 阶方阵 $\boldsymbol{A}$ 满足

$$\boldsymbol{A}^{\mathrm{T}}\boldsymbol{A}=\boldsymbol{E},\quad \text{即}\quad \boldsymbol{A}^{-1}=\boldsymbol{A}^{\mathrm{T}},$$

那么称 $\boldsymbol{A}$ 为正交矩阵.

定理 5.2　设 $\boldsymbol{A}$，$\boldsymbol{B}$ 都是 n 阶正交矩阵，则

(1) $|\boldsymbol{A}|=\pm 1$；

(2) $\boldsymbol{A}$ 的列(行) 向量组是两两正交的单位向量组；

(3) $\boldsymbol{A}^{\mathrm{T}}(\boldsymbol{A}^{-1})$ 也是正交矩阵；

(4) $\boldsymbol{AB}$ 也是正交矩阵.

证明留给读者完成.

注　定理 5.2 中结论(2) 反之也成立，即 $\boldsymbol{A}$ 为正交矩阵当且仅当 $\boldsymbol{A}$ 的列(行) 向量组为正交规范向量组.

由此可见，n 阶正交矩阵 $\boldsymbol{A}$ 的 n 个列(行) 向量组构成向量空间 $\mathbf{R}^n$ 的一个正交规范基.

二、相似矩阵的概念与性质

定义 5.6　设 $\boldsymbol{A}$，$\boldsymbol{B}$ 都是 n 阶方阵. 若存在一个可逆矩阵 $\boldsymbol{P}$，使得

$$\boldsymbol{P}^{-1}\boldsymbol{AP}=\boldsymbol{B},$$

则称 $\boldsymbol{A}$ 与 $\boldsymbol{B}$ 是相似的. $\boldsymbol{P}^{-1}\boldsymbol{AP}$ 称为对 $\boldsymbol{A}$ 做相似变换，可逆矩阵 $\boldsymbol{P}$ 称为把 $\boldsymbol{A}$ 变成 $\boldsymbol{B}$ 的相似变换矩阵.

微课视频

易知，矩阵的相似关系是一种等价关系，即有

(1) 自反性.

因为 $\boldsymbol{E}^{-1}\boldsymbol{AE}=\boldsymbol{A}$.

(2) 对称性.

因为 $\boldsymbol{P}^{-1}\boldsymbol{AP}=\boldsymbol{B}$，所以 $(\boldsymbol{P}^{-1})^{-1}\boldsymbol{BP}^{-1}=\boldsymbol{A}$.

(3) 传递性.

因为 $\boldsymbol{P}^{-1}\boldsymbol{AP}=\boldsymbol{B}$，$\boldsymbol{Q}^{-1}\boldsymbol{BQ}=\boldsymbol{C}$，所以

$$\boldsymbol{Q}^{-1}(\boldsymbol{P}^{-1}\boldsymbol{AP})\boldsymbol{Q}=\boldsymbol{C},\quad \text{即}\quad (\boldsymbol{PQ})^{-1}\boldsymbol{A}(\boldsymbol{PQ})=\boldsymbol{C}.$$

相似矩阵具有如下性质.

性质 1　相似矩阵具有相同的秩及相同的行列式.

证　若 $\boldsymbol{A}$ 与 $\boldsymbol{B}$ 相似，则存在可逆矩阵 $\boldsymbol{P}$，使得 $\boldsymbol{P}^{-1}\boldsymbol{AP}=\boldsymbol{B}$，故 $\boldsymbol{A}$ 与 $\boldsymbol{B}$ 等价，从而秩相同，且

$$|B|=|P^{-1}AP|=|P^{-1}||A||P|=|A|.$$

性质 2 相似矩阵若可逆,则其逆矩阵也相似.

证 若 A 与 B 相似,且 A,B 可逆,则由

$$P^{-1}AP=B \quad (P\text{ 为可逆矩阵}),$$

得

$$(P^{-1}AP)^{-1}=B^{-1}, \quad 即 \quad P^{-1}A^{-1}P=B^{-1}.$$

因此 A^{-1} 与 B^{-1} 相似.

性质 3 若方阵 A 与 B 相似,则 A^k 与 B^k 也相似,其中 k 为正整数.

证 由 $P^{-1}AP=B$(P 为可逆矩阵),得

$$(P^{-1}AP)^k=B^k.$$

而

$$(P^{-1}AP)^k=(P^{-1}AP)(P^{-1}AP)\cdots(P^{-1}AP)=P^{-1}A^kP,$$

因此 A^k 与 B^k 相似.

注 此性质常用于计算 A^k.

定理 5.3 相似矩阵有相同的特征多项式及相同的特征值.

证 设 A 与 B 相似,且 $P^{-1}AP=B$(P 为可逆矩阵),则

$$\begin{aligned}|B-\lambda E|&=|P^{-1}AP-\lambda E|=|P^{-1}AP-P^{-1}(\lambda E)P|\\&=|P^{-1}(A-\lambda E)P|=|P^{-1}||A-\lambda E||P|\\&=|A-\lambda E|,\end{aligned}$$

即 A 与 B 具有相同的特征多项式,从而也具有相同的特征值.

注 (1) 上述定理的逆命题并不成立,即特征多项式相同的矩阵不一定相似. 例如矩阵

$$A=\begin{pmatrix}1&1\\0&1\end{pmatrix}, \quad E=\begin{pmatrix}1&0\\0&1\end{pmatrix},$$

易知 A 与 E 的特征多项式相同,但 A 与 E 不相似,因为单位矩阵只能与它自身相似.

(2) 从上述定理易知,若 A 与一个对角矩阵相似,则该对角矩阵主对角线上的元素即为 A 的特征值.

下面讨论的主要问题是:一个 n 阶方阵 A 在什么条件下能与对角矩阵相似? 其相似变换矩阵具有什么样的结构? 这就是方阵的对角化问题.

三、方阵对角化

定理 5.4 n 阶方阵 A 与对角矩阵相似的充要条件是 A 有 n 个线性无关的特征向量.

证 必要性. 设 n 阶方阵 A 与对角矩阵 Λ 相似,即有可逆矩阵 P,使得

$\boldsymbol{P}^{-1}\boldsymbol{AP}=\boldsymbol{\Lambda}$，故

$$\boldsymbol{AP}=\boldsymbol{P\Lambda}. \tag{5.4}$$

记

$$\boldsymbol{\Lambda}=\begin{pmatrix}\lambda_1 & & & \\ & \lambda_2 & & \\ & & \ddots & \\ & & & \lambda_n\end{pmatrix},$$

其中 $\lambda_1,\lambda_2,\cdots,\lambda_n$ 为 $\boldsymbol{A}$ 的 n 个特征值.

将 $\boldsymbol{P}$ 按列分块，记 $\boldsymbol{P}=(\boldsymbol{p}_1,\boldsymbol{p}_2,\cdots,\boldsymbol{p}_n)$，则式(5.4)可写为

$$\boldsymbol{A}(\boldsymbol{p}_1,\boldsymbol{p}_2,\cdots,\boldsymbol{p}_n)=(\lambda_1\boldsymbol{p}_1,\lambda_2\boldsymbol{p}_2,\cdots,\lambda_n\boldsymbol{p}_n),$$

于是

$$\boldsymbol{Ap}_1=\lambda_1\boldsymbol{p}_1,\quad \boldsymbol{Ap}_2=\lambda_2\boldsymbol{p}_2,\quad \cdots,\quad \boldsymbol{Ap}_n=\lambda_n\boldsymbol{p}_n.$$

故 $\lambda_1,\lambda_2,\cdots,\lambda_n$ 为 $\boldsymbol{A}$ 的特征值，$\boldsymbol{p}_1,\boldsymbol{p}_2,\cdots,\boldsymbol{p}_n$ 为 $\boldsymbol{A}$ 的分别属于特征值 $\lambda_1,\lambda_2,\cdots,\lambda_n$ 的特征向量. 又由 $\boldsymbol{P}$ 可逆，知 $\boldsymbol{p}_1,\boldsymbol{p}_2,\cdots,\boldsymbol{p}_n$ 线性无关.

充分性. 若 $\boldsymbol{A}$ 有 n 个线性无关的特征向量 $\boldsymbol{p}_1,\boldsymbol{p}_2,\cdots,\boldsymbol{p}_n$，假设它们对应的特征值分别为 $\lambda_1,\lambda_2,\cdots,\lambda_n$，即

$$\boldsymbol{Ap}_i=\lambda_i\boldsymbol{p}_i\quad (i=1,2,\cdots,n),$$

则有

$$\begin{aligned}\boldsymbol{A}(\boldsymbol{p}_1,\boldsymbol{p}_2,\cdots,\boldsymbol{p}_n)&=(\boldsymbol{Ap}_1,\boldsymbol{Ap}_2,\cdots,\boldsymbol{Ap}_n)\\&=(\lambda_1\boldsymbol{p}_1,\lambda_2\boldsymbol{p}_2,\cdots,\lambda_n\boldsymbol{p}_n)\\&=(\boldsymbol{p}_1,\boldsymbol{p}_2,\cdots,\boldsymbol{p}_n)\begin{pmatrix}\lambda_1 & & & \\ & \lambda_2 & & \\ & & \ddots & \\ & & & \lambda_n\end{pmatrix}.\end{aligned}$$

因为 $\boldsymbol{p}_1,\boldsymbol{p}_2,\cdots,\boldsymbol{p}_n$ 线性无关，所以 $\boldsymbol{P}=(\boldsymbol{p}_1,\boldsymbol{p}_2,\cdots,\boldsymbol{p}_n)$ 为可逆矩阵，从而

$$\boldsymbol{P}^{-1}\boldsymbol{AP}=\begin{pmatrix}\lambda_1 & & & \\ & \lambda_2 & & \\ & & \ddots & \\ & & & \lambda_n\end{pmatrix}=\boldsymbol{\Lambda}.$$

注　(1) 若方阵 $\boldsymbol{A}$ 能够对角化，则对角矩阵 $\boldsymbol{\Lambda}$ 在不计 λ_k 的排列顺序时是唯一的，称为 $\boldsymbol{A}$ 的**相似标准形**.

(2) 相似变换矩阵 $\boldsymbol{P}$ 就是 $\boldsymbol{A}$ 的 n 个线性无关的特征向量作为列向量排列而成的.

推论 1　若 n 阶方阵 $\boldsymbol{A}$ 有 n 个不同特征值，则 $\boldsymbol{A}$ 可对角化.

推论 2　若对于 n 阶方阵 $\boldsymbol{A}$ 的任一 k 重特征值 λ，都有

$$R(\boldsymbol{A}-\lambda\boldsymbol{E})=n-k,$$

则 $\boldsymbol{A}$ 可对角化.

证 由于对 $\boldsymbol{A}$ 的任一 k 重特征值 λ，$R(\boldsymbol{A}-\lambda\boldsymbol{E})=n-k$，因此方程组 $(\boldsymbol{A}-\lambda\boldsymbol{E})\boldsymbol{x}=\boldsymbol{0}$ 的解空间的维数为 k，则必对应 k 个线性无关的特征向量，故 $\boldsymbol{A}$ 必有 n 个线性无关的特征向量.

例 5.8

设方阵 $\boldsymbol{A}$ 与 $\boldsymbol{B}$ 相似，其中

$$\boldsymbol{A}=\begin{pmatrix}-2&0&0\\2&x&2\\3&1&1\end{pmatrix},\quad \boldsymbol{B}=\begin{pmatrix}-1&0&0\\0&-2&0\\0&0&y\end{pmatrix},$$

求 x 与 y 的值.

解 $\boldsymbol{A}$ 的特征方程为

$$|\boldsymbol{A}-\lambda\boldsymbol{E}|=\begin{vmatrix}-2-\lambda&0&0\\2&x-\lambda&2\\3&1&1-\lambda\end{vmatrix}=(-\lambda-2)[\lambda^2-(x+1)\lambda+x-2]=0.$$

显然，$\boldsymbol{B}$ 的特征值为 $-1,-2,y$. 由于 $\boldsymbol{A}$ 与 $\boldsymbol{B}$ 相似，因此 $-1,-2,y$ 必定也是 $\boldsymbol{A}$ 的特征值. 将 $\lambda=-1$ 代入 $\boldsymbol{A}$ 的特征方程，得 $x=0$，则 $\boldsymbol{A}$ 的特征多项式为

$$f(\lambda)=(-\lambda-2)(\lambda^2-\lambda-2)=-(\lambda+2)(\lambda-2)(\lambda+1),$$

即特征值为 $-1,-2,2$，故 $y=2$.

例 5.9

已知 $\boldsymbol{\xi}=\begin{pmatrix}1\\1\\-1\end{pmatrix}$ 是方阵 $\boldsymbol{A}=\begin{pmatrix}2&-1&2\\5&a&3\\-1&b&-2\end{pmatrix}$ 的一个特征向量.

(1) 试确定参数 a,b 的值及 $\boldsymbol{\xi}$ 所对应的特征值；

(2) $\boldsymbol{A}$ 能否对角化?

解 (1) 设 $\boldsymbol{\xi}$ 对应的特征值为 λ，则由 $\boldsymbol{A}\boldsymbol{\xi}=\lambda\boldsymbol{\xi}$，得

$$(\boldsymbol{A}-\lambda\boldsymbol{E})\boldsymbol{\xi}=\begin{pmatrix}2-\lambda&-1&2\\5&a-\lambda&3\\-1&b&-2-\lambda\end{pmatrix}\begin{pmatrix}1\\1\\-1\end{pmatrix}=\begin{pmatrix}0\\0\\0\end{pmatrix}.$$

解得 $\lambda=-1,a=-3,b=0$，故 -1 为 $\boldsymbol{\xi}$ 所对应的特征值.

(2) 由(1)知 $\boldsymbol{A}=\begin{pmatrix}2&-1&2\\5&-3&3\\-1&0&-2\end{pmatrix}$，则

$$|\boldsymbol{A}-\lambda\boldsymbol{E}|=\begin{vmatrix}2-\lambda&-1&2\\5&-3-\lambda&3\\-1&0&-2-\lambda\end{vmatrix}=-(\lambda+1)^3,$$

因此 $\boldsymbol{A}$ 的特征值为 $\lambda_1=\lambda_2=\lambda_3=-1$.

解方程组 $(\boldsymbol{A}+\boldsymbol{E})\boldsymbol{x}=\boldsymbol{0}$，由

$$\boldsymbol{A}+\boldsymbol{E}=\begin{pmatrix}3&-1&2\\5&-2&3\\-1&0&-1\end{pmatrix}\xrightarrow{\text{初等行变换}}\begin{pmatrix}1&0&1\\0&1&1\\0&0&0\end{pmatrix},$$

知 $\boldsymbol{A}$ 的属于特征值 -1 的线性无关的特征向量只有一个，故 $\boldsymbol{A}$ 不能对角化.

例 5.10

设方阵 $\boldsymbol{A}=\begin{pmatrix}1&4&2\\0&-3&4\\0&4&3\end{pmatrix}$，求 $\boldsymbol{A}^n(n\in\mathbf{N}^*)$.

解　因为

$$|\boldsymbol{A}-\lambda\boldsymbol{E}|=\begin{vmatrix}1-\lambda&4&2\\0&-3-\lambda&4\\0&4&3-\lambda\end{vmatrix}=(1-\lambda)(\lambda-5)(\lambda+5),$$

所以 $\boldsymbol{A}$ 的特征值为 $\lambda_1=1,\lambda_2=5,\lambda_3=-5$，它们对应的特征向量分别为

$$\boldsymbol{\xi}_1=\begin{pmatrix}1\\0\\0\end{pmatrix},\quad \boldsymbol{\xi}_2=\begin{pmatrix}2\\1\\2\end{pmatrix},\quad \boldsymbol{\xi}_3=\begin{pmatrix}1\\-2\\1\end{pmatrix}.$$

令可逆矩阵

$$\boldsymbol{P}=(\boldsymbol{\xi}_1,\boldsymbol{\xi}_2,\boldsymbol{\xi}_3)=\begin{pmatrix}1&2&1\\0&1&-2\\0&2&1\end{pmatrix},$$

则 $\boldsymbol{P}^{-1}\boldsymbol{AP}=\begin{pmatrix}1&0&0\\0&5&0\\0&0&-5\end{pmatrix}=\boldsymbol{\Lambda}$. 于是

$$\boldsymbol{A}=\boldsymbol{P\Lambda P}^{-1},$$

因此

$$\boldsymbol{A}^n=\boldsymbol{P\Lambda}^n\boldsymbol{P}^{-1}.$$

易求得

$$\boldsymbol{P}^{-1}=\begin{pmatrix}1&0&-1\\0&\frac{1}{5}&\frac{2}{5}\\0&-\frac{2}{5}&\frac{1}{5}\end{pmatrix},$$

因此

$$\boldsymbol{A}^n = \begin{pmatrix} 1 & 2 & 1 \\ 0 & 1 & -2 \\ 0 & 2 & 1 \end{pmatrix} \begin{pmatrix} 1 & 0 & 0 \\ 0 & 5^n & 0 \\ 0 & 0 & (-5)^n \end{pmatrix} \begin{pmatrix} 1 & 0 & -1 \\ 0 & \frac{1}{5} & \frac{2}{5} \\ 0 & -\frac{2}{5} & \frac{1}{5} \end{pmatrix}$$

$$= \begin{pmatrix} 1 & 2\times 5^{n-1}[1+(-1)^{n+1}] & 5^{n-1}[4+(-1)^n]-1 \\ 0 & 5^{n-1}[1+4(-1)^n] & 2\times 5^{n-1}[1+(-1)^{n+1}] \\ 0 & 2\times 5^{n-1}[1+(-1)^{n+1}] & 5^{n-1}[4+(-1)^n] \end{pmatrix}.$$

四、实对称矩阵的对角化

由前面的讨论可知,方阵 $\boldsymbol{A}$ 不一定能对角化,但当 $\boldsymbol{A}$ 为实对称矩阵时,则必可对角化.

定理 5.5 实对称矩阵的特征值均为实数.

证 假设复数 λ 为 n 阶实对称矩阵 $\boldsymbol{A}$ 的特征值,复向量 $\boldsymbol{x}$ 为对应的特征向量,即 $\boldsymbol{A}\boldsymbol{x} = \lambda\boldsymbol{x}, \boldsymbol{x} \neq \boldsymbol{0}$.

用 $\bar{\lambda}$ 表示 λ 的共轭复数,$\bar{\boldsymbol{x}}$ 表示 $\boldsymbol{x}$ 的共轭复向量,则

$$\boldsymbol{A}\bar{\boldsymbol{x}} = \overline{\boldsymbol{A}\boldsymbol{x}} = \bar{\lambda}\bar{\boldsymbol{x}}.$$

于是有

$$\bar{\boldsymbol{x}}^{\mathrm{T}}\boldsymbol{A}\boldsymbol{x} = \bar{\boldsymbol{x}}^{\mathrm{T}}(\boldsymbol{A}\boldsymbol{x}) = \bar{\boldsymbol{x}}^{\mathrm{T}}\lambda\boldsymbol{x} = \lambda\bar{\boldsymbol{x}}^{\mathrm{T}}\boldsymbol{x},$$

$$\bar{\boldsymbol{x}}^{\mathrm{T}}\boldsymbol{A}\boldsymbol{x} = (\bar{\boldsymbol{x}}^{\mathrm{T}}\boldsymbol{A}^{\mathrm{T}})\boldsymbol{x} = (\boldsymbol{A}\bar{\boldsymbol{x}})^{\mathrm{T}}\boldsymbol{x} = \bar{\lambda}\bar{\boldsymbol{x}}^{\mathrm{T}}\boldsymbol{x},$$

则

$$(\lambda - \bar{\lambda})\bar{\boldsymbol{x}}^{\mathrm{T}}\boldsymbol{x} = 0.$$

因为 $\boldsymbol{x} \neq \boldsymbol{0}$,所以

$$\bar{\boldsymbol{x}}^{\mathrm{T}}\boldsymbol{x} = \sum_{i=1}^{n} \bar{x}_i x_i = \sum_{i=1}^{n} |x_i|^2 \neq 0,$$

故 $\lambda - \bar{\lambda} = 0$,即 $\lambda = \bar{\lambda}$,说明 λ 为实数.

显然,当特征值 λ_i 为实数时,齐次线性方程组

$$(\boldsymbol{A} - \lambda_i\boldsymbol{E})\boldsymbol{x} = \boldsymbol{0}$$

是实系数方程组,则可取实的基础解系,因此 $\boldsymbol{A}$ 的属于特征值 λ_i 的特征向量可以取实向量.

定理 5.6 实对称矩阵属于不同特征值的特征向量必正交.

证 设 λ_1, λ_2 是实对称矩阵 $\boldsymbol{A}$ 的不同特征值,$\boldsymbol{x}_1, \boldsymbol{x}_2$ 分别是 $\boldsymbol{A}$ 的属于 λ_1,λ_2 的特征向量,则

$$\boldsymbol{A}\boldsymbol{x}_1 = \lambda_1\boldsymbol{x}_1, \quad \boldsymbol{A}\boldsymbol{x}_2 = \lambda_2\boldsymbol{x}_2.$$

因 $\boldsymbol{A}$ 对称,故

$$\lambda_1 \boldsymbol{x}_1^{\mathrm{T}} = (\lambda_1 \boldsymbol{x}_1)^{\mathrm{T}} = (\boldsymbol{A}\boldsymbol{x}_1)^{\mathrm{T}} = \boldsymbol{x}_1^{\mathrm{T}}\boldsymbol{A}.$$

于是

$$\lambda_1 \boldsymbol{x}_1^{\mathrm{T}} \boldsymbol{x}_2 = \boldsymbol{x}_1^{\mathrm{T}} \boldsymbol{A} \boldsymbol{x}_2 = \boldsymbol{x}_1^{\mathrm{T}}(\lambda_2 \boldsymbol{x}_2) = \lambda_2 \boldsymbol{x}_1^{\mathrm{T}} \boldsymbol{x}_2,$$

即

$$(\lambda_1 - \lambda_2)\boldsymbol{x}_1^{\mathrm{T}} \boldsymbol{x}_2 = 0.$$

但 $\lambda_1 \neq \lambda_2$，故 $\boldsymbol{x}_1^{\mathrm{T}}\boldsymbol{x}_2 = (\boldsymbol{x}_1, \boldsymbol{x}_2) = 0$，即 $\boldsymbol{x}_1$ 与 $\boldsymbol{x}_2$ 正交.

定理 5.7　设 $\boldsymbol{A}$ 为 n 阶实对称矩阵，λ 是 $\boldsymbol{A}$ 的 r 重特征值，则 $\mathrm{R}(\boldsymbol{A} - \lambda\boldsymbol{E}) = n - r$，从而矩阵 $\boldsymbol{A}$ 属于特征值 λ 恰有 r 个线性无关的特征向量.

证明从略.

定理 5.7 说明，实对称矩阵必可对角化. 实际上，对于实对称矩阵，更有如下重要结论.

定理 5.8　设 $\boldsymbol{A}$ 为 n 阶实对称矩阵，则必存在正交矩阵 $\boldsymbol{P}$，使得

$$\boldsymbol{P}^{-1}\boldsymbol{A}\boldsymbol{P} = \boldsymbol{P}^{\mathrm{T}}\boldsymbol{A}\boldsymbol{P} = \boldsymbol{\Lambda},$$

其中 $\boldsymbol{\Lambda}$ 是以 $\boldsymbol{A}$ 的 n 个特征值为主对角线上元素的对角矩阵.

证　设 $\boldsymbol{A}$ 的互不相同的特征值为 $\lambda_1, \lambda_2, \cdots, \lambda_s$，它们的重数分别为 $r_1, r_2, \cdots, r_s$，显然 $r_1 + r_2 + \cdots + r_s = n$.

根据定理 5.7，对应 $r_j (j = 1, 2, \cdots, s)$ 重特征值 λ_j，矩阵 $\boldsymbol{A}$ 恰有 r_j 个线性无关的特征向量，把它们正交化并单位化，即可得到 r_j 个单位正交特征向量. 由 $r_1 + r_2 + \cdots + r_s = n$，知这样的特征向量共有 n 个. 又由定理 5.6 知，这 n 个单位特征向量两两正交，因此以它们为列向量构成正交矩阵 $\boldsymbol{P}$，有

$$\boldsymbol{P}^{-1}\boldsymbol{A}\boldsymbol{P} = \boldsymbol{\Lambda},$$

其中 $\boldsymbol{\Lambda}$ 的主对角线上元素恰为 $\boldsymbol{A}$ 的 n 个特征值.

注　定理 5.8 的证明过程给出了求正交矩阵 $\boldsymbol{P}$ 的方法.

例 5.11

设方阵 $\boldsymbol{A} = \begin{pmatrix} 4 & 0 & 0 \\ 0 & 3 & 1 \\ 0 & 1 & 3 \end{pmatrix}$，求一个正交矩阵 $\boldsymbol{P}$，使得 $\boldsymbol{P}^{-1}\boldsymbol{A}\boldsymbol{P} = \boldsymbol{\Lambda}$ 为对角矩阵.

解　由

$$|\boldsymbol{A} - \lambda\boldsymbol{E}| = \begin{vmatrix} 4-\lambda & 0 & 0 \\ 0 & 3-\lambda & 1 \\ 0 & 1 & 3-\lambda \end{vmatrix} = (2-\lambda)(4-\lambda)^2 = 0,$$

得 $\boldsymbol{A}$ 的特征值为 $\lambda_1 = 2, \lambda_2 = \lambda_3 = 4$.

当 $\lambda_1 = 2$ 时,解方程组 $(\boldsymbol{A}-2\boldsymbol{E})\boldsymbol{x}=\boldsymbol{0}$,由

$$\boldsymbol{A}-2\boldsymbol{E}=\begin{pmatrix}2&0&0\\0&1&1\\0&1&1\end{pmatrix}\xrightarrow{\text{初等行变换}}\begin{pmatrix}1&0&0\\0&1&1\\0&0&0\end{pmatrix},$$

得基础解系 $\begin{pmatrix}0\\1\\-1\end{pmatrix}$,对应的单位特征向量取 $\boldsymbol{e}_1=\begin{pmatrix}0\\\frac{1}{\sqrt{2}}\\-\frac{1}{\sqrt{2}}\end{pmatrix}$.

当 $\lambda_2=\lambda_3=4$ 时,解方程组 $(\boldsymbol{A}-4\boldsymbol{E})\boldsymbol{x}=\boldsymbol{0}$,由

$$\boldsymbol{A}-4\boldsymbol{E}=\begin{pmatrix}0&0&0\\0&-1&1\\0&1&-1\end{pmatrix}\xrightarrow{\text{初等行变换}}\begin{pmatrix}0&0&0\\0&1&-1\\0&0&0\end{pmatrix},$$

得正交的基础解系

$$\begin{pmatrix}1\\0\\0\end{pmatrix},\quad\begin{pmatrix}0\\1\\1\end{pmatrix}.$$

把它们单位化,即得

$$\boldsymbol{e}_2=\begin{pmatrix}1\\0\\0\end{pmatrix},\quad \boldsymbol{e}_3=\begin{pmatrix}0\\\frac{1}{\sqrt{2}}\\\frac{1}{\sqrt{2}}\end{pmatrix}.$$

于是,得正交矩阵

$$\boldsymbol{P}=(\boldsymbol{e}_1,\boldsymbol{e}_2,\boldsymbol{e}_3)=\begin{pmatrix}0&1&0\\\frac{1}{\sqrt{2}}&0&\frac{1}{\sqrt{2}}\\-\frac{1}{\sqrt{2}}&0&\frac{1}{\sqrt{2}}\end{pmatrix},$$

有

$$\boldsymbol{P}^{-1}\boldsymbol{A}\boldsymbol{P}=\boldsymbol{P}^{\mathrm{T}}\boldsymbol{A}\boldsymbol{P}=\begin{pmatrix}2&&\\&4&\\&&4\end{pmatrix}.$$

注 若求得基础解系不正交,则需用施密特正交化过程把它正交规范化.

例 5.12

设三阶实对称矩阵 $\boldsymbol{A}$ 的特征值为 $\lambda_1=-1,\lambda_2=\lambda_3=1$，属于 λ_1 的一个特征向量为 $\boldsymbol{\eta}_1=(0,1,1)^{\mathrm{T}}$，求 $\boldsymbol{A}$.

解　因 $\boldsymbol{A}$ 为实对称矩阵，故存在正交矩阵 $\boldsymbol{P}$，使得 $\boldsymbol{P}^{-1}\boldsymbol{A}\boldsymbol{P}=\boldsymbol{\Lambda}=\begin{pmatrix}-1&&\\&1&\\&&1\end{pmatrix}$，于是

$$\boldsymbol{A}=\boldsymbol{P}\boldsymbol{\Lambda}\boldsymbol{P}^{-1}=\boldsymbol{P}\boldsymbol{\Lambda}\boldsymbol{P}^{\mathrm{T}}.$$

记 $\boldsymbol{P}=(\boldsymbol{p}_1,\boldsymbol{p}_2,\boldsymbol{p}_3)$，则 $\boldsymbol{p}_1,\boldsymbol{p}_2,\boldsymbol{p}_3$ 为 $\boldsymbol{A}$ 的属于特征值 $\lambda_1=-1,\lambda_2=\lambda_3=1$ 的单位正交特征向量.

因为实对称矩阵的属于不同特征值的特征向量正交，且 $\boldsymbol{\eta}_1=(0,1,1)^{\mathrm{T}}$ 为属于 $\lambda_1=-1$ 的特征向量，所以属于 $\lambda_2=\lambda_3=1$ 的特征向量 $\boldsymbol{x}$ 应满足

$$\boldsymbol{x}^{\mathrm{T}}\boldsymbol{\eta}_1=0.$$

设 $\boldsymbol{x}=(x_1,x_2,x_3)^{\mathrm{T}}$，则上式即为

$$x_2+x_3=0,$$

可得正交的基础解系

$$\boldsymbol{\eta}_2=\begin{pmatrix}1\\0\\0\end{pmatrix},\quad \boldsymbol{\eta}_3=\begin{pmatrix}0\\1\\-1\end{pmatrix}.$$

把 $\boldsymbol{\eta}_1,\boldsymbol{\eta}_2,\boldsymbol{\eta}_3$ 单位化，可取

$$\boldsymbol{p}_1=\begin{pmatrix}0\\\frac{1}{\sqrt{2}}\\\frac{1}{\sqrt{2}}\end{pmatrix},\quad \boldsymbol{p}_2=\begin{pmatrix}1\\0\\0\end{pmatrix},\quad \boldsymbol{p}_3=\begin{pmatrix}0\\\frac{1}{\sqrt{2}}\\-\frac{1}{\sqrt{2}}\end{pmatrix}.$$

于是，得正交矩阵

$$\boldsymbol{P}=(\boldsymbol{p}_1,\boldsymbol{p}_2,\boldsymbol{p}_3)=\begin{pmatrix}0&1&0\\\frac{1}{\sqrt{2}}&0&\frac{1}{\sqrt{2}}\\\frac{1}{\sqrt{2}}&0&-\frac{1}{\sqrt{2}}\end{pmatrix}.$$

因此

$$\boldsymbol{A}=\begin{pmatrix}0&1&0\\\frac{1}{\sqrt{2}}&0&\frac{1}{\sqrt{2}}\\\frac{1}{\sqrt{2}}&0&-\frac{1}{\sqrt{2}}\end{pmatrix}\begin{pmatrix}-1&0&0\\0&1&0\\0&0&1\end{pmatrix}\begin{pmatrix}0&\frac{1}{\sqrt{2}}&\frac{1}{\sqrt{2}}\\1&0&0\\0&\frac{1}{\sqrt{2}}&-\frac{1}{\sqrt{2}}\end{pmatrix}=\begin{pmatrix}1&0&0\\0&0&-1\\0&-1&0\end{pmatrix}.$$

五、若尔当标准形简介

我们知道,并非每个方阵都可对角化. 当方阵 $\boldsymbol{A}$ 不能和对角矩阵相似时,能否找到一个构造比较简单的分块对角矩阵和它相似呢? 当我们在复数域内考虑这个问题时,这样的矩阵确实是存在的,这就是若尔当(Jordan) 形矩阵.

定义 5.7 形如

$$\begin{pmatrix} \lambda & 1 & & & \\ & \lambda & 1 & & \\ & & \ddots & \ddots & \\ & & & \lambda & 1 \\ & & & & \lambda \end{pmatrix}$$

的矩阵称为若尔当块,其中 λ 是复数. 由若干个若尔当块组成的分块对角矩阵,即

$$\boldsymbol{J}=\begin{pmatrix} \boldsymbol{J}_1 & & & \\ & \boldsymbol{J}_2 & & \\ & & \ddots & \\ & & & \boldsymbol{J}_r \end{pmatrix},$$

其中 $\boldsymbol{J}_i(i=1,2,\cdots,r)$ 都是若尔当块,称为若尔当形矩阵或若尔当标准形.

显然,对角矩阵可看作若尔当形矩阵的特殊情形,这时每个若尔当块都是一阶矩阵.

定理 5.9 对于任意一个 n 阶方阵 $\boldsymbol{A}$,都存在可逆矩阵 $\boldsymbol{P}$,使得

$$\boldsymbol{P}^{-1}\boldsymbol{A}\boldsymbol{P}=\boldsymbol{J},$$

其中 $\boldsymbol{J}$ 为若尔当形矩阵,且其主对角线上的元素为 $\boldsymbol{A}$ 的全部特征值.

证明从略.

例如方阵

$$\boldsymbol{A}=\begin{pmatrix} -1 & 1 & 0 \\ -4 & 3 & 0 \\ 1 & 0 & 2 \end{pmatrix},$$

易知 $\lambda_1=2,\lambda_2=\lambda_3=1$ 为其特征值,但仅有两个线性无关的特征向量,故 $\boldsymbol{A}$ 不能对角化. 但是当取可逆矩阵

$$\boldsymbol{P}=\begin{pmatrix} 0 & 1 & 0 \\ 0 & 2 & 1 \\ 1 & -1 & -1 \end{pmatrix}$$

时,有

$$P^{-1}AP=J=\begin{pmatrix}2&0&0\\0&1&1\\0&0&1\end{pmatrix}.$$

第三节 典型例题

例 5.13

设三阶方阵 $\boldsymbol{A}$ 的特征值为 $\lambda_1=-1,\lambda_2=1,\lambda_3=3$，对应的特征向量依次为

$$\boldsymbol{\xi}_1=(1,-1,0)^{\mathrm{T}},\quad \boldsymbol{\xi}_2=(1,-1,1)^{\mathrm{T}},\quad \boldsymbol{\xi}_3=(0,1,-1)^{\mathrm{T}},$$

求 $\boldsymbol{A}$.

解 由定义，有 $\boldsymbol{A}\boldsymbol{\xi}_1=\lambda_1\boldsymbol{\xi}_1,\boldsymbol{A}\boldsymbol{\xi}_2=\lambda_2\boldsymbol{\xi}_2,\boldsymbol{A}\boldsymbol{\xi}_3=\lambda_3\boldsymbol{\xi}_3$. 于是

$$\boldsymbol{A}(\boldsymbol{\xi}_1,\boldsymbol{\xi}_2,\boldsymbol{\xi}_3)=(\boldsymbol{A}\boldsymbol{\xi}_1,\boldsymbol{A}\boldsymbol{\xi}_2,\boldsymbol{A}\boldsymbol{\xi}_3)=(\lambda_1\boldsymbol{\xi}_1,\lambda_2\boldsymbol{\xi}_2,\lambda_3\boldsymbol{\xi}_3),$$

即有

$$\boldsymbol{A}\begin{pmatrix}1&1&0\\-1&-1&1\\0&1&-1\end{pmatrix}=\begin{pmatrix}-1&1&0\\1&-1&3\\0&1&-3\end{pmatrix}.$$

故得

$$\boldsymbol{A}=\begin{pmatrix}-1&1&0\\1&-1&3\\0&1&-3\end{pmatrix}\begin{pmatrix}1&1&0\\-1&-1&1\\0&1&-1\end{pmatrix}^{-1}=\begin{pmatrix}1&2&2\\2&1&-2\\-2&-2&1\end{pmatrix}.$$

例 5.14

设方阵

$$\boldsymbol{A}=\begin{pmatrix}3&2&-2\\-5&-1&5\\4&2&-3\end{pmatrix},$$

求：(1) $\boldsymbol{A}$ 的特征值；(2) $2\boldsymbol{E}+\boldsymbol{A}^{-1}$ 的特征值.

解 (1) 由 $\boldsymbol{A}$ 的特征方程

$$|\lambda\boldsymbol{E}-\boldsymbol{A}|=\begin{vmatrix}\lambda-3&-2&2\\5&\lambda+1&-5\\-4&-2&\lambda+3\end{vmatrix}=\begin{vmatrix}\lambda-1&-2&2\\0&\lambda+1&-5\\\lambda-1&-2&\lambda+3\end{vmatrix}$$

$$=\begin{vmatrix}\lambda-1&-2&2\\0&\lambda+1&-5\\0&0&\lambda+1\end{vmatrix}=(\lambda+1)^2(\lambda-1)=0,$$

得 $\boldsymbol{A}$ 的特征值为 $\lambda_1=\lambda_2=-1,\lambda_3=1$.

(2) 由 $\boldsymbol{A}$ 的特征值不为零,知 $\boldsymbol{A}$ 可逆,且 $\boldsymbol{A}^{-1}$ 的特征值为 $\lambda_1=\lambda_2=-1,\lambda_3=1$.

又由 $\boldsymbol{A}^{-1}\boldsymbol{x}=\lambda\boldsymbol{x}$,得

$$(2\boldsymbol{E}+\boldsymbol{A}^{-1})\boldsymbol{x}=2\boldsymbol{E}\boldsymbol{x}+\boldsymbol{A}^{-1}\boldsymbol{x}=2\boldsymbol{x}+\lambda\boldsymbol{x}=(2+\lambda)\boldsymbol{x}.$$

因此,若 $\boldsymbol{A}^{-1}$ 有特征值 λ,则 $2\boldsymbol{E}+\boldsymbol{A}^{-1}$ 有特征值 $2+\lambda$. 故 $2\boldsymbol{E}+\boldsymbol{A}^{-1}$ 的特征值为 $\lambda_1=\lambda_2=1$, $\lambda_3=3$.

例 5.15

试问 a,b,c 为何值时,方阵

$$\boldsymbol{A}=\begin{pmatrix}\frac{1}{\sqrt{2}} & a & 0\\ 0 & 0 & 1\\ b & c & 0\end{pmatrix}$$

为正交矩阵?

解 根据正交矩阵的定义,$\boldsymbol{A}$ 的第 1 列向量长度应等于 1,即 $\left(\frac{1}{\sqrt{2}}\right)^2+b^2=1$,由此推出 $b=\pm\frac{1}{\sqrt{2}}$. 又 $\boldsymbol{A}$ 的第 1,3 行向量长度也应等于 1,即 $\left(\frac{1}{\sqrt{2}}\right)^2+a^2=1,b^2+c^2=1$,由此分别推出 $a=\pm\frac{1}{\sqrt{2}},c=\pm\frac{1}{\sqrt{2}}$.

根据列(或行)向量的正交性,可确定 a,b,c 的符号.

已知第 1,2 列正交,得到 $\frac{1}{\sqrt{2}}a=-bc$,故当 $a=\frac{1}{\sqrt{2}}>0$ 时,b,c 异号,因而

$$b=-c=\pm\frac{1}{\sqrt{2}};$$

当 $a=-\frac{1}{\sqrt{2}}<0$ 时,b,c 同号,因而

$$b=c=\pm\frac{1}{\sqrt{2}}.$$

因此,相应的正交矩阵为下列四个:

$$\begin{pmatrix}\frac{1}{\sqrt{2}} & \frac{1}{\sqrt{2}} & 0\\ 0 & 0 & 1\\ \frac{1}{\sqrt{2}} & -\frac{1}{\sqrt{2}} & 0\end{pmatrix},\quad \begin{pmatrix}\frac{1}{\sqrt{2}} & \frac{1}{\sqrt{2}} & 0\\ 0 & 0 & 1\\ -\frac{1}{\sqrt{2}} & \frac{1}{\sqrt{2}} & 0\end{pmatrix},$$

$$\begin{pmatrix} \frac{1}{\sqrt{2}} & -\frac{1}{\sqrt{2}} & 0 \\ 0 & 0 & 1 \\ \frac{1}{\sqrt{2}} & \frac{1}{\sqrt{2}} & 0 \end{pmatrix}, \quad \begin{pmatrix} \frac{1}{\sqrt{2}} & -\frac{1}{\sqrt{2}} & 0 \\ 0 & 0 & 1 \\ -\frac{1}{\sqrt{2}} & -\frac{1}{\sqrt{2}} & 0 \end{pmatrix}.$$

例 5.16

设方阵$\boldsymbol{A}$满足关系式$\boldsymbol{A}^{\mathrm{T}}\boldsymbol{A}=\boldsymbol{E}$. 试证:$\boldsymbol{A}$的实特征向量所对应的特征值的绝对值等于1.

证 设$\boldsymbol{\alpha}$为$\boldsymbol{A}$的实特征向量,其所对应的特征值为λ,则$\boldsymbol{A\alpha}=\lambda\boldsymbol{\alpha}$,得

$$(\boldsymbol{A\alpha})^{\mathrm{T}}=(\lambda\boldsymbol{\alpha})^{\mathrm{T}}, \quad 即 \quad \boldsymbol{\alpha}^{\mathrm{T}}\boldsymbol{A}^{\mathrm{T}}=\lambda\boldsymbol{\alpha}^{\mathrm{T}}.$$

于是

$$\boldsymbol{\alpha}^{\mathrm{T}}(\boldsymbol{A}^{\mathrm{T}}\boldsymbol{A})\boldsymbol{\alpha}=\boldsymbol{\alpha}^{\mathrm{T}}\boldsymbol{A}^{\mathrm{T}}(\boldsymbol{A\alpha})=\lambda\boldsymbol{\alpha}^{\mathrm{T}}(\lambda\boldsymbol{\alpha})=\lambda^2\boldsymbol{\alpha}^{\mathrm{T}}\boldsymbol{\alpha}.$$

因为$\boldsymbol{A}^{\mathrm{T}}\boldsymbol{A}=\boldsymbol{E}$,所以上式变为

$$\boldsymbol{\alpha}^{\mathrm{T}}\boldsymbol{\alpha}=\lambda^2\boldsymbol{\alpha}^{\mathrm{T}}\boldsymbol{\alpha}, \quad 即 \quad (\lambda^2-1)\boldsymbol{\alpha}^{\mathrm{T}}\boldsymbol{\alpha}=0.$$

又因$\boldsymbol{\alpha}$为实特征向量,故$\boldsymbol{\alpha}^{\mathrm{T}}\boldsymbol{\alpha}>0$,则$\lambda^2-1=0$,即$|\lambda|=1$.

例 5.17

判断方阵

$$\boldsymbol{A}=\begin{pmatrix} 0 & 1 & 1 & -1 \\ 1 & 0 & -1 & 1 \\ 1 & -1 & 0 & 1 \\ -1 & 1 & 1 & 0 \end{pmatrix}$$

能否与对角矩阵相似. 若能,求一正交矩阵$\boldsymbol{P}$,使得$\boldsymbol{P}^{-1}\boldsymbol{AP}$为对角矩阵.

解 因$\boldsymbol{A}$为实对称矩阵,故总存在正交矩阵$\boldsymbol{P}$,使得$\boldsymbol{P}^{-1}\boldsymbol{AP}=\boldsymbol{\Lambda}$为对角矩阵.

由$\boldsymbol{A}$的特征方程$|\boldsymbol{A}-\lambda\boldsymbol{E}|=(\lambda-1)^3(\lambda+3)=0$,得特征值为$\lambda_1=\lambda_2=\lambda_3=1$,$\lambda_4=-3$.

当$\lambda=1$时,解方程组

$$\begin{pmatrix} -1 & 1 & 1 & -1 \\ 1 & -1 & -1 & 1 \\ 1 & -1 & -1 & 1 \\ -1 & 1 & 1 & -1 \end{pmatrix}\begin{pmatrix} x_1 \\ x_2 \\ x_3 \\ x_4 \end{pmatrix}=\begin{pmatrix} 0 \\ 0 \\ 0 \\ 0 \end{pmatrix},$$

得基础解系

$$\boldsymbol{\eta}_1=(1,1,0,0)^{\mathrm{T}}, \quad \boldsymbol{\eta}_2=(1,0,1,0)^{\mathrm{T}}, \quad \boldsymbol{\eta}_3=(-1,0,0,1)^{\mathrm{T}}.$$

把$\boldsymbol{\eta}_1,\boldsymbol{\eta}_2,\boldsymbol{\eta}_3$正交化,得

$$\boldsymbol{\beta}_1 = \boldsymbol{\eta}_1 = (1,1,0,0)^{\mathrm{T}},$$

$$\boldsymbol{\beta}_2 = \boldsymbol{\eta}_2 - \frac{(\boldsymbol{\eta}_2,\boldsymbol{\beta}_1)}{(\boldsymbol{\beta}_1,\boldsymbol{\beta}_1)}\boldsymbol{\beta}_1 = \left(\frac{1}{2},-\frac{1}{2},1,0\right)^{\mathrm{T}},$$

$$\boldsymbol{\beta}_3 = \boldsymbol{\eta}_3 - \frac{(\boldsymbol{\eta}_3,\boldsymbol{\beta}_1)}{(\boldsymbol{\beta}_1,\boldsymbol{\beta}_1)}\boldsymbol{\beta}_1 - \frac{(\boldsymbol{\eta}_3,\boldsymbol{\beta}_2)}{(\boldsymbol{\beta}_2,\boldsymbol{\beta}_2)}\boldsymbol{\beta}_2 = \left(-\frac{1}{3},\frac{1}{3},\frac{1}{3},1\right)^{\mathrm{T}}.$$

把 $\boldsymbol{\beta}_1,\boldsymbol{\beta}_2,\boldsymbol{\beta}_3$ 单位化,得

$$\boldsymbol{p}_1 = \left(\frac{1}{\sqrt{2}},\frac{1}{\sqrt{2}},0,0\right)^{\mathrm{T}},$$

$$\boldsymbol{p}_2 = \left(\frac{1}{\sqrt{6}},-\frac{1}{\sqrt{6}},\frac{2}{\sqrt{6}},0\right)^{\mathrm{T}},$$

$$\boldsymbol{p}_3 = \left(\frac{-1}{\sqrt{12}},\frac{1}{\sqrt{12}},\frac{1}{\sqrt{12}},\frac{3}{\sqrt{12}}\right)^{\mathrm{T}}.$$

当 $\lambda=-3$ 时,解方程组

$$\begin{pmatrix} 3 & 1 & 1 & -1 \\ 1 & 3 & -1 & 1 \\ 1 & -1 & 3 & 1 \\ -1 & 1 & 1 & 3 \end{pmatrix}\begin{pmatrix} x_1 \\ x_2 \\ x_3 \\ x_4 \end{pmatrix} = \begin{pmatrix} 0 \\ 0 \\ 0 \\ 0 \end{pmatrix},$$

得基础解系 $\boldsymbol{\eta}_4 = (1,-1,-1,1)^{\mathrm{T}}$. 因 $\boldsymbol{\eta}_4$ 与 $\boldsymbol{p}_1,\boldsymbol{p}_2,\boldsymbol{p}_3$ 必正交,故只需单位化,得

$$\boldsymbol{p}_4 = \left(\frac{1}{2},-\frac{1}{2},-\frac{1}{2},\frac{1}{2}\right)^{\mathrm{T}}.$$

因此,得正交矩阵 $\boldsymbol{P} = (\boldsymbol{p}_1,\boldsymbol{p}_2,\boldsymbol{p}_3,\boldsymbol{p}_4)$,且有

$$\boldsymbol{P}^{-1}\boldsymbol{A}\boldsymbol{P} = \begin{pmatrix} 1 & & & \\ & 1 & & \\ & & 1 & \\ & & & -3 \end{pmatrix}.$$

例 5.18

设方阵 $\boldsymbol{A} = \begin{pmatrix} 0 & 0 & 1 \\ 1 & 1 & a \\ 1 & 0 & 0 \end{pmatrix}$,问 a 为何值时,$\boldsymbol{A}$ 能对角化?

解 由 $\boldsymbol{A}$ 的特征方程

$$|\lambda\boldsymbol{E}-\boldsymbol{A}| = \begin{vmatrix} \lambda & 0 & -1 \\ -1 & \lambda-1 & -a \\ -1 & 0 & \lambda \end{vmatrix} = (\lambda-1)^2(\lambda+1) = 0,$$

得特征值为 $\lambda_1=-1,\lambda_2=\lambda_3=1$.

若方阵 $\boldsymbol{A}$ 可对角化，则 $\boldsymbol{A}$ 有三个线性无关的特征向量. 因此，对于 $\lambda_1=-1$，可求得对应的线性无关的特征向量恰有一个. 而对应重根 $\lambda_2=\lambda_3=1$，应有两个对应的线性无关的特征向量，即方程组 $(\boldsymbol{E}-\boldsymbol{A})\boldsymbol{x}=\boldsymbol{0}$ 有两个线性无关的解，亦即系数矩阵 $\boldsymbol{E}-\boldsymbol{A}$ 的秩 $\mathrm{R}(\boldsymbol{E}-\boldsymbol{A})=1$. 又因为

$$\boldsymbol{E}-\boldsymbol{A}=\begin{pmatrix}1&0&-1\\-1&0&-a\\-1&0&1\end{pmatrix}\xrightarrow{\text{初等行变换}}\begin{pmatrix}1&0&-1\\0&0&a+1\\0&0&0\end{pmatrix},$$

所以要使 $\mathrm{R}(\boldsymbol{E}-\boldsymbol{A})=1$，必须 $a+1=0$，由此得 $a=-1$. 因此，当 $a=-1$ 时，矩阵 $\boldsymbol{A}$ 能对角化.

例 5.19

设 $\boldsymbol{A}$ 为三阶方阵，$\boldsymbol{\alpha}_1,\boldsymbol{\alpha}_2,\boldsymbol{\alpha}_3$ 是线性无关的三维列向量组，且满足

$$\boldsymbol{A\alpha}_1=\boldsymbol{\alpha}_1+\boldsymbol{\alpha}_2+\boldsymbol{\alpha}_3,\quad \boldsymbol{A\alpha}_2=2\boldsymbol{\alpha}_2+\boldsymbol{\alpha}_3,\quad \boldsymbol{A\alpha}_3=2\boldsymbol{\alpha}_2+3\boldsymbol{\alpha}_3.$$

(1) 求方阵 $\boldsymbol{B}$，使得 $\boldsymbol{A}(\boldsymbol{\alpha}_1,\boldsymbol{\alpha}_2,\boldsymbol{\alpha}_3)=(\boldsymbol{\alpha}_1,\boldsymbol{\alpha}_2,\boldsymbol{\alpha}_3)\boldsymbol{B}$；

(2) 求 $\boldsymbol{A}$ 的特征值；

(3) 求可逆矩阵 $\boldsymbol{P}$，使得 $\boldsymbol{P}^{-1}\boldsymbol{AP}$ 为对角矩阵.

解　(1) 按已知条件，有

$$\begin{aligned}\boldsymbol{A}(\boldsymbol{\alpha}_1,\boldsymbol{\alpha}_2,\boldsymbol{\alpha}_3)&=(\boldsymbol{\alpha}_1+\boldsymbol{\alpha}_2+\boldsymbol{\alpha}_3,2\boldsymbol{\alpha}_2+\boldsymbol{\alpha}_3,2\boldsymbol{\alpha}_2+3\boldsymbol{\alpha}_3)\\&=(\boldsymbol{\alpha}_1,\boldsymbol{\alpha}_2,\boldsymbol{\alpha}_3)\begin{pmatrix}1&0&0\\1&2&2\\1&1&3\end{pmatrix},\end{aligned}$$

所以 $\boldsymbol{B}=\begin{pmatrix}1&0&0\\1&2&2\\1&1&3\end{pmatrix}$.

(2) 因为向量组 $\boldsymbol{\alpha}_1,\boldsymbol{\alpha}_2,\boldsymbol{\alpha}_3$ 线性无关，所以矩阵 $\boldsymbol{P}_1=(\boldsymbol{\alpha}_1,\boldsymbol{\alpha}_2,\boldsymbol{\alpha}_3)$ 可逆. 由(1)可知，$\boldsymbol{P}_1^{-1}\boldsymbol{AP}_1=\boldsymbol{B}$，即 $\boldsymbol{A}$ 与 $\boldsymbol{B}$ 相似. 又经计算可知 $\boldsymbol{B}$ 的特征值是 1,1,4，从而 $\boldsymbol{A}$ 的特征值也是 1,1,4.

(3) 对于方阵 $\boldsymbol{B}$，由 $(\boldsymbol{B}-\boldsymbol{E})\boldsymbol{x}=\boldsymbol{0}$ 得特征向量 $\boldsymbol{\beta}_1=(-1,1,0)^{\mathrm{T}}$，$\boldsymbol{\beta}_2=(-2,0,1)^{\mathrm{T}}$；由 $(\boldsymbol{B}-4\boldsymbol{E})\boldsymbol{x}=\boldsymbol{0}$ 得特征向量 $\boldsymbol{\beta}_3=(0,1,1)^{\mathrm{T}}$. 那么令 $\boldsymbol{P}_2=(\boldsymbol{\beta}_1,\boldsymbol{\beta}_2,\boldsymbol{\beta}_3)$，则有 $\boldsymbol{P}_2^{-1}\boldsymbol{BP}_2=\begin{pmatrix}1&&\\&1&\\&&4\end{pmatrix}$，于是 $\boldsymbol{P}_2^{-1}\boldsymbol{P}_1^{-1}\boldsymbol{AP}_1\boldsymbol{P}_2=\begin{pmatrix}1&&\\&1&\\&&4\end{pmatrix}$. 故当

$$\boldsymbol{P}=\boldsymbol{P}_1\boldsymbol{P}_2=(\boldsymbol{\alpha}_1,\boldsymbol{\alpha}_2,\boldsymbol{\alpha}_3)\begin{pmatrix}-1&-2&0\\1&0&1\\0&1&1\end{pmatrix}=(-\boldsymbol{\alpha}_1+\boldsymbol{\alpha}_2,-2\boldsymbol{\alpha}_1+\boldsymbol{\alpha}_3,\boldsymbol{\alpha}_2+\boldsymbol{\alpha}_3)$$

时，$\boldsymbol{P}^{-1}\boldsymbol{AP}$ 为对角矩阵.

习　题　五

1. 求下列方阵的特征值和特征向量：

(1) $\begin{pmatrix} 1 & -1 \\ 2 & 4 \end{pmatrix}$；　　(2) $\begin{pmatrix} 1 & 2 & 3 \\ 2 & 1 & 3 \\ 3 & 3 & 6 \end{pmatrix}$.

2. 设方阵 $\boldsymbol{A}=\begin{pmatrix} -1 & 2 & 2 \\ 2 & -1 & -2 \\ 2 & -2 & -1 \end{pmatrix}$,

(1) 求 $\boldsymbol{A}$ 的特征值；

(2) 求 $(\boldsymbol{A}^{-1})^*$ 的特征值；

(3) 利用(1)的结果，求 $\boldsymbol{E}+\boldsymbol{A}^{-1}$ 的特征值.

3. 设方阵 $\boldsymbol{A}=\begin{pmatrix} 0 & 0 & 1 \\ x & 1 & y \\ 1 & 0 & 0 \end{pmatrix}$ 有三个线性无关的特征向量，求 x 和 y 应满足的条件.

4. 设 $\boldsymbol{A}$ 为 n 阶方阵，$\boldsymbol{A}^2=\boldsymbol{A}$. 证明：$\boldsymbol{A}$ 的特征值是 1 或 0.

5. 试用施密特正交化过程把下列向量组正交化：

(1) $\boldsymbol{\alpha}_1=(1,1,1)^{\mathrm{T}}$, $\boldsymbol{\alpha}_2=(1,2,3)^{\mathrm{T}}$, $\boldsymbol{\alpha}_3=(1,4,9)^{\mathrm{T}}$；

(2) $\boldsymbol{\alpha}_1=(1,0,-1,1)^{\mathrm{T}}$, $\boldsymbol{\alpha}_2=(1,-1,0,1)^{\mathrm{T}}$, $\boldsymbol{\alpha}_3=(-1,1,1,0)^{\mathrm{T}}$.

6. 设 $\boldsymbol{x}$ 为 n 维列向量，$\boldsymbol{x}^{\mathrm{T}}\boldsymbol{x}=1$，令 $\boldsymbol{A}=\boldsymbol{E}-2\boldsymbol{x}\boldsymbol{x}^{\mathrm{T}}$. 求证：$\boldsymbol{A}$ 是对称的正交矩阵.

7. 设 $\boldsymbol{\alpha}$ 是 n 维列向量，$\boldsymbol{A}$ 为 n 阶正交矩阵. 证明：$\|\boldsymbol{A}\boldsymbol{\alpha}\|=\|\boldsymbol{\alpha}\|$.

8. 设方阵 $\boldsymbol{A}=\begin{pmatrix} 1 & -2 & -4 \\ -2 & x & -2 \\ -4 & -2 & 1 \end{pmatrix}$ 与对角矩阵 $\boldsymbol{\Lambda}=\begin{pmatrix} 5 & & \\ & y & \\ & & -4 \end{pmatrix}$ 相似，求 x,y 的值.

9. 设三阶方阵 $\boldsymbol{A}$ 的特征值为 $\lambda_1=1,\lambda_2=2,\lambda_3=3$，其对应的特征向量依次为

$$\boldsymbol{p}_1=\begin{pmatrix} 1 \\ 1 \\ 1 \end{pmatrix},\quad \boldsymbol{p}_2=\begin{pmatrix} 1 \\ 2 \\ 4 \end{pmatrix},\quad \boldsymbol{p}_3=\begin{pmatrix} 1 \\ 3 \\ 9 \end{pmatrix},$$

求 $\boldsymbol{A}$.

10. 已知方阵 $\boldsymbol{A}=\begin{pmatrix} 1 & 2 \\ 4 & 3 \end{pmatrix}$，求 $\boldsymbol{A}^{100}$.

11. 设三阶实对称矩阵 $\boldsymbol{A}$ 的特征值为 6,3,3，属于特征值 6 的一个特征向量为 $\boldsymbol{p}_1=(1,1,1)^{\mathrm{T}}$，求 $\boldsymbol{A}$.

12. 试求一个正交的相似变换矩阵，将下列实对称矩阵化为对角矩阵：

(1) $\begin{pmatrix} 2 & -2 & 0 \\ -2 & 1 & -2 \\ 0 & -2 & 0 \end{pmatrix}$；　　(2) $\begin{pmatrix} 2 & 2 & -2 \\ 2 & 5 & -4 \\ -2 & -4 & 5 \end{pmatrix}$.

第六章

二 次 型

在解析几何中所讨论的有心二次曲线，若其中心与坐标原点重合，则一般方程是

$$ax^2+bxy+cy^2=f.$$

上式左端是x,y的一个二次齐次多项式. 为了便于研究它的几何性质，我们可以选择适当的坐标旋转变换，把一般方程化为标准形

$$mx_1^2+nx_2^2=1.$$

这样一个问题在许多理论和实际领域中常会遇到，我们把它一般化，即讨论n个变量的二次齐次多项式的化简问题.

知识框图

课程思政案例

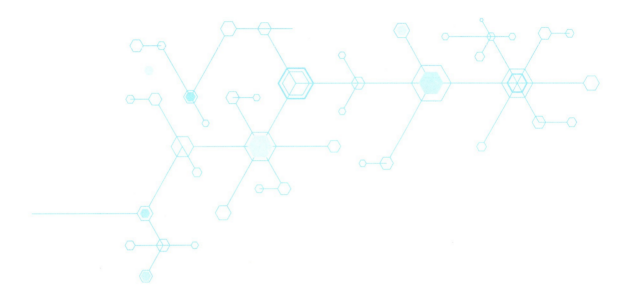

第一节　二次型及其矩阵表示

微课视频

一、二次型的基本概念

定义 6.1　含有 n 个变量 $x_1,x_2,\cdots,x_n$ 的二次齐次多项式

$$f(x_1,x_2,\cdots,x_n)=a_{11}x_1^2+a_{22}x_2^2+\cdots+a_{nn}x_n^2+2a_{12}x_1x_2+2a_{13}x_1x_3+\cdots+2a_{n-1,n}x_{n-1}x_n \tag{6.1}$$

称为二次型.

当 $a_{ij}(1\leqslant i\leqslant j\leqslant n)$ 为复数时,f 称为复二次型;当 $a_{ij}(1\leqslant i\leqslant j\leqslant n)$ 为实数时,f 称为实二次型. 这里,我们只讨论实二次型.

取 $a_{ij}=a_{ji}$,则 $2a_{ij}x_ix_j=a_{ij}x_ix_j+a_{ji}x_jx_i$,于是二次型(6.1)可以写成

$$\begin{aligned}f&=a_{11}x_1^2+a_{12}x_1x_2+\cdots+a_{1n}x_1x_n+a_{21}x_2x_1+a_{22}x_2^2+\cdots\\&\quad+a_{2n}x_2x_n+\cdots+a_{n1}x_nx_1+a_{n2}x_nx_2+\cdots+a_{nn}x_n^2\\&=\sum_{i=1}^{n}\sum_{j=1}^{n}a_{ij}x_ix_j.\end{aligned} \tag{6.2}$$

把式(6.2)的系数排成一个矩阵

$$\boldsymbol{A}=\begin{pmatrix}a_{11}&a_{12}&\cdots&a_{1n}\\a_{21}&a_{22}&\cdots&a_{2n}\\\vdots&\vdots&&\vdots\\a_{n1}&a_{n2}&\cdots&a_{nn}\end{pmatrix},$$

并记 $\boldsymbol{x}=(x_1,x_2,\cdots,x_n)^{\mathrm{T}}$,则式(6.2)可写成

$$f=\boldsymbol{x}^{\mathrm{T}}\boldsymbol{A}\boldsymbol{x}, \tag{6.3}$$

其中 $\boldsymbol{A}$ 为对称矩阵.

任给一个二次型,就唯一地确定一个对称矩阵;反之,任给一个对称矩阵,也可唯一地确定一个二次型. 这样,二次型与对称矩阵之间存在一一对应关系. 因此,我们可以用对称矩阵讨论二次型,称对称矩阵 $\boldsymbol{A}$ 为二次型 f 的矩阵,也称二次型 f 为对称矩阵 $\boldsymbol{A}$ 的二次型. 矩阵 $\boldsymbol{A}$ 的秩就叫作二次型 f 的秩.

例如,二次型 $f(x_1,x_2,x_3)=x_1x_2+x_1x_3+2x_2^2-x_2x_3$ 的矩阵为

$$\boldsymbol{A}=\begin{pmatrix}0&\frac{1}{2}&\frac{1}{2}\\\frac{1}{2}&2&-\frac{1}{2}\\\frac{1}{2}&-\frac{1}{2}&0\end{pmatrix};$$

而对称矩阵

$$\boldsymbol{A}=\begin{pmatrix}1 & -1 & 0\\ -1 & 2 & \frac{3}{2}\\ 0 & \frac{3}{2} & 0\end{pmatrix}$$

对应的二次型为

$$f=x_1^2+2x_2^2-2x_1x_2+3x_2x_3.$$

二、线性变换

前面第二章介绍过，关系式

$$\begin{cases}x_1=c_{11}y_1+c_{12}y_2+\cdots+c_{1n}y_n,\\ x_2=c_{21}y_1+c_{22}y_2+\cdots+c_{2n}y_n,\\ \qquad\cdots\cdots\\ x_n=c_{n1}y_1+c_{n2}y_2+\cdots+c_{nn}y_n\end{cases}\tag{6.4}$$

是从变量 $y_1,y_2,\cdots,y_n$ 到变量 $x_1,x_2,\cdots,x_n$ 的一个线性变换，且它可写成矩阵形式

$$\boldsymbol{x}=\boldsymbol{C}\boldsymbol{y},$$

其中

$$\boldsymbol{x}=\begin{pmatrix}x_1\\ x_2\\ \vdots\\ x_n\end{pmatrix},\quad \boldsymbol{C}=\begin{pmatrix}c_{11} & c_{12} & \cdots & c_{1n}\\ c_{21} & c_{22} & \cdots & c_{2n}\\ \vdots & \vdots & & \vdots\\ c_{n1} & c_{n2} & \cdots & c_{nn}\end{pmatrix},\quad \boldsymbol{y}=\begin{pmatrix}y_1\\ y_2\\ \vdots\\ y_n\end{pmatrix},$$

$\boldsymbol{C}$ 为线性变换(6.4)的系数矩阵.

当 $|\boldsymbol{C}|\neq 0$ 时，称线性变换(6.4)为**可逆的线性变换**(或**非退化的线性变换**).

当 $\boldsymbol{C}$ 为正交矩阵时，称线性变换(6.4)为**正交线性变换**，简称**正交变换**.

线性变换把二次型变成二次型，二次型的化简问题就是寻求合适的线性变换把二次型变得简单. 本章讨论的中心问题就是如何寻找可逆的线性变换，使二次型只含平方项.

三、矩阵的合同

设二次型

$$f=\boldsymbol{x}^{\mathrm{T}}\boldsymbol{A}\boldsymbol{x}$$

经可逆的线性变换

$$\boldsymbol{x}=\boldsymbol{C}\boldsymbol{y}$$

后变成

$$f=(Cy)^{T}A(Cy)=y^{T}(C^{T}AC)y=y^{T}By,$$

其中

$$B=C^{T}AC,$$

且

$$B^{T}=(C^{T}AC)^{T}=C^{T}AC=B.$$

定义 6.2 设 A,B 为 n 阶方阵. 若存在 n 阶可逆矩阵 C,使得

$$C^{T}AC=B, \tag{6.5}$$

则称 A 与 B **合同**.

在定义 6.2 中,由于 C 可逆,因此合同的矩阵有相同的秩,且合同关系也是一种等价关系,即满足自反性、对称性和传递性.

由此可见,二次型经可逆的线性变换后,对应的矩阵合同.

第二节 二次型的标准形

微课视频

定义 6.3 若二次型 $f(x_1,x_2,\cdots,x_n)=x^{T}Ax$ 经可逆的线性变换 $x=Cy$ 后变成只含平方项的二次型

$$d_1y_1^2+d_2y_2^2+\cdots+d_ny_n^2, \tag{6.6}$$

则称式(6.6)为二次型 f 的**标准形**.

显然,标准形对应的矩阵是对角矩阵. 因此,二次型化标准形的问题就是矩阵与对角矩阵合同的问题.

下面介绍三种基本方法.

一、正交变换法

由于实二次型的矩阵是一个实对称矩阵,因此由第五章的定理 5.8 可知,二次型必可通过正交变换化为标准形.

定理 6.1(主轴定理) 对于任意一个 n 元实二次型 $f=x^{T}Ax$,一定存在正交变换 $x=Py$,使得 f 化为标准形

$$\lambda_1y_1^2+\lambda_2y_2^2+\cdots+\lambda_ny_n^2, \tag{6.7}$$

其中 $\lambda_1,\lambda_2,\cdots,\lambda_n$ 是 f 的矩阵 A 的 n 个特征值,正交矩阵 P 的 n 个列向量依次为 A 的属于特征值 $\lambda_1,\lambda_2,\cdots,\lambda_n$ 的单位正交特征向量.

例 6.1

求一个正交变换,化二次型

$$f(x_1,x_2,x_3)=2x_1x_2+2x_1x_3+2x_2x_3$$

为标准形.

解 易知,二次型 f 的矩阵为

$$\boldsymbol{A}=\begin{pmatrix}0&1&1\\1&0&1\\1&1&0\end{pmatrix},$$

则由 $\boldsymbol{A}$ 的特征方程

$$|\boldsymbol{A}-\lambda\boldsymbol{E}|=(\lambda+1)^2(2-\lambda)=0,$$

得 $\boldsymbol{A}$ 的特征值为 $\lambda_1=\lambda_2=-1,\lambda_3=2$.

当 $\lambda_1=\lambda_2=-1$ 时,解方程组 $(\boldsymbol{A}+\boldsymbol{E})\boldsymbol{x}=\boldsymbol{0}$,得正交的基础解系

$$\boldsymbol{\xi}_1=\begin{pmatrix}1\\-1\\0\end{pmatrix},\quad \boldsymbol{\xi}_2=\begin{pmatrix}1\\1\\-2\end{pmatrix}.$$

将 $\boldsymbol{\xi}_1,\boldsymbol{\xi}_2$ 单位化,得

$$\boldsymbol{e}_1=\begin{pmatrix}\frac{1}{\sqrt{2}}\\-\frac{1}{\sqrt{2}}\\0\end{pmatrix},\quad \boldsymbol{e}_2=\begin{pmatrix}\frac{1}{\sqrt{6}}\\\frac{1}{\sqrt{6}}\\-\frac{2}{\sqrt{6}}\end{pmatrix}.$$

当 $\lambda_3=2$ 时,解方程组 $(\boldsymbol{A}-2\boldsymbol{E})\boldsymbol{x}=\boldsymbol{0}$,得基础解系

$$\boldsymbol{\xi}_3=\begin{pmatrix}1\\1\\1\end{pmatrix}.$$

将 $\boldsymbol{\xi}_3$ 单位化,得

$$\boldsymbol{e}_3=\begin{pmatrix}\frac{1}{\sqrt{3}}\\\frac{1}{\sqrt{3}}\\\frac{1}{\sqrt{3}}\end{pmatrix}.$$

因此,令正交矩阵

$$\boldsymbol{P}=(\boldsymbol{e}_1,\boldsymbol{e}_2,\boldsymbol{e}_3)=\begin{pmatrix}\frac{1}{\sqrt{2}}&\frac{1}{\sqrt{6}}&\frac{1}{\sqrt{3}}\\-\frac{1}{\sqrt{2}}&\frac{1}{\sqrt{6}}&\frac{1}{\sqrt{3}}\\0&-\frac{2}{\sqrt{6}}&\frac{1}{\sqrt{3}}\end{pmatrix},$$

则经过正交变换 $\boldsymbol{x}=\boldsymbol{P}\boldsymbol{y}$ 后,原二次型化为标准形 $f=-y_1^2-y_2^2+2y_3^2$.

二、配方法

定理 6.2 任何一个二次型都可通过可逆的线性变换化为标准形.

证 证明过程就是实施配方法的过程.

我们对二次型(6.1)的变量个数 n 做归纳法.

当 $n=1$ 时, $f(x_1)=a_{11}x_1^2$ 已是标准形.

假设对于 $n-1$ 元二次型结论成立,现证明对 n 元二次型结论也成立.分如下两种情况讨论:

(1) 平方项系数 $a_{ii}(i=1,2,\cdots,n)$ 中至少有一个不等于零.不妨设 $a_{11}\neq 0$,这时可对其进行配方,得

$$f=a_{11}\left[x_1+\frac{1}{a_{11}}(a_{12}x_2+\cdots+a_{1n}x_n)\right]^2-\frac{1}{a_{11}}(a_{12}x_2+\cdots+a_{1n}x_n)^2$$
$$+a_{22}x_2^2+2a_{23}x_2x_3+\cdots+a_{nn}x_n^2.$$

令

$$\begin{cases} x_1=y_1-\dfrac{1}{a_{11}}(a_{12}y_2+\cdots+a_{1n}y_n), \\ x_2=y_2, \\ \cdots\cdots \\ x_n=y_n, \end{cases}$$

则上述线性变换是可逆的,且

$$f=a_{11}y_1^2-\frac{1}{a_{11}}(a_{12}y_2+\cdots+a_{1n}y_n)^2+a_{22}y_2^2+2a_{23}y_2y_3+\cdots+a_{nn}y_n^2.$$

由于上式中除第1项外,剩余部分是关于 $y_2,y_3,\cdots,y_n$ 的 $n-1$ 元二次型,因此由归纳假设即得.

(2) 所有平方项系数都为零,但至少有一个系数 $a_{ij}\neq 0(i\neq j)$.不妨设 $a_{12}\neq 0$,这时令

$$\begin{cases} x_1=y_1+y_2, \\ x_2=y_1-y_2, \\ x_3=y_3, \\ \cdots\cdots \\ x_n=y_n, \end{cases}$$

则上述线性变换是可逆的,且

$$\begin{aligned} f&=2a_{12}(y_1+y_2)(y_1-y_2)+2a_{13}(y_1+y_2)y_3+\cdots \\ &=2a_{12}y_1^2-2a_{12}y_2^2+2a_{13}y_1y_3+\cdots. \end{aligned}$$

由于上式是关于 $y_1,y_2,\cdots,y_n$ 的一个 n 元二次型,且 y_1^2 的系数不为零,因此由(1)可知,结论成立.

定理 6.2 说明,任何一个二次型都可通过配方法化为标准形.

例 6.2

化二次型

$$f=2x_1^2+5x_2^2+5x_3^2+4x_1x_2-4x_1x_3-8x_2x_3$$

为标准形,并求所用的变换矩阵.

解 将 x_1^2 及含有 x_1 的混合项配成完全平方,得

$$\begin{aligned}f&=2[x_1^2+2x_1(x_2-x_3)+(x_2-x_3)^2]-2(x_2-x_3)^2+5x_2^2+5x_3^2-8x_2x_3\\&=2(x_1+x_2-x_3)^2+3x_2^2+3x_3^2-4x_2x_3.\end{aligned}$$

再将 $3x_2^2-4x_2x_3$ 配成完全平方,得

$$f=2(x_1+x_2-x_3)^2+3\left(x_2-\frac{2}{3}x_3\right)^2+\frac{5}{3}x_3^2.$$

令

$$\begin{cases}y_1=x_1+x_2-x_3,\\y_2=x_2-\dfrac{2}{3}x_3,\\y_3=x_3,\end{cases}$$

即

$$\begin{cases}x_1=y_1-y_2+\dfrac{1}{3}y_3,\\x_2=y_2+\dfrac{2}{3}y_3,\\x_3=y_3,\end{cases}$$

得标准形

$$f=2y_1^2+3y_2^2+\frac{5}{3}y_3^2.$$

所用的可逆的线性变换为 $\boldsymbol{x}=\boldsymbol{C}\boldsymbol{y}$,其中变换矩阵为

$$\boldsymbol{C}=\begin{pmatrix}1&-1&\dfrac{1}{3}\\0&1&\dfrac{2}{3}\\0&0&1\end{pmatrix}.$$

例 6.3

化二次型

$$f=2x_1x_2-2x_1x_3+2x_2x_3$$

为标准形,并求所用的可逆的线性变换.

解 因 f 中不含平方项,故可令

$$\begin{cases}x_1=y_1+y_2,\\x_2=y_1-y_2,\\x_3=y_3,\end{cases}$$

代入原二次型可得

$$f=2y_1^2-2y_2^2-4y_2y_3.$$

再配方,得

$$f=2y_1^2-2(y_2+y_3)^2+2y_3^2.$$

令

$$\begin{cases}z_1=y_1,\\z_2=y_2+y_3,\\z_3=y_3,\end{cases}$$

即

$$\begin{cases}y_1=z_1,\\y_2=z_2-z_3,\\y_3=z_3,\end{cases}$$

得标准形

$$f=2z_1^2-2z_2^2+2z_3^2.$$

而所用的可逆的线性变换为

$$\boldsymbol{x}=\boldsymbol{C}_1\boldsymbol{y}=\boldsymbol{C}_1(\boldsymbol{C}_2\boldsymbol{z})=(\boldsymbol{C}_1\boldsymbol{C}_2)\boldsymbol{z}=\boldsymbol{C}\boldsymbol{z},$$

其中

$$\boldsymbol{C}=\boldsymbol{C}_1\boldsymbol{C}_2=\begin{pmatrix}1&1&0\\1&-1&0\\0&0&1\end{pmatrix}\begin{pmatrix}1&0&0\\0&1&-1\\0&0&1\end{pmatrix}=\begin{pmatrix}1&1&-1\\1&-1&1\\0&0&1\end{pmatrix}.$$

三、初等变换法

任意一个对称矩阵 $\boldsymbol{A}$ 都合同于一个对角矩阵 $\boldsymbol{\Lambda}$,即存在可逆矩阵 $\boldsymbol{C}$,使得

$$\boldsymbol{C}^{\mathrm{T}}\boldsymbol{A}\boldsymbol{C}=\boldsymbol{\Lambda}.$$

由于 $\boldsymbol{C}$ 可逆,因此 $\boldsymbol{C}$ 可写成一系列初等矩阵的乘积,记

$$\boldsymbol{C}=\boldsymbol{P}_1\boldsymbol{P}_2\cdots\boldsymbol{P}_s,$$

其中 $\boldsymbol{P}_i(i=1,2,\cdots,s)$ 为初等矩阵,则

$$\boldsymbol{C}^{\mathrm{T}}\boldsymbol{A}\boldsymbol{C}=\boldsymbol{P}_s^{\mathrm{T}}\cdots\boldsymbol{P}_2^{\mathrm{T}}\boldsymbol{P}_1^{\mathrm{T}}\boldsymbol{A}\boldsymbol{P}_1\boldsymbol{P}_2\cdots\boldsymbol{P}_s=\boldsymbol{\Lambda}.\tag{6.8}$$

注意到

$$\boldsymbol{E}\boldsymbol{P}_1\boldsymbol{P}_2\cdots\boldsymbol{P}_s=\boldsymbol{C},\tag{6.9}$$

故由式(6.8)与式(6.9)可见,对 $2n\times n$ 矩阵

$$\begin{pmatrix}\boldsymbol{A}\\\boldsymbol{E}\end{pmatrix}$$

施行右乘 $\boldsymbol{P}_1,\boldsymbol{P}_2,\cdots,\boldsymbol{P}_s$ 的初等列变换,再对 $\boldsymbol{A}$ 施行相应的左乘 $\boldsymbol{P}_1^{\mathrm{T}},\boldsymbol{P}_2^{\mathrm{T}},\cdots,\boldsymbol{P}_s^{\mathrm{T}}$ 的初等行变换,于是矩阵 $\boldsymbol{A}$ 变为对角矩阵 $\boldsymbol{\Lambda}$,单位矩阵 $\boldsymbol{E}$ 变为所求的可逆矩阵 $\boldsymbol{C}$.

因 $\boldsymbol{E}(i,j)^{\mathrm{T}}=\boldsymbol{E}(i,j)$，$\boldsymbol{E}(i(k))^{\mathrm{T}}=\boldsymbol{E}(i(k))$，$\boldsymbol{E}(i,j(k))^{\mathrm{T}}=\boldsymbol{E}(j,i(k))$，故无须对初等列、行变换采取互动的方式，只需每次成对施行初等列、行变换即可.

例 6.4

化二次型

$$f=x_1^2+2x_2^2+2x_3^2-2x_1x_2+4x_1x_3-6x_2x_3$$

为标准形，并求所用的可逆的线性变换.

解 利用初等变换法，由

$$\begin{pmatrix}\boldsymbol{A}\\ \boldsymbol{E}\end{pmatrix}=\begin{pmatrix}1&-1&2\\-1&2&-3\\2&-3&2\\1&0&0\\0&1&0\\0&0&1\end{pmatrix}\xrightarrow[c_3-2c_1]{c_2+c_1}\begin{pmatrix}1&0&0\\-1&1&-1\\2&-1&-2\\1&1&-2\\0&1&0\\0&0&1\end{pmatrix}\xrightarrow[r_3-2r_1]{r_2+r_1}\begin{pmatrix}1&0&0\\0&1&-1\\0&-1&-2\\1&1&-2\\0&1&0\\0&0&1\end{pmatrix}$$

$$\xrightarrow{c_3+c_2}\begin{pmatrix}1&0&0\\0&1&0\\0&-1&-3\\1&1&-1\\0&1&1\\0&0&1\end{pmatrix}\xrightarrow{r_3+r_2}\begin{pmatrix}1&0&0\\0&1&0\\0&0&-3\\1&1&-1\\0&1&1\\0&0&1\end{pmatrix},$$

得可逆矩阵

$$\boldsymbol{C}=\begin{pmatrix}1&1&-1\\0&1&1\\0&0&1\end{pmatrix},$$

则相应的可逆的线性变换为 $\boldsymbol{x}=\boldsymbol{C}\boldsymbol{y}$，标准形为

$$f=y_1^2+y_2^2-3y_3^2.$$

第三节 正定二次型

一、惯性定理与二次型的规范形

二次型的标准形显然是不唯一的，但标准形中所含平方项的项数（二次

型的秩)是不变的.不仅如此,在限定变换为实变换时,标准形中正系数个数也是不变的(从而负系数个数不变),即有下述结论.

定理 6.3(惯性定理) 在实二次型 $f = \boldsymbol{x}^{\mathrm{T}}\boldsymbol{A}\boldsymbol{x}$ 的标准形中,正系数个数及负系数个数是唯一确定的,与可逆的线性变换无关.

证明从略.

定义 6.4 在实二次型 f 的标准形中,正系数个数 p 称为二次型 f 的正惯性指数,负系数个数 q 称为二次型 f 的负惯性指数.

可见,二次型的正、负惯性指数之和即为该二次型的秩.

设二次型 f 的正、负惯性指数分别为 p 和 q,则 f 的标准形为

$$f(x_1,x_2,\cdots,x_n) = d_1y_1^2+\cdots+d_py_p^2-c_1y_{p+1}^2-\cdots-c_qy_r^2, \tag{6.10}$$

其中 $d_i>0(i=1,2,\cdots,p)$,$c_j>0(j=1,2,\cdots,q)$,且 $p+q=r$ 为 f 的秩.再做可逆的线性变换

$$\begin{cases} y_1 = \dfrac{1}{\sqrt{d_1}}z_1, \\ \cdots\cdots \\ y_p = \dfrac{1}{\sqrt{d_p}}z_p, \\ y_{p+1} = \dfrac{1}{\sqrt{c_1}}z_{p+1}, \\ \cdots\cdots \\ y_r = \dfrac{1}{\sqrt{c_q}}z_r, \\ y_{r+1} = z_{r+1}, \\ \cdots\cdots \\ y_n = z_n, \end{cases}$$

则式(6.10)变成

$$f = z_1^2+\cdots+z_p^2-z_{p+1}^2-\cdots-z_r^2. \tag{6.11}$$

式(6.11)称为二次型的规范形.

显然,由惯性定理知,任一实二次型的规范形唯一.

二、二次型的有定性

定义 6.5 设有实二次型 $f=\boldsymbol{x}^{\mathrm{T}}\boldsymbol{A}\boldsymbol{x}$.若对于任取的非零向量 $\boldsymbol{x}$,

(1) $f>0$,则称二次型 f 是正定二次型,而称对称矩阵 $\boldsymbol{A}$ 为正定矩阵;

(2) $f<0$,则称二次型 f 是负定二次型,而称对称矩阵 $\boldsymbol{A}$ 为负定矩阵;

(3) $f\geqslant 0$(或 $f\leqslant 0$),则称二次型 f 是半正定(或半负定)二次型,而称对称矩阵 $\boldsymbol{A}$ 是半正定矩阵(或半负定矩阵);

(4) f 的值有正有负,则称二次型 f 是不定二次型,而称对称矩阵 $\boldsymbol{A}$ 为不定矩阵.

在二次型中,最常用的是正定与负定二次型,下面主要讨论这两类二次型.

定理 6.4 n 元实二次型 $f=\boldsymbol{x}^{\mathrm{T}}\boldsymbol{A}\boldsymbol{x}$ 是正(负)定二次型的充要条件是它的正(负)惯性指数为 n.

证 充分性. 设可逆的线性变换 $\boldsymbol{x}=\boldsymbol{C}\boldsymbol{y}$ 将 f 化为标准形

$$f=k_1y_1^2+k_2y_2^2+\cdots+k_ny_n^2,$$

因为 $k_i>0(i=1,2,\cdots,n)$,任取 $\boldsymbol{x}\neq\boldsymbol{0}$,则 $\boldsymbol{y}=\boldsymbol{C}^{-1}\boldsymbol{x}\neq\boldsymbol{0}$,所以 $f>0$.

必要性. 用反证法. 假设 f 的标准形为

$$f=k_1y_1^2+k_2y_2^2+\cdots+k_ny_n^2,$$

其中 $k_i\leqslant 0$,则取 $\boldsymbol{y}=(0,\cdots,0,1,0,\cdots,0)^{\mathrm{T}}$,它的第 i 个坐标为 1,那么有 $f=k_i\leqslant 0$,与 f 正定矛盾.

推论 1 实对称矩阵 $\boldsymbol{A}$ 为正(负)定矩阵的充要条件是 $\boldsymbol{A}$ 的特征值全为正(负).

推论 2 实二次型 $f=\boldsymbol{x}^{\mathrm{T}}\boldsymbol{A}\boldsymbol{x}$ 是半正(负)定二次型的充要条件是它的正(负)惯性指数等于二次型的秩.

推论 3 二次型经可逆的线性变换后不改变它的有定性.

推论 4 实对称矩阵 $\boldsymbol{A}$ 为正定矩阵的充要条件是 $\boldsymbol{A}$ 与单位矩阵合同.

定理 6.5 实对称矩阵 $\boldsymbol{A}$ 正定的充要条件是存在可逆矩阵 $\boldsymbol{C}$,使得

$$\boldsymbol{A}=\boldsymbol{C}^{\mathrm{T}}\boldsymbol{C}.$$

证 充分性. 对于任意 $\boldsymbol{x}\neq\boldsymbol{0}$,有

$$\boldsymbol{x}^{\mathrm{T}}\boldsymbol{A}\boldsymbol{x}=\boldsymbol{x}^{\mathrm{T}}(\boldsymbol{C}^{\mathrm{T}}\boldsymbol{C})\boldsymbol{x}=(\boldsymbol{C}\boldsymbol{x})^{\mathrm{T}}(\boldsymbol{C}\boldsymbol{x})=\|\boldsymbol{C}\boldsymbol{x}\|^2>0.$$

必要性. 若 $\boldsymbol{A}$ 正定,则存在可逆矩阵 $\boldsymbol{C}$,使得

$$\boldsymbol{A}=\boldsymbol{C}^{\mathrm{T}}\boldsymbol{E}\boldsymbol{C}=\boldsymbol{C}^{\mathrm{T}}\boldsymbol{C}.$$

下面从实对称矩阵本身给出正定矩阵的性质及判别法.

定理 6.6 设 $\boldsymbol{A}=(a_{ij})_{n\times n}$ 为正定矩阵,则

(1) $\boldsymbol{A}$ 的主对角线上的元素 $a_{ii}>0(i=1,2,\cdots,n)$;

(2) $|\boldsymbol{A}|>0$.

证 (1) 设二次型

$$f=\boldsymbol{x}^{\mathrm{T}}\boldsymbol{A}\boldsymbol{x}=\sum_{i=1}^{n}\sum_{j=1}^{n}a_{ij}x_ix_j,$$

因 $\boldsymbol{A}$ 正定,故 f 为正定二次型.

取 $\boldsymbol{x}=\boldsymbol{e}_i=(0,\cdots,0,1,0,\cdots,0)^{\mathrm{T}}$,它的第 i 个坐标为 1,则

$$f = \boldsymbol{e}_i^{\mathrm{T}}\boldsymbol{A}\boldsymbol{e}_i = a_{ii}x_i^2 = a_{ii} > 0 \quad (i=1,2,\cdots,n).$$

(2) $\boldsymbol{A}$ 正定,则 $\boldsymbol{A}$ 的特征值全大于零,故 $|\boldsymbol{A}|>0$.

注　从定理 6.6 易知,正定矩阵必为可逆矩阵.

注意到,若 $\boldsymbol{A}$ 负定,则 $-\boldsymbol{A}$ 正定,因此有下面的推论.

推论 5　设 $\boldsymbol{A}=(a_{ij})_{n\times n}$ 为负定矩阵,则

(1) $\boldsymbol{A}$ 的主对角线上的元素 $a_{ii}<0(i=1,2,\cdots,n)$;

(2) $|-\boldsymbol{A}|=(-1)^n|\boldsymbol{A}|>0$.

定义 6.6　设矩阵 $\boldsymbol{A}=(a_{ij})_{n\times n}$,称

$$|\boldsymbol{A}_k| = \begin{vmatrix} a_{11} & a_{12} & \cdots & a_{1k} \\ a_{21} & a_{22} & \cdots & a_{2k} \\ \vdots & \vdots & & \vdots \\ a_{k1} & a_{k2} & \cdots & a_{kk} \end{vmatrix} \quad (k=1,2,\cdots,n)$$

为 $\boldsymbol{A}$ 的 k 阶顺序主子式.

定理 6.7　n 阶实对称矩阵 $\boldsymbol{A}$ 正定的充要条件是 $\boldsymbol{A}$ 的所有顺序主子式(n 个)全大于零.

这个定理称为赫尔维茨(Hurwitz)定理,证明从略.

类似推论 5,我们也有下面的推论.

推论 6　实对称矩阵 $\boldsymbol{A}$ 为负定矩阵的充要条件是 $\boldsymbol{A}$ 的所有奇数阶顺序主子式均为负,$\boldsymbol{A}$ 的所有偶数阶顺序主子式均为正.

例 6.5

证明:若 $\boldsymbol{A}$ 是正定矩阵,则 $\boldsymbol{A}^{-1}$ 也是正定矩阵.

证　方法 1　因 $\boldsymbol{A}$ 是正定矩阵,故 $\boldsymbol{A}$ 的特征值 $\lambda_i(i=1,2,\cdots,n)$ 全为正,则 $\dfrac{1}{\lambda_i}$ 是 $\boldsymbol{A}^{-1}$ 的特征值,且 $\dfrac{1}{\lambda_i}>0$,于是 $\boldsymbol{A}^{-1}$ 是正定矩阵.

方法 2　因 $\boldsymbol{A}$ 是正定矩阵,故存在可逆矩阵 $\boldsymbol{C}$,使得

$$\boldsymbol{A}=\boldsymbol{C}^{\mathrm{T}}\boldsymbol{C},$$

于是

$$\boldsymbol{A}^{-1}=(\boldsymbol{C}^{\mathrm{T}}\boldsymbol{C})^{-1}=\boldsymbol{C}^{-1}(\boldsymbol{C}^{\mathrm{T}})^{-1}=\boldsymbol{C}^{-1}(\boldsymbol{C}^{-1})^{\mathrm{T}}.$$

又因为

$$(\boldsymbol{A}^{-1})^{\mathrm{T}}=(\boldsymbol{A}^{\mathrm{T}})^{-1}=\boldsymbol{A}^{-1},$$

所以 $\boldsymbol{A}^{-1}$ 是正定矩阵.

例 6.6

判别二次型

$$f=5x_1^2+x_2^2+5x_3^2+4x_1x_2-8x_1x_3-4x_2x_3$$

的有定性.

解 **方法 1** 用配方法化二次型 f 为标准形:

$$\begin{aligned}f&=5x_1^2+[x_2^2+4x_2(x_1-x_3)]+5x_3^2-8x_1x_3\\&=5x_1^2+[x_2+2(x_1-x_3)]^2-4(x_1-x_3)^2+5x_3^2-8x_1x_3\\&=[2(x_1-x_3)+x_2]^2+x_1^2+x_3^2\geqslant 0,\end{aligned}$$

当且仅当 $x_1=x_2=x_3=0$ 时,等号成立,因此 f 是正定二次型.

方法 2 由二次型 f 的矩阵

$$\boldsymbol{A}=\begin{pmatrix}5&2&-4\\2&1&-2\\-4&-2&5\end{pmatrix},$$

得各阶顺序主子式为

$$|5|>0,\quad \begin{vmatrix}5&2\\2&1\end{vmatrix}=1>0,\quad \begin{vmatrix}5&2&-4\\2&1&-2\\-4&-2&5\end{vmatrix}=1>0,$$

所以 $\boldsymbol{A}$ 正定,即 f 是正定二次型.

方法 3 经计算可知,二次型 f 的矩阵 $\boldsymbol{A}$ 的特征值为 $\lambda_1=1,\lambda_2=5+2\sqrt{6},\lambda_3=5-2\sqrt{6}$. 由于 $\boldsymbol{A}$ 的特征值都为正数,所以 f 是正定二次型.

例 6.7

问 t 为何值时,二次型

$$f=t(x_1^2+x_2^2+x_3^2)+2x_1x_2+2x_1x_3-2x_2x_3$$

是负定二次型?

解 二次型 f 的矩阵为

$$\boldsymbol{A}=\begin{pmatrix}t&1&1\\1&t&-1\\1&-1&t\end{pmatrix}.$$

要使 f 负定,则 $\boldsymbol{A}$ 的所有奇数阶顺序主子式均小于零,所有偶数阶顺序主子式均大于零,即

$$|t|<0,\quad \begin{vmatrix}t&1\\1&t\end{vmatrix}=t^2-1>0,\quad \begin{vmatrix}t&1&1\\1&t&-1\\1&-1&t\end{vmatrix}=(t+1)^2(t-2)<0.$$

故 $t<-1$ 时,f 是负定二次型.

例 6.8

设 $\boldsymbol{A}$ 为 m 阶正定矩阵，$\boldsymbol{B}$ 为 $m\times n$ 矩阵. 试证：$\boldsymbol{B}^{\mathrm{T}}\boldsymbol{A}\boldsymbol{B}$ 为正定矩阵的充要条件是

$$\mathrm{R}(\boldsymbol{B})=n.$$

证 必要性. 设 $\boldsymbol{B}^{\mathrm{T}}\boldsymbol{A}\boldsymbol{B}$ 正定，则对于任意 n 维列向量 $\boldsymbol{x}\neq\boldsymbol{0}$，有

$$\boldsymbol{x}^{\mathrm{T}}(\boldsymbol{B}^{\mathrm{T}}\boldsymbol{A}\boldsymbol{B})\boldsymbol{x}>0,$$

即

$$(\boldsymbol{B}\boldsymbol{x})^{\mathrm{T}}\boldsymbol{A}(\boldsymbol{B}\boldsymbol{x})>0.$$

因矩阵 $\boldsymbol{A}$ 正定，故 $\boldsymbol{B}\boldsymbol{x}\neq\boldsymbol{0}$，因此 $\boldsymbol{B}\boldsymbol{x}=\boldsymbol{0}$ 只有零解，所以 $\mathrm{R}(\boldsymbol{B})=n$.

充分性. 由 $(\boldsymbol{B}^{\mathrm{T}}\boldsymbol{A}\boldsymbol{B})^{\mathrm{T}}=\boldsymbol{B}^{\mathrm{T}}\boldsymbol{A}^{\mathrm{T}}\boldsymbol{B}=\boldsymbol{B}^{\mathrm{T}}\boldsymbol{A}\boldsymbol{B}$，知 $\boldsymbol{B}^{\mathrm{T}}\boldsymbol{A}\boldsymbol{B}$ 为实对称矩阵.

若 $\mathrm{R}(\boldsymbol{B})=n$，则 $\boldsymbol{B}\boldsymbol{x}=\boldsymbol{0}$ 只有零解，即对于任意 n 维列向量 $\boldsymbol{x}\neq\boldsymbol{0}$，有 $\boldsymbol{B}\boldsymbol{x}\neq\boldsymbol{0}$. 又 $\boldsymbol{A}$ 正定，故

$$(\boldsymbol{B}\boldsymbol{x})^{\mathrm{T}}\boldsymbol{A}(\boldsymbol{B}\boldsymbol{x})>0,\quad \text{即}\quad \boldsymbol{x}^{\mathrm{T}}(\boldsymbol{B}^{\mathrm{T}}\boldsymbol{A}\boldsymbol{B})\boldsymbol{x}>0.$$

因此，$\boldsymbol{B}^{\mathrm{T}}\boldsymbol{A}\boldsymbol{B}$ 为正定矩阵.

第四节 典型例题

例 6.9

设矩阵

$$\boldsymbol{B}=\begin{pmatrix}1&2&3\\-2&0&1\\0&4&5\end{pmatrix},\quad \boldsymbol{x}=\begin{pmatrix}x_1\\x_2\\x_3\end{pmatrix}.$$

问 $f=\boldsymbol{x}^{\mathrm{T}}\boldsymbol{B}\boldsymbol{x}$ 是否为关于 x_1,x_2,x_3 的二次型？$\boldsymbol{B}$ 是否为二次型 f 的矩阵？写出 f 的矩阵表示式.

解 $f=\boldsymbol{x}^{\mathrm{T}}\boldsymbol{B}\boldsymbol{x}$ 是关于 x_1,x_2,x_3 的二次型，但 $\boldsymbol{B}$ 不是 f 的矩阵（因为 $\boldsymbol{B}$ 不是对称矩阵）. 求 f 的矩阵表示式有以下两种方法.

方法 1 因为

$$f=(x_1,x_2,x_3)\begin{pmatrix}1&2&3\\-2&0&1\\0&4&5\end{pmatrix}\begin{pmatrix}x_1\\x_2\\x_3\end{pmatrix}=x_1^2+5x_3^2+3x_1x_3+5x_2x_3,$$

所以 f 的矩阵为

$$A=\begin{pmatrix}1&0&\frac{3}{2}\\0&0&\frac{5}{2}\\\frac{3}{2}&\frac{5}{2}&5\end{pmatrix},$$

从而 f 的矩阵表达式为 $f=\boldsymbol{x}^{\mathrm{T}}\boldsymbol{A}\boldsymbol{x}$.

方法 2 注意到 $\boldsymbol{x}^{\mathrm{T}}\boldsymbol{B}\boldsymbol{x}$ 是 1×1 矩阵,故其转置矩阵不变,因而有

$$\begin{aligned}f&=\boldsymbol{x}^{\mathrm{T}}\boldsymbol{B}\boldsymbol{x}=(\boldsymbol{x}^{\mathrm{T}}\boldsymbol{B}\boldsymbol{x})^{\mathrm{T}}=\frac{1}{2}[\boldsymbol{x}^{\mathrm{T}}\boldsymbol{B}\boldsymbol{x}+(\boldsymbol{x}^{\mathrm{T}}\boldsymbol{B}\boldsymbol{x})^{\mathrm{T}}]\\&=\frac{1}{2}(\boldsymbol{x}^{\mathrm{T}}\boldsymbol{B}\boldsymbol{x}+\boldsymbol{x}^{\mathrm{T}}\boldsymbol{B}^{\mathrm{T}}\boldsymbol{x})=\frac{1}{2}\boldsymbol{x}^{\mathrm{T}}(\boldsymbol{B}+\boldsymbol{B}^{\mathrm{T}})\boldsymbol{x}=\boldsymbol{x}^{\mathrm{T}}\frac{\boldsymbol{B}+\boldsymbol{B}^{\mathrm{T}}}{2}\boldsymbol{x}.\end{aligned}$$

而 $\frac{1}{2}(\boldsymbol{B}+\boldsymbol{B}^{\mathrm{T}})$ 显然是对称矩阵,故 f 的矩阵为

$$\boldsymbol{A}=\frac{1}{2}(\boldsymbol{B}+\boldsymbol{B}^{\mathrm{T}})=\frac{1}{2}\left(\begin{pmatrix}1&2&3\\-2&0&1\\0&4&5\end{pmatrix}+\begin{pmatrix}1&-2&0\\2&0&4\\3&1&5\end{pmatrix}\right)=\begin{pmatrix}1&0&\frac{3}{2}\\0&0&\frac{5}{2}\\\frac{3}{2}&\frac{5}{2}&5\end{pmatrix},$$

且 f 的矩阵表示式同方法 1.

例 6.10

证明:二次型

$$f(x_1,x_2,\cdots,x_n)=\sum_{i=1}^{s}(a_{i1}x_1+a_{i2}x_2+\cdots+a_{in}x_n)^2$$

的矩阵为 $\boldsymbol{A}^{\mathrm{T}}\boldsymbol{A}$,其中

$$\boldsymbol{A}=\begin{pmatrix}a_{11}&a_{12}&\cdots&a_{1n}\\a_{21}&a_{22}&\cdots&a_{2n}\\\vdots&\vdots&&\vdots\\a_{s1}&a_{s2}&\cdots&a_{sn}\end{pmatrix}.$$

证 因为

$$\boldsymbol{A}\boldsymbol{x}=\begin{pmatrix}a_{11}&a_{12}&\cdots&a_{1n}\\a_{21}&a_{22}&\cdots&a_{2n}\\\vdots&\vdots&&\vdots\\a_{s1}&a_{s2}&\cdots&a_{sn}\end{pmatrix}\begin{pmatrix}x_1\\x_2\\\vdots\\x_n\end{pmatrix}=\begin{pmatrix}a_{11}x_1+a_{12}x_2+\cdots+a_{1n}x_n\\a_{21}x_1+a_{22}x_2+\cdots+a_{2n}x_n\\\vdots\\a_{s1}x_1+a_{s2}x_2+\cdots+a_{sn}x_n\end{pmatrix},$$

所以

$$f(x_1,x_2,\cdots,x_n)=(\boldsymbol{A}\boldsymbol{x})^{\mathrm{T}}(\boldsymbol{A}\boldsymbol{x})=\boldsymbol{x}^{\mathrm{T}}\boldsymbol{A}^{\mathrm{T}}\boldsymbol{A}\boldsymbol{x}.$$

又 $(\boldsymbol{A}^{\mathrm{T}}\boldsymbol{A})^{\mathrm{T}}=\boldsymbol{A}^{\mathrm{T}}\boldsymbol{A}$,即 $\boldsymbol{A}^{\mathrm{T}}\boldsymbol{A}$ 是对称矩阵,故 $\boldsymbol{A}^{\mathrm{T}}\boldsymbol{A}$ 是 f 的矩阵.

例 6.11

用正交变换法将二次型

$$f=2x_1^2+4x_1x_2-4x_1x_3-x_2^2+8x_2x_3-x_3^2$$

化为标准形,并写出所用的正交变换.

解 易知二次型 f 的矩阵为

$$\boldsymbol{A}=\begin{pmatrix}2&2&-2\\2&-1&4\\-2&4&-1\end{pmatrix}.$$

由 $\boldsymbol{A}$ 的特征方程

$$|\boldsymbol{A}-\lambda\boldsymbol{E}|=\begin{vmatrix}2-\lambda&2&-2\\2&-1-\lambda&4\\-2&4&-1-\lambda\end{vmatrix}=-(\lambda-3)^2(\lambda+6)=0,$$

得其特征值为 $\lambda_1=-6,\lambda_2=\lambda_3=3$.

经计算,$\boldsymbol{A}$ 的属于 $\lambda_1=-6$ 的特征向量是 $\boldsymbol{\alpha}_1=(1,-2,2)^{\mathrm{T}}$. 将 $\boldsymbol{\alpha}_1$ 单位化,得

$$\boldsymbol{\beta}_1=\left(\frac{1}{3},-\frac{2}{3},\frac{2}{3}\right)^{\mathrm{T}}.$$

$\boldsymbol{A}$ 的属于 $\lambda_2=\lambda_3=3$ 的两个线性无关的特征向量是 $\boldsymbol{\alpha}_2=(2,1,0)^{\mathrm{T}},\boldsymbol{\alpha}_3=(-2,0,1)^{\mathrm{T}}$. 先将 $\boldsymbol{\alpha}_1,\boldsymbol{\alpha}_2$ 正交化,得

$$\boldsymbol{\gamma}_2=\boldsymbol{\alpha}_2=(2,1,0)^{\mathrm{T}},\quad \boldsymbol{\gamma}_3=\boldsymbol{\alpha}_3-\frac{(\boldsymbol{\alpha}_3,\boldsymbol{\gamma}_2)}{(\boldsymbol{\gamma}_2,\boldsymbol{\gamma}_2)}\boldsymbol{\gamma}_2=\left(-\frac{2}{5},\frac{4}{5},1\right)^{\mathrm{T}}.$$

再将 $\boldsymbol{\gamma}_2,\boldsymbol{\gamma}_3$ 单位化,得

$$\boldsymbol{\beta}_2=\frac{\boldsymbol{\gamma}_2}{\|\boldsymbol{\gamma}_2\|}=\left(\frac{2}{\sqrt5},\frac{1}{\sqrt5},0\right)^{\mathrm{T}},$$

$$\boldsymbol{\beta}_3=\frac{\boldsymbol{\gamma}_3}{\|\boldsymbol{\gamma}_3\|}=\left(\frac{-2}{3\sqrt5},\frac{4}{3\sqrt5},\frac{5}{3\sqrt5}\right)^{\mathrm{T}}.$$

作一个以 $\boldsymbol{\beta}_1,\boldsymbol{\beta}_2,\boldsymbol{\beta}_3$ 为列向量的正交矩阵

$$\boldsymbol{P}=\begin{pmatrix}\frac{1}{3}&\frac{2}{\sqrt5}&\frac{-2}{3\sqrt5}\\-\frac{2}{3}&\frac{1}{\sqrt5}&\frac{4}{3\sqrt5}\\\frac{2}{3}&0&\frac{5}{3\sqrt5}\end{pmatrix},$$

用 $\boldsymbol{P}$ 作一个正交变换 $\boldsymbol{x}=\boldsymbol{P}\boldsymbol{y}$,则原二次型化成标准形

$$f=-6y_1^2+3y_2^2+3y_3^2.$$

例 6.12

设 $\boldsymbol{A}$ 为 $m\times n$ 矩阵,$\boldsymbol{E}$ 为 n 阶单位矩阵,矩阵 $\boldsymbol{B}=\lambda\boldsymbol{E}+\boldsymbol{A}^{\mathrm{T}}\boldsymbol{A}$. 试证:当 $\lambda>0$ 时,$\boldsymbol{B}$ 为正定矩阵.

证 由 $\boldsymbol{B}^{\mathrm{T}}=(\lambda\boldsymbol{E}+\boldsymbol{A}^{\mathrm{T}}\boldsymbol{A})^{\mathrm{T}}=\lambda\boldsymbol{E}+\boldsymbol{A}^{\mathrm{T}}\boldsymbol{A}=\boldsymbol{B}$，知 $\boldsymbol{B}$ 为 n 阶对称矩阵. 又因为对任意的 n 维向量 $\boldsymbol{x}$，有

$$\boldsymbol{x}^{\mathrm{T}}\boldsymbol{B}\boldsymbol{x}=\boldsymbol{x}^{\mathrm{T}}(\lambda\boldsymbol{E}+\boldsymbol{A}^{\mathrm{T}}\boldsymbol{A})\boldsymbol{x}=\lambda\boldsymbol{x}^{\mathrm{T}}\boldsymbol{x}+\boldsymbol{x}^{\mathrm{T}}\boldsymbol{A}^{\mathrm{T}}\boldsymbol{A}\boldsymbol{x}=\lambda\boldsymbol{x}^{\mathrm{T}}\boldsymbol{x}+(\boldsymbol{A}\boldsymbol{x})^{\mathrm{T}}(\boldsymbol{A}\boldsymbol{x}),$$

所以当 $\boldsymbol{x}\neq\boldsymbol{0}$ 时，$\boldsymbol{x}^{\mathrm{T}}\boldsymbol{x}>0$，$(\boldsymbol{A}\boldsymbol{x})^{\mathrm{T}}(\boldsymbol{A}\boldsymbol{x})\geqslant 0$. 因此当 $\lambda>0$ 时，对于任意 $\boldsymbol{x}\neq\boldsymbol{0}$，有

$$\boldsymbol{x}^{\mathrm{T}}\boldsymbol{B}\boldsymbol{x}>0,$$

即 $\boldsymbol{B}$ 为正定矩阵.

例 6.13

设矩阵 $\boldsymbol{A}=\begin{pmatrix}1&0&1\\0&2&0\\1&0&1\end{pmatrix}$，$\boldsymbol{B}=(k\boldsymbol{E}+\boldsymbol{A})^2$，其中 k 为实数，求 k 的取值范围，使得 $\boldsymbol{B}$ 为正定矩阵.

解 由 $|\lambda\boldsymbol{E}-\boldsymbol{A}|=\begin{vmatrix}\lambda-1&0&-1\\0&\lambda-2&0\\-1&0&\lambda-1\end{vmatrix}=\lambda(\lambda-2)^2$，得 $\boldsymbol{A}$ 的特征值为

$$\lambda_1=\lambda_2=2,\quad \lambda_3=0,$$

从而 $k\boldsymbol{E}+\boldsymbol{A}$ 的特征值为 $k+2$(二重)，k. 因此，$\boldsymbol{B}$ 的特征值为

$$(k+2)^2,\quad (k+2)^2,\quad k^2.$$

故当 $k\neq 0$ 且 $k\neq -2$ 时，$\boldsymbol{B}$ 的特征值全为正，即 $\boldsymbol{B}$ 为正定矩阵.

例 6.14

判断 t 满足什么条件时，二次型

$$f=5x_1^2+x_2^2+5x_3^2+4x_1x_2-8x_1x_3-4tx_2x_3$$

是正定的.

解 易知二次型 f 的矩阵为

$$\boldsymbol{A}=\begin{pmatrix}5&2&-4\\2&1&-2t\\-4&-2t&5\end{pmatrix}.$$

若 $\boldsymbol{A}$ 的所有顺序主子式都大于零，则 f 是正定二次型. 而

$$|5|>0,\quad \begin{vmatrix}5&2\\2&1\end{vmatrix}=1>0,$$

$$\begin{vmatrix}5&2&-4\\2&1&-2t\\-4&-2t&5\end{vmatrix}=-20t^2+32t-11=-(2t-1)(10t-11),$$

故由最后一个顺序主子式知，t 满足 $(2t-1)(10t-11)<0$，解得 $\frac{1}{2}<t<\frac{11}{10}$. 因此，$t$ 在区间 $\left(\frac{1}{2},\frac{11}{10}\right)$ 内取值时，二次型 f 正定.

习　题　六

1. 用矩阵形式表示下列二次型：

(1) $f=x^2+y^2-7z^2-2xy-4xz-4yz$；

(2) $f=x_1^2+x_2^2+x_3^2+x_4^2-2x_1x_2+4x_1x_3-2x_1x_4+6x_2x_3-4x_2x_4$.

2. 用正交变换法化下列二次型为标准形，并求所用的正交变换：

(1) $f=2x_1^2+3x_2^2+3x_3^2+4x_2x_3$；

(2) $f=x_1^2+x_2^2+x_3^2+x_4^2+2x_1x_2-2x_1x_4-2x_2x_3+2x_3x_4$；

(3) $f=2x_1x_2+2x_1x_3-2x_1x_4-2x_2x_3+2x_2x_4+2x_3x_4$.

3. 用配方法化下列二次型为标准形，并求所用的可逆的线性变换：

(1) $f=x_1^2+5x_2^2+6x_3^2-4x_1x_2-6x_1x_3-10x_2x_3$；

(2) $f=2x_1x_2+2x_1x_3-2x_1x_4-2x_2x_3+2x_2x_4+2x_3x_4$.

4. 用初等变换法化下列二次型为标准形，并求所用的可逆的线性变换：

(1) $f=4x_1^2+5x_2^2-x_3^2-4x_1x_2-4x_1x_3+6x_2x_3$；

(2) $f=2x_1x_2+2x_1x_3-6x_2x_3$.

5. 判别下列二次型的有定性：

(1) $f=x_1^2+3x_2^2+9x_3^2+19x_4^2-2x_1x_2+4x_1x_3+2x_1x_4-6x_2x_4-12x_3x_4$；

(2) $f=-x_1^2-2x_2^2-3x_3^2+2x_1x_2+2x_2x_3$；

(3) $f=\sum_{i=1}^{n}x_i^2+\sum_{1\leqslant i<j\leqslant n}x_ix_j$.

6. 确定参数 t 的取值范围，使得下列二次型正定：

(1) $f=x_1^2+4x_2^2+2x_3^2+2tx_1x_2+2x_1x_3$；

(2) $f=x_1^2+x_2^2+x_3^2+t(x_1x_2+x_1x_3+x_2x_3)$.

7. 设 $\boldsymbol{A}$ 是正定矩阵. 证明：$\boldsymbol{A}^*$ 也是正定矩阵.

8. 证明：若 $\boldsymbol{A},\boldsymbol{B}$ 都是 n 阶正定矩阵，则 $\boldsymbol{A}+\boldsymbol{B}$ 也是正定矩阵.

9. 设 $\boldsymbol{A},\boldsymbol{B}$ 都是 n 阶正定矩阵. 证明：$\boldsymbol{AB}$ 正定的充要条件是 $\boldsymbol{AB}=\boldsymbol{BA}$.

10. 设方阵 $\boldsymbol{A}$ 可逆，证明：$\boldsymbol{A}^{\mathrm{T}}\boldsymbol{A}$ 正定.

11. 已知二次型 $f(x_1,x_2,x_3)=5x_1^2+5x_2^2+cx_3^2-2x_1x_2+6x_1x_3-6x_2x_3$ 的秩为 2，

(1) 求参数 c 的值及该二次型对应的矩阵的特征值；

(2) 指出方程 $f(x_1,x_2,x_3)=1$ 表示何种二次曲面.

第七章

线性空间与线性变换简介

知识框图

课程思政案例

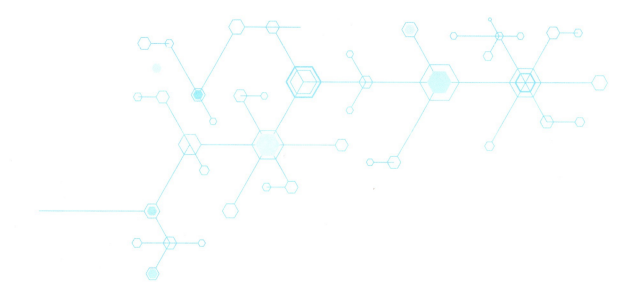

第一节　线性空间的基本概念

微课视频

在第三章中,我们已讨论过向量空间. 这里我们将进行推广.

一、线性空间的定义与性质

定义 7.1　设 V 是一非空集合,P 是一数域. V 称为数域 P 上的线性空间(或向量空间),简称线性空间,如果在 V 中定义了以下两种运算:

(1) 加法,对于任意两个元素 $\boldsymbol{\alpha},\boldsymbol{\beta}\in V$,总有唯一确定的元素 $\boldsymbol{\gamma}\in V$ 与之对应,$\boldsymbol{\gamma}$ 称为 $\boldsymbol{\alpha}$ 与 $\boldsymbol{\beta}$ 的和,记作 $\boldsymbol{\gamma}=\boldsymbol{\alpha}+\boldsymbol{\beta}$,

(2) 数量乘法,对于任意 $\lambda\in P$ 与任意 $\boldsymbol{\alpha}\in V$,总有唯一确定的元素 $\boldsymbol{\delta}\in V$ 与之对应,$\boldsymbol{\delta}$ 称为 λ 与 $\boldsymbol{\alpha}$ 的乘积,记作 $\boldsymbol{\delta}=\lambda\boldsymbol{\alpha}$,

并且这两种运算满足以下八条运算规律($\boldsymbol{\alpha},\boldsymbol{\beta},\boldsymbol{\gamma}\in V;\lambda,\mu\in P$):

(1) $\boldsymbol{\alpha}+\boldsymbol{\beta}=\boldsymbol{\beta}+\boldsymbol{\alpha}$;

(2) $(\boldsymbol{\alpha}+\boldsymbol{\beta})+\boldsymbol{\gamma}=\boldsymbol{\alpha}+(\boldsymbol{\beta}+\boldsymbol{\gamma})$;

(3) V 中存在零元素 $\mathbf{0}$, $\forall\boldsymbol{\alpha}\in V$,都有 $\boldsymbol{\alpha}+\mathbf{0}=\boldsymbol{\alpha}$;

(4) $\forall\boldsymbol{\alpha}\in V$,都有 $\boldsymbol{\alpha}$ 的负元素 $\boldsymbol{\beta}\in V$,使得 $\boldsymbol{\alpha}+\boldsymbol{\beta}=\mathbf{0}$,记 $\boldsymbol{\beta}=-\boldsymbol{\alpha}$;

(5) $1\boldsymbol{\alpha}=\boldsymbol{\alpha}$;

(6) $\lambda(\mu\boldsymbol{\alpha})=(\lambda\mu)\boldsymbol{\alpha}=\mu(\lambda\boldsymbol{\alpha})$;

(7) $(\lambda+\mu)\boldsymbol{\alpha}=\lambda\boldsymbol{\alpha}+\mu\boldsymbol{\alpha}$;

(8) $\lambda(\boldsymbol{\alpha}+\boldsymbol{\beta})=\lambda\boldsymbol{\alpha}+\lambda\boldsymbol{\beta}$.

V 中元素也称为向量.

注　线性空间中定义的运算,应理解为一种对应,不一定是普通意义下的加法和数乘运算了. 线性空间的“加法”与“数量乘法”统称为线性运算.

线性空间具有如下性质.

性质 1　零元素是唯一的.

证　设 $\mathbf{0}_1,\mathbf{0}_2$ 是线性空间 V 中两个零元素,即 $\forall\boldsymbol{\alpha}\in V$,都有

$$\boldsymbol{\alpha}+\mathbf{0}_1=\boldsymbol{\alpha},\quad \boldsymbol{\alpha}+\mathbf{0}_2=\boldsymbol{\alpha}.$$

于是,特别地有

$$\mathbf{0}_2+\mathbf{0}_1=\mathbf{0}_2,\quad \mathbf{0}_1+\mathbf{0}_2=\mathbf{0}_1,$$

所以

$$\mathbf{0}_1=\mathbf{0}_2.$$

性质 2　每个元素的负元素是唯一的.

证　设 $\boldsymbol{\alpha}$ 有两个负元素 $\boldsymbol{\beta},\boldsymbol{\gamma}$，即

$$\boldsymbol{\alpha}+\boldsymbol{\beta}=\mathbf{0},\quad \boldsymbol{\alpha}+\boldsymbol{\gamma}=\mathbf{0}.$$

于是

$$\boldsymbol{\beta}=\boldsymbol{\beta}+\mathbf{0}=\boldsymbol{\beta}+(\boldsymbol{\alpha}+\boldsymbol{\gamma})=(\boldsymbol{\alpha}+\boldsymbol{\beta})+\boldsymbol{\gamma}=\mathbf{0}+\boldsymbol{\gamma}=\boldsymbol{\gamma}.$$

性质 3　$\forall \boldsymbol{\alpha}\in V,\forall \lambda\in P$，都有

$$0\cdot\boldsymbol{\alpha}=\mathbf{0},\quad (-1)\boldsymbol{\alpha}=-\boldsymbol{\alpha},\quad \lambda\cdot\mathbf{0}=\mathbf{0}.$$

证　因为

$$\boldsymbol{\alpha}+0\cdot\boldsymbol{\alpha}=1\cdot\boldsymbol{\alpha}+0\cdot\boldsymbol{\alpha}=(1+0)\boldsymbol{\alpha}=1\cdot\boldsymbol{\alpha}=\boldsymbol{\alpha},$$

所以 $0\cdot\boldsymbol{\alpha}=\mathbf{0}$. 于是有

$$\boldsymbol{\alpha}+(-1)\boldsymbol{\alpha}=1\cdot\boldsymbol{\alpha}+(-1)\boldsymbol{\alpha}=[1+(-1)]\boldsymbol{\alpha}=0\cdot\boldsymbol{\alpha}=\mathbf{0},$$

$$\lambda\cdot\mathbf{0}=\lambda[\boldsymbol{\alpha}+(-1)\boldsymbol{\alpha}]=\lambda\boldsymbol{\alpha}+(-\lambda)\boldsymbol{\alpha}=[\lambda+(-\lambda)]\boldsymbol{\alpha}=0\cdot\boldsymbol{\alpha}=\mathbf{0}.$$

性质 4　若 $\lambda\boldsymbol{\alpha}=\mathbf{0}$，则 $\lambda=0$ 或 $\boldsymbol{\alpha}=\mathbf{0}$.

证　若 $\lambda\neq 0$，在 $\lambda\boldsymbol{\alpha}=\mathbf{0}$ 两边同时乘 $\frac{1}{\lambda}$，则有

$$\frac{1}{\lambda}(\lambda\boldsymbol{\alpha})=\frac{1}{\lambda}\mathbf{0}=\mathbf{0}.$$

而

$$\frac{1}{\lambda}(\lambda\boldsymbol{\alpha})=\left(\frac{1}{\lambda}\lambda\right)\boldsymbol{\alpha}=1\boldsymbol{\alpha}=\boldsymbol{\alpha},$$

所以

$$\boldsymbol{\alpha}=\mathbf{0}.$$

反之亦成立. 故结论得证.

例 7.1

所有元素属于数域 P 的 $m\times n$ 矩阵组成的集合，按矩阵的加法及数与矩阵的乘法，构成数域 P 上的一个线性空间，记为 $P^{m\times n}$.

例 7.2

设 n 为正整数，P 是数域，则系数属于 P 而未定元为 x 的所有次数小于 n 的多项式的集合，按多项式的加法及数与多项式的乘法，构成数域 P 上的一个线性空间，用 $P[x]_n$ 表示.

例 7.3

所有定义在区间 $[a,b]$ 上的实连续函数构成的集合，按函数的加法及数与函数的乘法，构成数域 P 上的一个线性空间，用 $\mathrm{C}[a,b]$ 表示.

下面介绍子空间的定义.

定义 7.2 设 L 是线性空间 V 的一个非空子集. 若 L 对于 V 中所定义的加法和数量乘法两种运算也构成一个线性空间,则称 L 为 V 的一个线性子空间(简称子空间). 显然,只含零元素的集合与 V 本身都是 V 的子空间.

由此定义,不难证明下述定理.

定理 7.1 线性空间 V 的非空子集 L 构成子空间的充要条件是 L 对 V 的加法与数量乘法运算封闭.

在第三章中讨论的 n 维向量的相关概念、性质,包括向量组的线性相关性、线性组合及向量空间的基、维数与坐标等,由于只涉及线性运算,而与具体的元素无关,因此对于一般的线性空间仍然适用,读者可类似定义出线性空间中元素的线性相关、线性无关、线性组合、线性表示等概念. 我们只叙述线性空间的基、维数及坐标等概念,这些都是线性空间的主要特性.

定义 7.3 在线性空间 V 中,如果存在 n 个元素 $\boldsymbol{\alpha}_1,\boldsymbol{\alpha}_2,\cdots,\boldsymbol{\alpha}_n$ 满足:

(1) $\boldsymbol{\alpha}_1,\boldsymbol{\alpha}_2,\cdots,\boldsymbol{\alpha}_n$ 线性无关,

(2) V 中任一元素 $\boldsymbol{\alpha}$ 总可由 $\boldsymbol{\alpha}_1,\boldsymbol{\alpha}_2,\cdots,\boldsymbol{\alpha}_n$ 线性表示,

那么,$\boldsymbol{\alpha}_1,\boldsymbol{\alpha}_2,\cdots,\boldsymbol{\alpha}_n$ 就称为线性空间 V 的一个基,n 称为线性空间 V 的维数,记作 $\dim(V)=n$.

维数为 n 的线性空间称为 n 维线性空间.

例如,$1,x,x^2,\cdots,x^{n-1}$ 是线性空间 $P[x]_n$ 的一个基,故 $P[x]_n$ 是 n 维线性空间.

若 $\boldsymbol{\alpha}_1,\boldsymbol{\alpha}_2,\cdots,\boldsymbol{\alpha}_n$ 为线性空间 V 的一个基,则 $\forall\boldsymbol{\alpha}\in V$,总存在一组有序数 $x_1,x_2,\cdots,x_n$,使得

$$\boldsymbol{\alpha}=x_1\boldsymbol{\alpha}_1+x_2\boldsymbol{\alpha}_2+\cdots+x_n\boldsymbol{\alpha}_n,$$

并且表示式唯一.

反之,任给一组有序数 $x_1,x_2,\cdots,x_n$,表示式

$$x_1\boldsymbol{\alpha}_1+x_2\boldsymbol{\alpha}_2+\cdots+x_n\boldsymbol{\alpha}_n$$

唯一确定 V 中一个元素 $\boldsymbol{\alpha}$.

这样,V 中元素与有序数组 $(x_1,x_2,\cdots,x_n)$ 之间存在一一对应关系. 于是,有如下表述.

定义 7.4 设 $\boldsymbol{\alpha}_1,\boldsymbol{\alpha}_2,\cdots,\boldsymbol{\alpha}_n$ 是线性空间 V 的一个基. 对于任一元素 $\boldsymbol{\alpha}\in V$,有唯一表示式

$$\boldsymbol{\alpha}=x_1\boldsymbol{\alpha}_1+x_2\boldsymbol{\alpha}_2+\cdots+x_n\boldsymbol{\alpha}_n,$$

称有序数组 $(x_1,x_2,\cdots,x_n)$ 为元素 $\boldsymbol{\alpha}$ 在基 $\boldsymbol{\alpha}_1,\boldsymbol{\alpha}_2,\cdots,\boldsymbol{\alpha}_n$ 下的坐标,并记作

$$\boldsymbol{\alpha}=(x_1,x_2,\cdots,x_n).$$

在线性空间中,建立了坐标以后,就把抽象的元素 $\boldsymbol{\alpha}$ 与具体的数组向量

$(x_1,x_2,\cdots,x_n)$ 联系起来,并且可把抽象元素的线性运算与数组向量的线性运算联系起来.

设 $\boldsymbol{\alpha}_1,\boldsymbol{\alpha}_2,\cdots,\boldsymbol{\alpha}_n$ 是线性空间 V 的一个基,在此基下,有

$$\boldsymbol{\alpha}=(x_1,x_2,\cdots,x_n),\quad \boldsymbol{\beta}=(y_1,y_2,\cdots,y_n),$$

则

$$\boldsymbol{\alpha}+\boldsymbol{\beta}=(x_1+y_1,x_2+y_2,\cdots,x_n+y_n),$$

$$\lambda\boldsymbol{\alpha}=(\lambda x_1,\lambda x_2,\cdots,\lambda x_n).$$

二、线性空间的基变换与坐标变换

在 n 维线性空间中,任意 n 个线性无关的元素都可作为空间的基,而同一个元素在不同基下的坐标一般是不同的,它们之间的关系有如下结论.

定理 7.2 设 n 维线性空间 V 有如下两个不同的基:

$$(\text{Ⅰ}):\ \boldsymbol{e}_1,\boldsymbol{e}_2,\cdots,\boldsymbol{e}_n,$$

$$(\text{Ⅱ}):\ \boldsymbol{e}'_1,\boldsymbol{e}'_2,\cdots,\boldsymbol{e}'_n,$$

且有

$$(\boldsymbol{e}'_1,\boldsymbol{e}'_2,\cdots,\boldsymbol{e}'_n)=(\boldsymbol{e}_1,\boldsymbol{e}_2,\cdots,\boldsymbol{e}_n)\boldsymbol{A},\tag{7.1}$$

其中 $\boldsymbol{A}$ 的第 $j(j=1,2,\cdots,n)$ 列为 $\boldsymbol{e}'_j$ 在基 $\boldsymbol{e}_1,\boldsymbol{e}_2,\cdots,\boldsymbol{e}_n$ 下的坐标.

设元素 $\boldsymbol{x}\in V$ 在基(Ⅰ)与基(Ⅱ)下的坐标分别为 $(x_1,x_2,\cdots,x_n)$ 与 $(x'_1,x'_2,\cdots,x'_n)$,则有

$$\begin{pmatrix}x_1\\x_2\\\vdots\\x_n\end{pmatrix}=\boldsymbol{A}\begin{pmatrix}x'_1\\x'_2\\\vdots\\x'_n\end{pmatrix}\quad\text{或}\quad\begin{pmatrix}x'_1\\x'_2\\\vdots\\x'_n\end{pmatrix}=\boldsymbol{A}^{-1}\begin{pmatrix}x_1\\x_2\\\vdots\\x_n\end{pmatrix}.\tag{7.2}$$

在定理 7.2 中,式(7.1)称为线性空间 V 上关于基(Ⅰ)与基(Ⅱ)的基变换公式,矩阵 $\boldsymbol{A}$ 称为从基 $\boldsymbol{e}_1,\boldsymbol{e}_2,\cdots,\boldsymbol{e}_n$ 到基 $\boldsymbol{e}'_1,\boldsymbol{e}'_2,\cdots,\boldsymbol{e}'_n$ 的过渡矩阵,式(7.2)称为线性空间 V 在这两个基下的坐标变换公式.

例 7.4

在线性空间 $P[x]_4$ 中取两个基

$$\boldsymbol{\alpha}_1=x^3+2x^2-x,\quad \boldsymbol{\alpha}_2=x^3-x^2+x+1,$$

$$\boldsymbol{\alpha}_3=-x^3+2x^2+x+1,\quad \boldsymbol{\alpha}_4=-x^3-x^2+1$$

及

$$\boldsymbol{\beta}_1=2x^3+x^2+1,\quad \boldsymbol{\beta}_2=x^2+2x+2,$$

$$\boldsymbol{\beta}_3=-2x^3+x^2+x+2,\quad \boldsymbol{\beta}_4=x^3+3x^2+x+2,$$

求基变换与坐标变换公式.

解 将 $\boldsymbol{\beta}_1,\boldsymbol{\beta}_2,\boldsymbol{\beta}_3,\boldsymbol{\beta}_4$ 用 $\boldsymbol{\alpha}_1,\boldsymbol{\alpha}_2,\boldsymbol{\alpha}_3,\boldsymbol{\alpha}_4$ 表示. 因为

$$(\boldsymbol{\alpha}_1,\boldsymbol{\alpha}_2,\boldsymbol{\alpha}_3,\boldsymbol{\alpha}_4)=(x^3,x^2,x,1)\boldsymbol{A},$$
$$(\boldsymbol{\beta}_1,\boldsymbol{\beta}_2,\boldsymbol{\beta}_3,\boldsymbol{\beta}_4)=(x^3,x^2,x,1)\boldsymbol{B},$$

其中

$$\boldsymbol{A}=\begin{pmatrix}1&1&-1&-1\\2&-1&2&-1\\-1&1&1&0\\0&1&1&1\end{pmatrix},\quad \boldsymbol{B}=\begin{pmatrix}2&0&-2&1\\1&1&1&3\\0&2&1&1\\1&2&2&2\end{pmatrix},$$

所以基变换公式为

$$(\boldsymbol{\beta}_1,\boldsymbol{\beta}_2,\boldsymbol{\beta}_3,\boldsymbol{\beta}_4)=(\boldsymbol{\alpha}_1,\boldsymbol{\alpha}_2,\boldsymbol{\alpha}_3,\boldsymbol{\alpha}_4)\boldsymbol{A}^{-1}\boldsymbol{B},$$

从而坐标变换公式为

$$\begin{pmatrix}x_1'\\x_2'\\x_3'\\x_4'\end{pmatrix}=\boldsymbol{B}^{-1}\boldsymbol{A}\begin{pmatrix}x_1\\x_2\\x_3\\x_4\end{pmatrix}.$$

用矩阵的初等行变换求 $\boldsymbol{A}^{-1}\boldsymbol{B}$. 把矩阵 $(\boldsymbol{A}\,\vdots\,\boldsymbol{B})$ 中的 $\boldsymbol{A}$ 变成 $\boldsymbol{E}$, 则 $\boldsymbol{B}$ 即变成 $\boldsymbol{A}^{-1}\boldsymbol{B}$. 计算如下:

$$(\boldsymbol{A}\,\vdots\,\boldsymbol{B})=\left(\begin{array}{cccc:cccc}1&1&-1&-1&2&0&-2&1\\2&-1&2&-1&1&1&1&3\\-1&1&1&0&0&2&1&1\\0&1&1&1&1&2&2&2\end{array}\right)$$

$$\xrightarrow[r_3+r_1]{r_2-2r_1}\left(\begin{array}{cccc:cccc}1&1&-1&-1&2&0&-2&1\\0&-3&4&1&-3&1&5&1\\0&2&0&-1&2&2&-1&2\\0&1&1&1&1&2&2&2\end{array}\right)$$

$$\xrightarrow[r_3-2r_4]{\substack{r_1-r_4\\r_2+3r_4}}\left(\begin{array}{cccc:cccc}1&0&-2&-2&1&-2&-4&-1\\0&0&7&4&0&7&11&7\\0&0&-2&-3&0&-2&-5&-2\\0&1&1&1&1&2&2&2\end{array}\right)$$

$$\xrightarrow[r_3\div(-2)]{r_2\leftrightarrow r_4}\left(\begin{array}{cccc:cccc}1&0&-2&-2&1&-2&-4&-1\\0&1&1&1&1&2&2&2\\0&0&1&\frac{3}{2}&0&1&\frac{5}{2}&1\\0&0&7&4&0&7&11&7\end{array}\right)$$

$$\xrightarrow[r_4-7r_3]{\substack{r_1+2r_3\\r_2-r_3}}\left(\begin{array}{cccc:cccc}1&0&0&1&1&0&1&1\\0&1&0&-\frac{1}{2}&1&1&-\frac{1}{2}&1\\0&0&1&\frac{3}{2}&0&1&\frac{5}{2}&1\\0&0&0&-\frac{13}{2}&0&0&-\frac{13}{2}&0\end{array}\right)$$

$$\xrightarrow[\substack{r_2+\frac{1}{2}r_4 \\ r_3-\frac{3}{2}r_4}]{\substack{r_4\div\left(-\frac{13}{2}\right) \\ r_1-r_4}}\left(\begin{array}{cccc:cccc}1&0&0&0&1&0&0&1\\0&1&0&0&1&1&0&1\\0&0&1&0&0&1&1&1\\0&0&0&1&0&0&1&0\end{array}\right),$$

即得基变换公式为

$$(\boldsymbol{\beta}_1,\boldsymbol{\beta}_2,\boldsymbol{\beta}_3,\boldsymbol{\beta}_4)=(\boldsymbol{\alpha}_1,\boldsymbol{\alpha}_2,\boldsymbol{\alpha}_3,\boldsymbol{\alpha}_4)\begin{pmatrix}1&0&0&1\\1&1&0&1\\0&1&1&1\\0&0&1&0\end{pmatrix}.$$

而

$$\boldsymbol{B}^{-1}\boldsymbol{A}=\begin{pmatrix}1&0&0&1\\1&1&0&1\\0&1&1&1\\0&0&1&0\end{pmatrix}^{-1}=\begin{pmatrix}0&1&-1&1\\-1&1&0&0\\0&0&0&1\\1&-1&1&-1\end{pmatrix},$$

所以有坐标变换公式为

$$\begin{pmatrix}x_1'\\x_2'\\x_3'\\x_4'\end{pmatrix}=\begin{pmatrix}0&1&-1&1\\-1&1&0&0\\0&0&0&1\\1&-1&1&-1\end{pmatrix}\begin{pmatrix}x_1\\x_2\\x_3\\x_4\end{pmatrix}.$$

第二节　线性变换

设 V 是线性空间，把从 V 到 V 的映射称为 V 上的**变换**. 而线性变换是最简单、最基本的一种变换，它与矩阵、线性空间有密切的联系.

一、线性变换的定义与性质

定义 7.5　设 V 是数域 P 上的线性空间，T 是 V 上的一个变换. 若对于任意的 $\boldsymbol{x},\boldsymbol{y}\in V$ 及 $\lambda\in P$，都有

$$\begin{cases}T(\boldsymbol{x}+\boldsymbol{y})=T(\boldsymbol{x})+T(\boldsymbol{y}),\\T(\lambda\boldsymbol{x})=\lambda T(\boldsymbol{x}),\end{cases}$$

则称 T 为 V 上的一个**线性变换**.

从定义可见，线性变换是“保持”向量加法及数量乘法运算的变换.

例 7.5

设 V 为线性空间，则对于任意的 $\boldsymbol{x} \in V$，

(1) 零变换 $T(\boldsymbol{x}) = \boldsymbol{0}$ 是线性变换；

(2) 单位变换 $T(\boldsymbol{x}) = \boldsymbol{x}$ 是线性变换.

例 7.6

在线性空间 $P[x]_n$ 中，定义一个变换

$$T(P(x)) = \frac{\mathrm{d}}{\mathrm{d}x}P(x) \quad (P(x) \in P[x]_n).$$

它是 $P[x]_n$ 上的一个线性变换.

线性变换有下列简单性质：

设 T 是线性空间 V 上的一个线性变换，则

(1) $T(\boldsymbol{0}) = \boldsymbol{0}, T(-\boldsymbol{x}) = -T(\boldsymbol{x})$；

(2) $T\left(\sum_{i=1}^{m} \lambda_i \boldsymbol{x}_i\right) = \sum_{i=1}^{m} \lambda_i T(\boldsymbol{x}_i)$；

(3) T 把线性相关的向量组变成线性相关的向量组.

这些性质的证明留给读者.

注　由性质(3)不能认为线性变换一定把线性无关向量组变为线性无关向量组，零变换就是一个简单的反例.

例 7.7

设 T 是线性空间 V 上的一个线性变换，则

$$T(V) = \{T(\boldsymbol{x}) \mid \boldsymbol{x} \in V\}$$

是 V 的一个子空间，称为 T 的**像空间**. $T(V)$ 的维数称为**线性变换 T 的秩**.

例 7.8

设 T 是线性空间 V 上的一个线性变换，则

$$T^{-1}(\boldsymbol{0}) = \{\boldsymbol{x} \in V \mid T(\boldsymbol{x}) = \boldsymbol{0}\}$$

是 V 的一个子空间，称为 T 的**核**.

二、线性变换的矩阵表示

设 V 是数域 P 上的 n 维线性空间，T 是 V 上的一个线性变换. 取 V 的一个基 $\boldsymbol{e}_1, \boldsymbol{e}_2, \cdots, \boldsymbol{e}_n$，则 $T(\boldsymbol{e}_i)(i = 1,2,\cdots,n)$ 都是 V 中的元素，故可设

$$\begin{cases} T(\boldsymbol{e}_1) = a_{11}\boldsymbol{e}_1 + a_{21}\boldsymbol{e}_2 + \cdots + a_{n1}\boldsymbol{e}_n, \\ T(\boldsymbol{e}_2) - u_{12}\boldsymbol{e}_1 + u_{22}\boldsymbol{e}_2 + \cdots + a_{n2}\boldsymbol{e}_n, \\ \quad\cdots\cdots \\ T(\boldsymbol{e}_n) = a_{1n}\boldsymbol{e}_1 + a_{2n}\boldsymbol{e}_2 + \cdots + a_{nn}\boldsymbol{e}_n, \end{cases}$$

即

$$(T(\boldsymbol{e}_1), T(\boldsymbol{e}_2), \cdots, T(\boldsymbol{e}_n)) = (\boldsymbol{e}_1, \boldsymbol{e}_2, \cdots, \boldsymbol{e}_n)\boldsymbol{A},$$

其中

$$\boldsymbol{A} = \begin{pmatrix} a_{11} & a_{12} & \cdots & a_{1n} \\ a_{21} & a_{22} & \cdots & a_{2n} \\ \vdots & \vdots & & \vdots \\ a_{n1} & a_{n2} & \cdots & a_{nn} \end{pmatrix}$$

称为**线性变换 T 在基 $\boldsymbol{e}_1, \boldsymbol{e}_2, \cdots, \boldsymbol{e}_n$ 下的矩阵.**

由此可见,在线性空间 V 中取定一个基后,V 上的每一个线性变换 T 对应着一个方阵 $\boldsymbol{A}$;反之,给定一个方阵 $\boldsymbol{A}$,可以证明在线性空间 V 上也有唯一一个线性变换 T,且 T 在给定的基下的矩阵恰为 $\boldsymbol{A}$. 这就是说,线性变换与方阵之间有一一对应关系. 因此,在线性空间中取定一个基后,线性变换即可用矩阵表示,从而对线性变换的讨论便转化为对其矩阵的研究.

定理 7.3 设 V 为 n 维线性空间,线性变换 T 在基 $\boldsymbol{e}_1, \boldsymbol{e}_2, \cdots, \boldsymbol{e}_n$ 下的矩阵为 $\boldsymbol{A}$. 则 $\forall \boldsymbol{x} \in V$ 与 $T(\boldsymbol{x})$ 在基 $\boldsymbol{e}_1, \boldsymbol{e}_2, \cdots, \boldsymbol{e}_n$ 下的坐标有关系式

$$T(\boldsymbol{x}) = \boldsymbol{A}\boldsymbol{x},$$

其中

$$\boldsymbol{x} = (x_1, x_2, \cdots, x_n)^{\mathrm{T}}.$$

证 因为

$$\boldsymbol{x} = \sum_{i=1}^{n} x_i \boldsymbol{e}_i = (\boldsymbol{e}_1, \boldsymbol{e}_2, \cdots, \boldsymbol{e}_n)\begin{pmatrix} x_1 \\ x_2 \\ \vdots \\ x_n \end{pmatrix},$$

所以

$$\begin{aligned} T(\boldsymbol{x}) &= T\left(\sum_{i=1}^{n} x_i \boldsymbol{e}_i\right) = \sum_{i=1}^{n} x_i T(\boldsymbol{e}_i) \\ &= (T(\boldsymbol{e}_1), T(\boldsymbol{e}_2), \cdots, T(\boldsymbol{e}_n))\begin{pmatrix} x_1 \\ x_2 \\ \vdots \\ x_n \end{pmatrix} = (\boldsymbol{e}_1, \boldsymbol{e}_2, \cdots, \boldsymbol{e}_n)\boldsymbol{A}\begin{pmatrix} x_1 \\ x_2 \\ \vdots \\ x_n \end{pmatrix}. \end{aligned}$$

于是,在基 $\boldsymbol{e}_1, \boldsymbol{e}_2, \cdots, \boldsymbol{e}_n$ 下,当 $\boldsymbol{x} = (x_1, x_2, \cdots, x_n)^{\mathrm{T}}$ 时,

$$T(\boldsymbol{x})=\boldsymbol{A}\begin{pmatrix}x_1\\x_2\\\vdots\\x_n\end{pmatrix}.$$

一般来说,线性空间的基改变时,线性变换的矩阵也会变化,下面的定理给出了其变化规律.

定理 7.4 设 n 维线性空间 V 中的两个基分别为

$$(\text{I}):\boldsymbol{e}_1,\boldsymbol{e}_2,\cdots,\boldsymbol{e}_n,$$
$$(\text{II}):\boldsymbol{e}'_1,\boldsymbol{e}'_2,\cdots,\boldsymbol{e}'_n.$$

从基(Ⅰ)到基(Ⅱ)的过渡矩阵为 $\boldsymbol{C}$,T 是 V 上的一个线性变换,它在基(Ⅰ)和基(Ⅱ)下的矩阵分别为 $\boldsymbol{A}$ 和 $\boldsymbol{B}$,则 $\boldsymbol{B}=\boldsymbol{C}^{-1}\boldsymbol{AC}$.

证 由

$$(\boldsymbol{e}'_1,\boldsymbol{e}'_2,\cdots,\boldsymbol{e}'_n)=(\boldsymbol{e}_1,\boldsymbol{e}_2,\cdots,\boldsymbol{e}_n)\boldsymbol{C},$$
$$T(\boldsymbol{e}_1,\boldsymbol{e}_2,\cdots,\boldsymbol{e}_n)=(\boldsymbol{e}_1,\boldsymbol{e}_2,\cdots,\boldsymbol{e}_n)\boldsymbol{A},$$
$$T(\boldsymbol{e}'_1,\boldsymbol{e}'_2,\cdots,\boldsymbol{e}'_n)=(\boldsymbol{e}'_1,\boldsymbol{e}'_2,\cdots,\boldsymbol{e}'_n)\boldsymbol{B},$$

得

$$\begin{aligned}(\boldsymbol{e}'_1,\boldsymbol{e}'_2,\cdots,\boldsymbol{e}'_n)\boldsymbol{B}&=T(\boldsymbol{e}'_1,\boldsymbol{e}'_2,\cdots,\boldsymbol{e}'_n)=T[(\boldsymbol{e}_1,\boldsymbol{e}_2,\cdots,\boldsymbol{e}_n)\boldsymbol{C}]\\&=[T(\boldsymbol{e}_1,\boldsymbol{e}_2,\cdots,\boldsymbol{e}_n)]\boldsymbol{C}=(\boldsymbol{e}_1,\boldsymbol{e}_2,\cdots,\boldsymbol{e}_n)\boldsymbol{AC}\\&=(\boldsymbol{e}'_1,\boldsymbol{e}'_2,\cdots,\boldsymbol{e}'_n)\boldsymbol{C}^{-1}\boldsymbol{AC}.\end{aligned}$$

因为 $\boldsymbol{e}'_1,\boldsymbol{e}'_2,\cdots,\boldsymbol{e}'_n$线性无关,所以

$$\boldsymbol{B}=\boldsymbol{C}^{-1}\boldsymbol{AC}.$$

定理 7.4 说明,同一个线性变换在不同基下的矩阵是相似的.

例 7.9

设 T 是线性空间 $\mathbf{R}^3$ 上的一个线性变换,它把基 $\boldsymbol{\alpha}_1=(1,0,1)^{\mathrm{T}},\boldsymbol{\alpha}_2=(0,1,0)^{\mathrm{T}},\boldsymbol{\alpha}_3=(0,0,1)^{\mathrm{T}}$ 变为基 $\boldsymbol{\beta}_1=(1,0,2)^{\mathrm{T}},\boldsymbol{\beta}_2=(-1,2,-1)^{\mathrm{T}},\boldsymbol{\beta}_3=(1,0,0)^{\mathrm{T}}$. 试求:

(1) T 在基 $\boldsymbol{\alpha}_1,\boldsymbol{\alpha}_2,\boldsymbol{\alpha}_3$ 下的矩阵;

(2) T 在基 $\boldsymbol{\gamma}_1=(1,0,0)^{\mathrm{T}},\boldsymbol{\gamma}_2=(0,1,0)^{\mathrm{T}},\boldsymbol{\gamma}_3=(0,0,1)^{\mathrm{T}}$ 下的矩阵.

解 (1) 设$(\boldsymbol{\beta}_1,\boldsymbol{\beta}_2,\boldsymbol{\beta}_3)=T(\boldsymbol{\alpha}_1,\boldsymbol{\alpha}_2,\boldsymbol{\alpha}_3)=(\boldsymbol{\alpha}_1,\boldsymbol{\alpha}_2,\boldsymbol{\alpha}_3)\boldsymbol{A}$,即

$$\begin{pmatrix}1&-1&1\\0&2&0\\2&-1&0\end{pmatrix}=\begin{pmatrix}1&0&0\\0&1&0\\1&0&1\end{pmatrix}\boldsymbol{A},$$

则

$$\boldsymbol{A}=\begin{pmatrix}1&0&0\\0&1&0\\1&0&1\end{pmatrix}^{-1}\begin{pmatrix}1&-1&1\\0&2&0\\2&-1&0\end{pmatrix}=\begin{pmatrix}1&-1&1\\0&2&0\\1&0&-1\end{pmatrix}.$$

$\boldsymbol{A}$ 即为 T 在基 $\boldsymbol{\alpha}_1,\boldsymbol{\alpha}_2,\boldsymbol{\alpha}_3$ 下的矩阵.

(2) 设 $(\boldsymbol{\gamma}_1,\boldsymbol{\gamma}_2,\boldsymbol{\gamma}_3)=(\boldsymbol{\alpha}_1,\boldsymbol{\alpha}_2,\boldsymbol{\alpha}_3)\boldsymbol{C}$, 即

$$\begin{pmatrix}1&0&0\\0&1&0\\0&0&1\end{pmatrix}=\begin{pmatrix}1&0&0\\0&1&0\\1&0&1\end{pmatrix}\boldsymbol{C},$$

则

$$\boldsymbol{C}=\begin{pmatrix}1&0&0\\0&1&0\\-1&0&1\end{pmatrix},\quad \boldsymbol{C}^{-1}=\begin{pmatrix}1&0&0\\0&1&0\\1&0&1\end{pmatrix}.$$

所以 T 在基 $\boldsymbol{\gamma}_1,\boldsymbol{\gamma}_2,\boldsymbol{\gamma}_3$ 下的矩阵为 $\boldsymbol{B}=\boldsymbol{C}^{-1}\boldsymbol{A}\boldsymbol{C}$, 即

$$\boldsymbol{B}=\begin{pmatrix}0&-1&1\\0&2&0\\2&-1&0\end{pmatrix}.$$

三、线性变换的运算

设 V 是数域 P 上的线性空间, T_1,T_2,T_3 是 V 上的线性变换. 我们定义下列三种运算:

(1) 线性变换的加法. 对每个 $\boldsymbol{x}\in V$, 满足 $T(\boldsymbol{x})=T_1(\boldsymbol{x})+T_2(\boldsymbol{x})$ 的变换 T 称为线性变换 T_1 与 T_2 的和, 记作 $T=T_1+T_2$.

(2) 线性变换的数量乘法. 对于每个 $\boldsymbol{x}\in V,\lambda\in P$, 满足 $T(\boldsymbol{x})=\lambda(T_1(\boldsymbol{x}))$ 的变换 T 称为数 λ 与线性变换 T_1 的数量乘积, 记作 $T=\lambda T_1$.

(3) 线性变换的乘法. 对于每个 $\boldsymbol{x}\in V$, 满足 $T(\boldsymbol{x})=T_1(T_2(\boldsymbol{x}))$ 的变换 T 称为线性变换 T_1 与 T_2 的乘积, 记作 $T=T_1T_2$.

易证, $T_1+T_2,\lambda T_1,T_1T_2$ 都是线性变换, 且有如下运算规律:

(1) $T_1(T_2T_3)=(T_1T_2)T_3$;

(2) $T_1+T_2=T_2+T_1$;

(3) $(T_1+T_2)+T_3=T_1+(T_2+T_3)$;

(4) $\lambda(T_1+T_2)=\lambda T_1+\lambda T_2,(\lambda+u)T=\lambda T+uT$.

由此可知, 线性空间 V 上的所有线性变换所组成的集合, 对于线性变换的加法及数量乘法, 构成一个线性空间.

下面介绍线性变换的逆变换.

定义 7.6 设 I 是线性空间 V 上的单位线性变换, T 是 V 上的任一线性变换. 若存在 V 上的一个变换 S, 使得

$$TS=ST=I,$$

则称线性变换 T 是可逆的, 而 S 称为 T 的逆变换, 记作 T^{-1}.

读者可以自行证明: 当线性变换 T 可逆时, 其逆变换 T^{-1} 也是线性变换.

定理 7.5 设线性空间 V 上的线性变换 T_1,T_2 在 V 中的某个基下的矩阵分别为 $\boldsymbol{A}$ 和 $\boldsymbol{B}$,则在这个基下,有

(1) T_1+T_2 的矩阵为 $\boldsymbol{A}+\boldsymbol{B}$;

(2) λT_1 的矩阵为 $\lambda\boldsymbol{A}$;

(3) T_1T_2 的矩阵为 $\boldsymbol{AB}$;

(4) 若 T_1 可逆,则 $\boldsymbol{A}$ 可逆,且逆变换 T^{-1} 的矩阵为 $\boldsymbol{A}^{-1}$.

第三节 典型例题

例 7.10

设 W_1,W_2 为数域 P 上的线性空间 V 的两个子空间,

$$W_1\cap W_2=\{\boldsymbol{x}\mid\boldsymbol{x}\in W_1\text{ 且 }\boldsymbol{x}\in W_2\},$$
$$W_1\cup W_2=\{\boldsymbol{x}\mid\boldsymbol{x}\in W_1\text{ 或 }\boldsymbol{x}\in W_2\}.$$

证明:

(1) $W_1\cap W_2$ 是 V 的子空间;

(2) $W_1\cup W_2$ 不一定是 V 的子空间;

(3) $W_1\cup W_2$ 是 V 的子空间的充要条件是 $W_1\subseteq W_2$ 或 $W_1\supseteq W_2$.

证 (1) 因 W_1,W_2 为 V 的子空间,故它们均含有零元素,即 $W_1\cap W_2$ 至少含有零元素,因而 $W_1\cap W_2$ 是非空集合.

对于任意的 $\boldsymbol{\alpha},\boldsymbol{\beta}\in W_1\cap W_2$,有 $\boldsymbol{\alpha},\boldsymbol{\beta}\in W_1$,$\boldsymbol{\alpha},\boldsymbol{\beta}\in W_2$. 因 W_1,W_2 为子空间,故 $\boldsymbol{\alpha}+\boldsymbol{\beta}\in W_1$,$\boldsymbol{\alpha}+\boldsymbol{\beta}\in W_2$,于是 $\boldsymbol{\alpha}+\boldsymbol{\beta}\in W_1\cap W_2$. 同样,因对于任意的 $\lambda\in P$,有 $\lambda\boldsymbol{\alpha}\in W_1$,$\lambda\boldsymbol{\alpha}\in W_2$,故 $\lambda\boldsymbol{\alpha}\in W_1\cap W_2$. 因此,$W_1\cap W_2$ 是 V 的子空间.

(2) $W_1\cup W_2$ 不一定是 V 的子空间. 下面举反例证明.

取 $V=\mathbf{R}^2$,令 $W_1=\{(x,0)\mid x\in\mathbf{R}\}$,$W_2=\{(0,y)\mid y\in\mathbf{R}\}$,则它们均为 $\mathbf{R}^2$ 的子空间. 取 $\boldsymbol{\alpha}=(1,0)$,$\boldsymbol{\beta}=(0,1)$,显然 $\boldsymbol{\alpha},\boldsymbol{\beta}\in W_1\cup W_2$,但 $\boldsymbol{\alpha}+\boldsymbol{\beta}=(1,0)+(0,1)=(1,1)\notin W_1\cup W_2$. 因此,$W_1\cup W_2$ 不是 $\mathbf{R}^2$ 的子空间.

(3) 必要性. 设 $W_1\cup W_2$ 为 V 的子空间,下证 $W_1\subseteq W_2$ 或 $W_1\supseteq W_2$. 用反证法. 假设上述两个包含关系都不成立,则存在 $\boldsymbol{x},\boldsymbol{y}$,使得 $\boldsymbol{x}\in W_1$,$\boldsymbol{x}\notin W_2$,$\boldsymbol{y}\in W_2$,$\boldsymbol{y}\notin W_1$,于是

$$\boldsymbol{x}\in W_1\subseteq W_1\cup W_2,\quad \boldsymbol{y}\in W_2\subseteq W_1\cup W_2.$$

而 $W_1\cup W_2$ 为 V 的子空间,故 $\boldsymbol{x}+\boldsymbol{y}\in W_1\cup W_2$,即 $\boldsymbol{x}+\boldsymbol{y}\in W_1$ 或 $\boldsymbol{x}+\boldsymbol{y}\in W_2$. 若 $\boldsymbol{x}+\boldsymbol{y}\in W_1$,由 $\boldsymbol{x}\in W_1$,得 $-\boldsymbol{x}\in W_1$,则 $\boldsymbol{y}=\boldsymbol{x}+\boldsymbol{y}-\boldsymbol{x}\in W_1$,这与 $\boldsymbol{y}\notin W_1$ 矛盾. 若 $\boldsymbol{x}+\boldsymbol{y}\in W_2$,由 $\boldsymbol{y}\in W_2$,得 $-\boldsymbol{y}\in W_2$,则 $\boldsymbol{x}=\boldsymbol{x}+\boldsymbol{y}-\boldsymbol{y}\in W_2$,这与 $\boldsymbol{x}\notin W_2$ 矛盾. 故假设不成立,即 $W_1\subseteq W_2$ 或 $W_1\supseteq W_2$.

充分性. 设 $W_1\subseteq W_2$ 或 $W_1\supseteq W_2$,则 $W_1\cup W_2=W_2$ 或 $W_1\cup W_2=W_1$,即 $W_1\cup W_2$ 为 V 的子空间.

例 7.11

已知 $P[x]_n$ 是数域 P 上一切次数小于 n 的多项式所组成的线性空间. 给定 n 个互不相等的数 $a_1,a_2,\cdots,a_n$，令

$$f(x)=(x-a_1)(x-a_2)\cdots(x-a_n).$$

试证：多项式 $f_i(x)=\dfrac{f(x)}{x-a_i}(i=1,2,\cdots,n)$ 是 $P[x]_n$ 的一个基.

证　因为 $P[x]_n$ 是 n 维线性空间，所以证明 n 个多项式 $f_i(x)(i=1,2,\cdots,n)$ 是 $P[x]_n$ 的一个基，只需证明它们线性无关即可.

首先应注意，因 $a_1,a_2,\cdots,a_n$ 互异，故

$$f_i(a_i)\neq 0,\quad f_i(a_j)=0\quad (i\neq j;i,j=1,2,\cdots,n).$$

其次，设有一组数 $k_1,k_2,\cdots,k_n$，使得

$$k_1f_1(x)+k_2f_2(x)+\cdots+k_nf_n(x)=0,$$

则由上式，当 $x=a_i$ 时，得到 $k_if_i(a_i)=0$，故 $k_i=0(i=1,2,\cdots,n)$，所以 $f_1(x),f_2(x),\cdots,f_n(x)$ 线性无关.

例 7.12

设 $\boldsymbol{\alpha}_1,\boldsymbol{\alpha}_2,\boldsymbol{\alpha}_3$ 是线性空间 V 中的一个基.

(1) 证明：$\boldsymbol{\beta}_1=\boldsymbol{\alpha}_1+\boldsymbol{\alpha}_2+\boldsymbol{\alpha}_3,\boldsymbol{\beta}_2=\boldsymbol{\alpha}_1-\boldsymbol{\alpha}_2+\boldsymbol{\alpha}_3,\boldsymbol{\beta}_3=-\boldsymbol{\alpha}_1+\boldsymbol{\alpha}_2+\boldsymbol{\alpha}_3$ 也是 V 的一个基.

(2) 试求 $a_1\boldsymbol{\alpha}_1+a_2\boldsymbol{\alpha}_2+a_3\boldsymbol{\alpha}_3$ 在基 $\boldsymbol{\beta}_1,\boldsymbol{\beta}_2,\boldsymbol{\beta}_3$ 下的坐标.

解　(1) 由题意知，

$$(\boldsymbol{\beta}_1,\boldsymbol{\beta}_2,\boldsymbol{\beta}_3)=(\boldsymbol{\alpha}_1,\boldsymbol{\alpha}_2,\boldsymbol{\alpha}_3)\begin{pmatrix}1&1&-1\\1&-1&1\\1&1&1\end{pmatrix}.$$

因为 $\begin{vmatrix}1&1&-1\\1&-1&1\\1&1&1\end{vmatrix}=-4\neq 0$，所以 $\boldsymbol{\beta}_1,\boldsymbol{\beta}_2,\boldsymbol{\beta}_3$ 线性无关，故它们也是 V 的一个基.

(2) 由(1) 知，可逆矩阵

$$\begin{pmatrix}1&1&-1\\1&-1&1\\1&1&1\end{pmatrix}$$

就是从基 $\boldsymbol{\alpha}_1,\boldsymbol{\alpha}_2,\boldsymbol{\alpha}_3$ 到基 $\boldsymbol{\beta}_1,\boldsymbol{\beta}_2,\boldsymbol{\beta}_3$ 的过渡矩阵，故 $a_1\boldsymbol{\alpha}_1+a_2\boldsymbol{\alpha}_2+a_3\boldsymbol{\alpha}_3$ 在基 $\boldsymbol{\beta}_1,\boldsymbol{\beta}_2,\boldsymbol{\beta}_3$ 下的坐标为

$$\begin{pmatrix}y_1\\y_2\\y_3\end{pmatrix}=\begin{pmatrix}1&1&-1\\1&-1&1\\1&1&1\end{pmatrix}^{-1}\begin{pmatrix}a_1\\a_2\\a_3\end{pmatrix}=\begin{pmatrix}\frac{1}{2}&\frac{1}{2}&0\\0&-\frac{1}{2}&\frac{1}{2}\\-\frac{1}{2}&0&\frac{1}{2}\end{pmatrix}\begin{pmatrix}a_1\\a_2\\a_3\end{pmatrix}=\frac{1}{2}\begin{pmatrix}a_1+a_2\\a_3-a_2\\a_3-a_1\end{pmatrix}.$$

例 7.13

在线性空间 $\mathbf{R}^4$ 中取两个基：

(Ⅰ)：$\boldsymbol{e}_1=(1,0,0,0)^{\mathrm{T}},\boldsymbol{e}_2=(0,1,0,0)^{\mathrm{T}},\boldsymbol{e}_3=(0,0,1,0)^{\mathrm{T}},\boldsymbol{e}_4=(0,0,0,1)^{\mathrm{T}}$，

(Ⅱ)：$\boldsymbol{\alpha}_1=(2,1,-1,1)^{\mathrm{T}},\boldsymbol{\alpha}_2=(0,3,1,0)^{\mathrm{T}},\boldsymbol{\alpha}_3=(5,3,2,1)^{\mathrm{T}},\boldsymbol{\alpha}_4=(6,6,1,3)^{\mathrm{T}}$.

(1) 求从基(Ⅰ)到基(Ⅱ)的过渡矩阵；

(2) 求 $(x_1,x_2,x_3,x_4)^{\mathrm{T}}$ 在基(Ⅱ)下的坐标；

(3) 求在基(Ⅰ)与基(Ⅱ)下具有相同坐标的非零元素.

解 (1) 设从基(Ⅰ)到基(Ⅱ)的过渡矩阵为 $\boldsymbol{P}$，则有

$$(\boldsymbol{\alpha}_1,\boldsymbol{\alpha}_2,\boldsymbol{\alpha}_3,\boldsymbol{\alpha}_4)=(\boldsymbol{e}_1,\boldsymbol{e}_2,\boldsymbol{e}_3,\boldsymbol{e}_4)\boldsymbol{P},$$

即

$$\begin{pmatrix}2&0&5&6\\1&3&3&6\\-1&1&2&1\\1&0&1&3\end{pmatrix}=\begin{pmatrix}1&0&0&0\\0&1&0&0\\0&0&1&0\\0&0&0&1\end{pmatrix}\boldsymbol{P}=\boldsymbol{P}.$$

故从基(Ⅰ)到基(Ⅱ)的过渡矩阵为

$$\boldsymbol{P}=\begin{pmatrix}2&0&5&6\\1&3&3&6\\-1&1&2&1\\1&0&1&3\end{pmatrix}.$$

(2) 易知 $(x_1,x_2,x_3,x_4)^{\mathrm{T}}$ 在基(Ⅰ)下的坐标就是它本身，记为 $\boldsymbol{x}$. 设它在基(Ⅱ)下的坐标为 $(y_1,y_2,y_3,y_4)^{\mathrm{T}}$，记为 $\boldsymbol{y}$，则由坐标变换公式，有

$$\boldsymbol{y}=\boldsymbol{P}^{-1}\boldsymbol{x}.$$

而 $\boldsymbol{P}^{-1}$ 可用初等行变换求得，即

$$(\boldsymbol{P}\,\vdots\,\boldsymbol{E})=\left(\begin{array}{cccc:cccc}2&0&5&6&1&0&0&0\\1&3&3&6&0&1&0&0\\-1&1&2&1&0&0&1&0\\1&0&1&3&0&0&0&1\end{array}\right)$$

$$\xrightarrow{\text{初等行变换}}\left(\begin{array}{cccc:cccc}1&0&0&0&\frac{4}{9}&\frac{1}{3}&-1&-\frac{11}{9}\\0&1&0&0&\frac{1}{27}&\frac{4}{9}&-\frac{1}{3}&-\frac{23}{27}\\0&0&1&0&\frac{1}{3}&0&0&-\frac{2}{3}\\0&0&0&1&-\frac{7}{27}&-\frac{1}{9}&\frac{1}{3}&\frac{26}{27}\end{array}\right),$$

于是

$$\boldsymbol{P}^{-1}=\frac{1}{27}\begin{pmatrix}12&9&-27&-33\\1&12&-9&-23\\9&0&0&-18\\-7&-3&9&26\end{pmatrix}.$$

故 $\boldsymbol{x}=(x_1,x_2,x_3,x_4)^{\mathrm{T}}$ 在基(Ⅱ)下的坐标为

$$\begin{pmatrix}y_1\\y_2\\y_3\\y_4\end{pmatrix}=\boldsymbol{P}^{-1}\begin{pmatrix}x_1\\x_2\\x_3\\x_4\end{pmatrix}=\frac{1}{27}\begin{pmatrix}12&9&-27&-33\\1&12&-9&-23\\9&0&0&-18\\-7&-3&9&26\end{pmatrix}\begin{pmatrix}x_1\\x_2\\x_3\\x_4\end{pmatrix}.$$

(3) 若存在元素在基(Ⅰ)与基(Ⅱ)下的坐标相同，记为 $\boldsymbol{x}$，则由坐标变换公式 $\boldsymbol{y}=\boldsymbol{P}^{-1}\boldsymbol{x}$，有

$$\boldsymbol{x}=\boldsymbol{P}\boldsymbol{x},\quad 即\quad (\boldsymbol{P}-\boldsymbol{E})\boldsymbol{x}=\boldsymbol{0},$$

从而有

$$\begin{pmatrix}1&0&5&6\\1&2&3&6\\-1&1&1&1\\1&0&1&2\end{pmatrix}\begin{pmatrix}x_1\\x_2\\x_3\\x_4\end{pmatrix}=\begin{pmatrix}0\\0\\0\\0\end{pmatrix},$$

即得方程组

$$\begin{cases}x_1+5x_3+6x_4=0,\\x_1+2x_2+3x_3+6x_4=0,\\-x_1+x_2+x_3+x_4=0,\\x_1+x_3+2x_4=0.\end{cases}$$

对上述齐次线性方程组的系数矩阵施行初等行变换：

$$\boldsymbol{P}-\boldsymbol{E}=\begin{pmatrix}1&0&5&6\\1&2&3&6\\-1&1&1&1\\1&0&1&2\end{pmatrix}\xrightarrow{\text{初等行变换}}\begin{pmatrix}1&0&0&1\\0&1&0&1\\0&0&1&1\\0&0&0&0\end{pmatrix}.$$

取 x_4 为自由未知量，可得基础解系为 $(-1,-1,-1,1)^{\mathrm{T}}$. 故在基(Ⅰ)与基(Ⅱ)下具有相同坐标的元素为 $k(-1,-1,-1,1)^{\mathrm{T}}$，其中 k 为任意常数.

习　题　七

1. 按矩阵的加法及数与矩阵的乘法，判断下列实数域上的方阵集合是否构成实数域上的线性空间：

(1) 主对角线上元素之和等于零的二阶方阵的全体;

(2) 全体 n 阶对称矩阵的集合;

(3) $\boldsymbol{A}$ 为已知的 n 阶方阵,满足 $\boldsymbol{AX}=\boldsymbol{O}$ 的全体 n 阶方阵 $\boldsymbol{X}$.

2. 在线性空间 $\mathbf{R}^n$ 中,分量满足下列条件的全体向量能否构成 $\mathbf{R}^n$ 的子空间?

(1) $x_1+x_2+\cdots+x_n=0$; (2) $x_1+x_2+\cdots+x_n=1$.

3. 试证:若线性变换 T 可逆,则其逆变换也是线性变换.

4. 对于任一 n 阶实方阵 $\boldsymbol{A}$,给定 n 阶实方阵 $\boldsymbol{C}$,定义变换 T 如下:

$$T(\boldsymbol{A})=\boldsymbol{CA}-\boldsymbol{AC}.$$

证明:

(1) T 是 $\mathbf{R}^{n\times n}$ 上的一个线性变换;

(2) 对于任意的 n 阶方阵 $\boldsymbol{A},\boldsymbol{B}$,都有 $T(\boldsymbol{AB})=T(\boldsymbol{A})\cdot\boldsymbol{B}+\boldsymbol{A}\cdot T(\boldsymbol{B})$.

5. 在线性空间 $\mathbf{R}^3$ 中,求线性变换

$$T(x_1,x_2,x_3)=(2x_1-x_2,x_2+x_3,x_1)$$

在基 $\boldsymbol{e}_1=(1,0,0),\boldsymbol{e}_2=(0,1,0),\boldsymbol{e}_3=(0,0,1)$ 下的矩阵.

6. 在线性空间 $\mathbf{R}^3$ 中,已知线性变换 T 在基 $\boldsymbol{\eta}_1=(-1,1,1),\boldsymbol{\eta}_2=(1,0,-1),\boldsymbol{\eta}_3=(0,1,1)$ 下的矩阵为

$$\begin{pmatrix}1&0&1\\1&1&0\\-1&2&1\end{pmatrix},$$

求 T 在基 $\boldsymbol{e}_1=(1,0,0),\boldsymbol{e}_2=(0,1,0),\boldsymbol{e}_3=(0,0,1)$ 下的矩阵.

7. 给定线性空间 $\mathbf{R}^3$ 的两个基:

$$(\text{Ⅰ}):\boldsymbol{\varepsilon}_1=(1,0,1),\boldsymbol{\varepsilon}_2=(2,1,0),\boldsymbol{\varepsilon}_3=(1,1,1),$$

$$(\text{Ⅱ}):\boldsymbol{\eta}_1=(1,2,-1),\boldsymbol{\eta}_2=(2,2,-1),\boldsymbol{\eta}_3=(2,-1,-1).$$

设 T 是 $\mathbf{R}^3$ 上的一个线性变换,且 $T(\boldsymbol{\varepsilon}_i)=\boldsymbol{\eta}_i(i=1,2,3)$,试求:

(1) 从基(Ⅰ)到基(Ⅱ)的过渡矩阵;

(2) T 在基(Ⅰ)下的矩阵;

(3) T 在基(Ⅱ)下的矩阵.

部分习题参考答案

习题一

1. (1) 5； (2) x^3-x^2-1； (3) ab^2-a^2b； (4) 5； (5) 0； (6) 18.

2. (1) 5； (2) 5； (3) $\frac{n(n-1)}{2}$； (4) $n(n-1)$.

3. $-a_{11}a_{23}a_{32}a_{44}$ 和 $a_{11}a_{23}a_{34}a_{42}$.

4. (1) 0； (2) -3； (3) $4abcdef$； (4) $abcd+ab+cd+ad+1$； (5) $(a+b+c)^3$； (6) -270；
(7) $-2(n-2)!$； (8) $a^{n-2}(a^2-1)$.

6. (1) 0； (2) -1； (3) 0； (4) $(x-a)^{n-1}$.

7. (1) $(-m)^{n-1}\left(\sum_{i=1}^{n}x_i-m\right)$； (2) $(-1)^{n-1}\frac{(n+1)!}{2}$； (3) $(ad-bc)^n$；
(4) $a_1a_2\cdots a_n\left(1+\sum_{i=1}^{n}\frac{1}{a_i}\right)$； (5) x^2y^2.

8. (1) $x=-\frac{1}{2}$, $y=-\frac{1}{2}$, $z=\frac{3}{2}$； (2) $x_1=-8$, $x_2=3$, $x_3=6$, $x_4=0$.

9. $\lambda=1$ 或 $\mu=0$.

习题二

1. $3\boldsymbol{AB}-2\boldsymbol{A}=\begin{pmatrix}-2&13&22\\-2&-17&20\\4&29&-2\end{pmatrix}$， $\boldsymbol{A}^{\mathrm{T}}\boldsymbol{B}=\begin{pmatrix}0&5&8\\0&-5&6\\2&9&0\end{pmatrix}$.

2. (1) 7； (2) $\begin{pmatrix}-7&4&1\\5&-2&-1\\1&2&-1\end{pmatrix}$； (3) $\begin{pmatrix}9&-2&-1\\9&9&11\end{pmatrix}$； (4) $\begin{pmatrix}0&0\\0&0\end{pmatrix}$；
(5) $\begin{pmatrix}0&0\\0&0\\0&0\end{pmatrix}$； (6) $\begin{pmatrix}0&b_1&2c_1\\0&b_2&2c_2\\\vdots&\vdots&\vdots\\0&b_n&2c_n\end{pmatrix}$.

3. (1) $a_1b_1+a_2b_2+\cdots+a_nb_n$； (2) $\begin{pmatrix}a_1b_1&a_1b_2&\cdots&a_1b_n\\a_2b_1&a_2b_2&\cdots&a_2b_n\\\vdots&\vdots&&\vdots\\a_nb_1&a_nb_2&\cdots&a_nb_n\end{pmatrix}$；
(3) $a_{11}x_1^2+a_{22}x_2^2+a_{33}x_3^2+2a_{12}x_1x_2+2a_{13}x_1x_3+2a_{23}x_2x_3$.

6. $\begin{pmatrix}x&y&z\\0&x&y\\0&0&x\end{pmatrix}$,其中 $x,y,z\in\mathbf{R}$.

8. (1) $\begin{pmatrix} 13 & -14 \\ 21 & -22 \end{pmatrix}$; (2) $\begin{pmatrix} \cos\frac{n\pi}{2} & -\sin\frac{n\pi}{2} \\ \sin\frac{n\pi}{2} & \cos\frac{n\pi}{2} \end{pmatrix}$;

(3) $\begin{pmatrix} 1 & 0 \\ 0 & 1 \end{pmatrix}$($n$ 是偶数), $\begin{pmatrix} 2 & -1 \\ 3 & -2 \end{pmatrix}$($n$ 是奇数);

(4) $\begin{pmatrix} \lambda_1^k & & & \\ & \lambda_2^k & & \\ & & \ddots & \\ & & & \lambda_n^k \end{pmatrix}$; (5) $\begin{pmatrix} 1 & 0 & n \\ 0 & 1 & 0 \\ 0 & 0 & 1 \end{pmatrix}$; (6) $\begin{pmatrix} \lambda^n & n\lambda^{n-1} & \frac{n(n-1)}{2}\lambda^{n-2} \\ 0 & \lambda^n & n\lambda^{n-1} \\ 0 & 0 & \lambda^n \end{pmatrix}$.

9. $4^{n-1}\begin{pmatrix} 1 & \frac{1}{2} & \frac{1}{3} & \frac{1}{4} \\ 2 & 1 & \frac{2}{3} & \frac{1}{2} \\ 3 & \frac{3}{2} & 1 & \frac{3}{4} \\ 4 & 2 & \frac{4}{3} & 1 \end{pmatrix}$.

10. 四阶单位矩阵 $\boldsymbol{E}$.

11. (1) $\boldsymbol{A}^{\mathrm{T}} = \begin{pmatrix} x_1 \\ x_2 \\ \vdots \\ x_n \end{pmatrix}$; (2) $\boldsymbol{A}^{\mathrm{T}} = \begin{pmatrix} 5 & -2 & 1 \\ 3 & 4 & -1 \end{pmatrix}$.

15. $\boldsymbol{BCA} = \boldsymbol{E}, \boldsymbol{CAB} = \boldsymbol{E}$ 总是成立的,而 $\boldsymbol{ACB} = \boldsymbol{E}, \boldsymbol{BAC} = \boldsymbol{E}, \boldsymbol{CBA} = \boldsymbol{E}$ 不一定成立.

16. (1) $\frac{1}{ad-bc}\begin{pmatrix} d & -b \\ -c & a \end{pmatrix}$; (2) $\begin{pmatrix} \cos\theta & \sin\theta \\ -\sin\theta & \cos\theta \end{pmatrix}$; (3) $\begin{pmatrix} -2 & 1 & 0 \\ -\frac{13}{2} & 3 & -\frac{1}{2} \\ -16 & 7 & -1 \end{pmatrix}$;

(4) $\begin{pmatrix} \frac{1}{a_1} & & & \\ & \frac{1}{a_2} & & \\ & & \ddots & \\ & & & \frac{1}{a_n} \end{pmatrix}$.

17. (1) $\begin{pmatrix} -1 & -1 \\ 2 & 3 \end{pmatrix}$; (2) $\begin{pmatrix} 1 & 2 \\ 3 & 4 \end{pmatrix}$; (3) $\begin{pmatrix} 1 & 2 & 3 \\ 4 & 5 & 6 \\ 7 & 8 & 9 \end{pmatrix}$; (4) $\begin{pmatrix} 3 & -1 \\ 2 & 0 \\ 1 & -1 \end{pmatrix}$.

18. $\boldsymbol{B} = \begin{pmatrix} 3 & 0 & 0 \\ 0 & 2 & 0 \\ 0 & 0 & 1 \end{pmatrix}$.

19. $\boldsymbol{B}=\begin{pmatrix}3 & -8 & -6\\ 2 & -9 & -6\\ -2 & 12 & 9\end{pmatrix}$.

20. $-m^3a$.

21. 16.

23. (1) $\boldsymbol{A}^{-1}=\frac{1}{2}(\boldsymbol{A}-\boldsymbol{E})$, $(\boldsymbol{E}-\boldsymbol{A})^{-1}=-\frac{1}{2}\boldsymbol{A}$.

24. $-\frac{1}{5}(\boldsymbol{A}-2\boldsymbol{E})$.

25. $(\boldsymbol{E}-\boldsymbol{A})^{-1}=\boldsymbol{E}+\boldsymbol{A}+\boldsymbol{A}^2+\cdots+\boldsymbol{A}^{m-1}$.

27. $\begin{pmatrix}1 & 0 & 0\\ 2 & 0 & 0\\ 6 & -1 & -1\end{pmatrix}$.

30. (1) $\begin{pmatrix}23 & 20 & 0 & 0\\ 10 & 9 & 0 & 0\\ 0 & 0 & 50 & 14\\ 0 & 0 & 32 & 9\end{pmatrix}$; (2) $\begin{pmatrix}1 & 0 & 4 & 0 & 0\\ 0 & 4 & -3 & 0 & 0\\ 3 & 2 & 3 & 0 & 0\\ 0 & 0 & 0 & 2 & -6\\ 0 & 0 & 0 & -8 & -4\end{pmatrix}$.

31. (1) $\begin{pmatrix}\boldsymbol{O} & \boldsymbol{C}^{-1}\\ \boldsymbol{B}^{-1} & \boldsymbol{O}\end{pmatrix}$; (2) $\begin{pmatrix}\boldsymbol{B}^{-1} & \boldsymbol{O}\\ -\boldsymbol{C}^{-1}\boldsymbol{A}\boldsymbol{B}^{-1} & \boldsymbol{C}^{-1}\end{pmatrix}$.

32. (1) $\begin{pmatrix}1 & 0 & 0 & 0 & 0\\ 0 & 1 & 0 & 0 & 0\\ 0 & 0 & 1 & 0 & 0\\ 0 & 0 & 0 & 3 & -1\\ 0 & 0 & 0 & -5 & 2\end{pmatrix}$; (2) $\begin{pmatrix}0 & 0 & 1 & -1 & 0\\ 0 & 0 & 0 & 1 & -1\\ 0 & 0 & 0 & 0 & 1\\ 2 & -1 & 0 & 0 & 0\\ -\frac{7}{4} & 1 & 0 & 0 & 0\end{pmatrix}$;

(3) $\begin{pmatrix}0 & 0 & 0 & \cdots & 0 & \frac{1}{a_n}\\ \frac{1}{a_1} & 0 & 0 & \cdots & 0 & 0\\ 0 & \frac{1}{a_2} & 0 & \cdots & 0 & 0\\ \vdots & \vdots & \vdots & & \vdots & \vdots\\ 0 & 0 & 0 & \cdots & \frac{1}{a_{n-1}} & 0\end{pmatrix}$.

33. $\mathrm{R}(\boldsymbol{A})\geqslant \mathrm{R}(\boldsymbol{B})$.

34. (1) 2; (2) 4; (3) 3; (4) 3.

35. (1) $\begin{pmatrix}\frac{7}{6} & \frac{2}{3} & -\frac{3}{2}\\ -1 & -1 & 2\\ -\frac{1}{2} & 0 & \frac{1}{2}\end{pmatrix}$; (2) $\begin{pmatrix}-2 & 4 & -1\\ 1 & -\frac{3}{2} & \frac{1}{2}\\ 2 & -\frac{7}{2} & \frac{1}{2}\end{pmatrix}$;

(3) $\begin{pmatrix} 1 & 1 & -2 & -4 \\ 0 & 1 & 0 & -1 \\ -1 & -1 & 3 & 6 \\ 2 & 1 & -6 & -10 \end{pmatrix}$； (4) $\begin{pmatrix} 2 & -1 & 0 & 0 \\ -3 & 2 & 0 & 0 \\ \frac{45}{7} & -\frac{31}{7} & -\frac{1}{7} & -\frac{8}{7} \\ \frac{4}{7} & -\frac{4}{7} & \frac{1}{7} & \frac{1}{7} \end{pmatrix}$.

习题三

3. W_2,W_3,W_6 是 $\mathbf{R}^3$ 的子空间.
4. $\boldsymbol{\alpha}_1-\boldsymbol{\alpha}_2=(1,0,-1)$， $3\boldsymbol{\alpha}_1+2\boldsymbol{\alpha}_2-\boldsymbol{\alpha}_3=(0,1,2)$.
5. $\boldsymbol{\alpha}=(1,2,3,4)$.
7. 提示：$\boldsymbol{\beta}_1-\boldsymbol{\beta}_2+\boldsymbol{\beta}_3-\boldsymbol{\beta}_4=\mathbf{0}$.
8. (1) 线性相关； (2) 线性无关.
9. (1) $t=5$； (2) $t\neq 5$； (3) $\boldsymbol{\alpha}_3=-\boldsymbol{\alpha}_1+2\boldsymbol{\alpha}_2$.
10. (1) 线性相关；(2) 线性无关；(3) 线性无关.
15. $k=2$.
17. $\begin{pmatrix} 1 & 0 & 1 & 0 & 0 \\ 1 & -1 & 0 & 0 & 0 \\ 0 & 0 & 1 & 0 & 0 \\ 0 & 0 & 0 & 1 & 0 \\ 0 & 0 & 0 & 0 & 0 \end{pmatrix}$.(答案不唯一)
19. (1) 能；(2) 不能.
24. (1) 秩为 3，$\boldsymbol{\alpha}_1,\boldsymbol{\alpha}_2,\boldsymbol{\alpha}_3$ 是一个最大无关组，$\boldsymbol{\alpha}_4=-\frac{3}{2}\boldsymbol{\alpha}_1+\frac{1}{2}\boldsymbol{\alpha}_2-\frac{3}{2}\boldsymbol{\alpha}_3$；

    (2) 秩为 3，$\boldsymbol{\alpha}_1,\boldsymbol{\alpha}_2,\boldsymbol{\alpha}_3$ 是一个最大无关组，$\boldsymbol{\alpha}_4=\frac{2}{3}\boldsymbol{\alpha}_1+\frac{1}{3}\boldsymbol{\alpha}_2+\boldsymbol{\alpha}_3$，$\boldsymbol{\alpha}_5=-\frac{1}{3}\boldsymbol{\alpha}_1+\frac{1}{3}\boldsymbol{\alpha}_2$；

    (3) 秩为 3，$\boldsymbol{\alpha}_1,\boldsymbol{\alpha}_2,\boldsymbol{\alpha}_3$ 是一个最大无关组，$\boldsymbol{\alpha}_4=\boldsymbol{\alpha}_1-\boldsymbol{\alpha}_2+\boldsymbol{\alpha}_3$，$\boldsymbol{\alpha}_5=\boldsymbol{\alpha}_1+\boldsymbol{\alpha}_2$.
26. $\boldsymbol{\alpha}_1,\boldsymbol{\alpha}_2$； $\boldsymbol{\alpha}_1,\boldsymbol{\alpha}_3$； $\boldsymbol{\alpha}_1,\boldsymbol{\alpha}_4$； $\boldsymbol{\alpha}_2,\boldsymbol{\alpha}_3$； $\boldsymbol{\alpha}_2,\boldsymbol{\alpha}_4$； $\boldsymbol{\alpha}_3,\boldsymbol{\alpha}_4$.
29. $(2,3,-1)$ 和 $(3,-3,-2)$.
30. $\lambda\neq 12$.
31. $(a_1,a_2-a_1,\cdots,a_n-a_{n-1})$.
32. (1) -12； (2) 40.

习题四

1. (1) $\boldsymbol{\xi}=\begin{pmatrix} 4 \\ -9 \\ 4 \\ 3 \end{pmatrix}$； (2) $\boldsymbol{\xi}_1=\begin{pmatrix} -2 \\ 1 \\ 0 \\ 0 \end{pmatrix},\boldsymbol{\xi}_2=\begin{pmatrix} 1 \\ 0 \\ 0 \\ 1 \end{pmatrix}$； (3) 只有零解； (4) $\boldsymbol{\xi}_1=\begin{pmatrix} 3 \\ 19 \\ 17 \\ 0 \end{pmatrix},\boldsymbol{\xi}_2=\begin{pmatrix} -13 \\ -20 \\ 0 \\ 17 \end{pmatrix}$.
2. (1) $c_1\begin{pmatrix} 1 \\ -1 \\ 0 \\ 0 \\ 0 \end{pmatrix}+c_2\begin{pmatrix} \frac{1}{2} \\ 0 \\ -\frac{1}{2} \\ 1 \\ 0 \end{pmatrix}+c_3\begin{pmatrix} 1 \\ 0 \\ -1 \\ 0 \\ 1 \end{pmatrix}+\begin{pmatrix} \frac{1}{2} \\ 0 \\ -\frac{1}{2} \\ 0 \\ 0 \end{pmatrix}$； (2) 无解.

3. $c\begin{pmatrix}1\\1\\1\\1\\1\end{pmatrix}+\begin{pmatrix}-a_5\\a_2+a_3+a_4\\a_3+a_4\\a_4\\0\end{pmatrix}$.

4. 当 $\lambda\neq 1,-2$ 时,可以线性表示,且表示式唯一;当 $\lambda=1$ 时,表示式不唯一.

5. 当 $\lambda=1$ 时,有解 $\begin{pmatrix}x_1\\x_2\\x_3\end{pmatrix}=c\begin{pmatrix}1\\1\\1\end{pmatrix}+\begin{pmatrix}1\\0\\0\end{pmatrix}$;

当 $\lambda=-2$ 时,有解 $\begin{pmatrix}x_1\\x_2\\x_3\end{pmatrix}=c\begin{pmatrix}1\\1\\1\end{pmatrix}+\begin{pmatrix}2\\2\\0\end{pmatrix}$.

6. $c=1$,通解为 $\begin{pmatrix}x_1\\x_2\\x_3\\x_4\end{pmatrix}=c_1\begin{pmatrix}1\\-1\\1\\0\end{pmatrix}+c_2\begin{pmatrix}0\\-1\\0\\1\end{pmatrix}$.

7. $m=2,\ n=4,\ t=6$.

8. $c\begin{pmatrix}-1\\2\\1\\3\end{pmatrix}$.

9. $\begin{cases}-5x_1+10x_2-x_3+x_4=0,\\-3x_1+6x_2+x_5=0.\end{cases}$ (答案不唯一)

10. 提示:只需证明方程组 $\boldsymbol{A}^{\mathrm{T}}\boldsymbol{A}\boldsymbol{x}=\boldsymbol{0}$ 与方程组 $\boldsymbol{A}\boldsymbol{x}=\boldsymbol{0}$ 同解.

13. $\sum_{i=1}^{n}c_i(a_{i1},a_{i2},\cdots,a_{i,2n})^{\mathrm{T}}$.

习题五

1. (1) $\lambda_1=2,\boldsymbol{p}_1=k_1\begin{pmatrix}1\\-1\end{pmatrix}(k_1\neq 0)$;$\lambda_2=3,\boldsymbol{p}_2=k_2\begin{pmatrix}1\\-2\end{pmatrix}(k_2\neq 0)$.

(2) $\lambda_1=-1,\boldsymbol{p}_1=c_1\begin{pmatrix}1\\-1\\0\end{pmatrix}(c_1\neq 0)$;$\lambda_2=9,\boldsymbol{p}_2=c_2\begin{pmatrix}1\\1\\2\end{pmatrix}(c_2\neq 0)$;$\lambda_3=0,\boldsymbol{p}_3=c_3\begin{pmatrix}1\\1\\-1\end{pmatrix}(c_3\neq 0)$.

2. (1) $\lambda_1=\lambda_2=1,\lambda_3=-5$; (2) $\lambda_1=\lambda_2=-\frac{1}{5},\lambda_3=1$; (3) $\lambda_1=\lambda_2=2,\lambda_3=\frac{4}{5}$.

3. $x+y=0$.

5. (1) $\begin{pmatrix}1\\1\\1\end{pmatrix},\begin{pmatrix}-1\\0\\1\end{pmatrix},\frac{1}{3}\begin{pmatrix}1\\-2\\1\end{pmatrix}$; (2) $\begin{pmatrix}1\\0\\-1\\1\end{pmatrix},\frac{1}{3}\begin{pmatrix}1\\-3\\2\\1\end{pmatrix},\frac{1}{5}\begin{pmatrix}-1\\3\\3\\4\end{pmatrix}$.

8. $x=4$, $y=5$.

9. $\boldsymbol{A}=\begin{pmatrix}0 & 1 & 0\\ 0 & 0 & 1\\ 6 & -11 & 6\end{pmatrix}$.

10. $\boldsymbol{A}^{100}=\frac{1}{3}\begin{pmatrix}5^{100}+2 & 5^{100}-1\\ 2\cdot 5^{100}-2 & 2\cdot 5^{100}+1\end{pmatrix}$.

11. $\boldsymbol{A}=\begin{pmatrix}4 & 1 & 1\\ 1 & 4 & 1\\ 1 & 1 & 4\end{pmatrix}$.

12. (1) 正交矩阵为$\frac{1}{3}\begin{pmatrix}1 & 2 & 2\\ 2 & 1 & -2\\ 2 & -2 & 1\end{pmatrix}$,对角矩阵为$\begin{pmatrix}-2 & & \\ & 1 & \\ & & 4\end{pmatrix}$;

(2) 正交矩阵为$\frac{1}{3\sqrt{5}}\begin{pmatrix}\sqrt{5} & 6 & -2\\ 2\sqrt{5} & 0 & 5\\ -2\sqrt{5} & 3 & 4\end{pmatrix}$,对角矩阵为$\begin{pmatrix}10 & & \\ & 1 & \\ & & 1\end{pmatrix}$.

习题六

1. (1) $f=(x,y,z)\begin{pmatrix}1 & -1 & -2\\ -1 & 1 & -2\\ -2 & -2 & -7\end{pmatrix}\begin{pmatrix}x\\ y\\ z\end{pmatrix}$;

(2) $f=(x_1,x_2,x_3,x_4)\begin{pmatrix}1 & -1 & 2 & -1\\ -1 & 1 & 3 & -2\\ 2 & 3 & 1 & 0\\ -1 & -2 & 0 & 1\end{pmatrix}\begin{pmatrix}x_1\\ x_2\\ x_3\\ x_4\end{pmatrix}$.

2. (1) $\boldsymbol{x}=\begin{pmatrix}1 & 0 & 0\\ 0 & \frac{1}{\sqrt{2}} & \frac{1}{\sqrt{2}}\\ 0 & \frac{1}{\sqrt{2}} & -\frac{1}{\sqrt{2}}\end{pmatrix}\boldsymbol{y}$, $f=2y_1^2+5y_2^2+y_3^2$;

(2) $\boldsymbol{x}=\begin{pmatrix}\frac{1}{2} & \frac{1}{2} & \frac{1}{\sqrt{2}} & 0\\ -\frac{1}{2} & \frac{1}{2} & 0 & \frac{1}{\sqrt{2}}\\ -\frac{1}{2} & -\frac{1}{2} & \frac{1}{\sqrt{2}} & 0\\ \frac{1}{2} & -\frac{1}{2} & 0 & \frac{1}{\sqrt{2}}\end{pmatrix}\boldsymbol{y}$, $f=-y_1^2+3y_2^2+y_3^2+y_4^2$;

(3) $\boldsymbol{x}=\begin{pmatrix}\frac{1}{2} & \frac{1}{\sqrt{2}} & 0 & \frac{1}{2}\\ -\frac{1}{2} & \frac{1}{\sqrt{2}} & 0 & -\frac{1}{2}\\ -\frac{1}{2} & 0 & \frac{1}{\sqrt{2}} & \frac{1}{2}\\ \frac{1}{2} & 0 & \frac{1}{\sqrt{2}} & -\frac{1}{2}\end{pmatrix}\boldsymbol{y}$, $f=-3y_1^2+y_2^2+y_3^2+y_4^2$.

3. (1) $\begin{cases} x_1 = y_1 + 2y_2 + 25y_3, \\ x_2 = y_2 + 11y_3, \\ x_3 = y_3, \end{cases}$ $\quad f = y_1^2 + y_2^2 - 124y_3^2$;

(2) $\begin{cases} x_1 = \frac{1}{2}y_1 + \frac{1}{2}y_2 + \frac{1}{2}y_3 - \frac{1}{2}y_4, \\ x_2 = \frac{1}{2}y_1 - \frac{1}{2}y_2 - \frac{1}{2}y_3 + \frac{1}{2}y_4, \\ x_3 = \frac{1}{2}y_3 + \frac{1}{2}y_4, \\ x_4 = y_4, \end{cases}$ $\quad f = \frac{1}{2}y_1^2 - \frac{1}{2}y_2^2 + \frac{1}{2}y_3^2 + \frac{3}{2}y_4^2$.

4. (1) $\begin{cases} x_1 = \frac{1}{2}y_1 + \frac{1}{4}y_2 + \frac{1}{4}y_3, \\ x_2 = \frac{1}{2}y_2 - \frac{1}{2}y_3, \\ x_3 = y_3, \end{cases}$ $\quad f = y_1^2 + y_2^2 - 3y_3^2$;

(2) $\begin{cases} x_1 = \frac{1}{2}y_1 + \frac{1}{2}y_2 + 3y_3, \\ x_2 = \frac{1}{2}y_1 - \frac{1}{2}y_2 - y_3, \\ x_3 = y_3, \end{cases}$ $\quad f = \frac{1}{2}y_1^2 - \frac{1}{2}y_2^2 + 6y_3^2$.

5. (1) 正定； (2) 负定； (3) 正定.

6. (1) $-\sqrt{2} < t < \sqrt{2}$； (2) $-1 < t < 2$.

9. 提示:必要性易知.

充分性. 首先,$(\boldsymbol{AB})^{\mathrm{T}} = \boldsymbol{AB}$. 其次,由 $\boldsymbol{A},\boldsymbol{B}$ 正定,得 $\boldsymbol{A} = \boldsymbol{P}_1\boldsymbol{P}_1^{\mathrm{T}}$,$\boldsymbol{B} = \boldsymbol{P}_2\boldsymbol{P}_2^{\mathrm{T}}$,其中 $\boldsymbol{P}_1,\boldsymbol{P}_2$ 为可逆矩阵,所以 $\boldsymbol{AB} = \boldsymbol{P}_1\boldsymbol{P}_1^{\mathrm{T}}\boldsymbol{P}_2\boldsymbol{P}_2^{\mathrm{T}}$. 于是,有 $\boldsymbol{P}_1^{-1}\boldsymbol{ABP}_1 = \boldsymbol{P}_1^{\mathrm{T}}\boldsymbol{P}_2\boldsymbol{P}_2^{\mathrm{T}}\boldsymbol{P}_1 = (\boldsymbol{P}_1^{\mathrm{T}}\boldsymbol{P}_2)(\boldsymbol{P}_1^{\mathrm{T}}\boldsymbol{P}_2)^{\mathrm{T}}$,因此 $\boldsymbol{P}_1^{-1}\boldsymbol{ABP}_1$ 正定,特征值全为正. 而 $\boldsymbol{P}_1^{-1}\boldsymbol{ABP}_1$ 与 $\boldsymbol{AB}$ 相似,故 $\boldsymbol{AB}$ 的特征值也全为正.

11. (1) $c = 3$, $\lambda_1 = 0$, $\lambda_2 = 4$, $\lambda_3 = 9$;

(2) 因该二次型的标准形为 $f = 4y_1^2 + 9y_2^2$,故 $4y_1^2 + 9y_2^2 = 1$ 表示椭圆柱面.

习题七

1. 全是线性空间.

2. (1) 能； (2) 不能.

5. $\begin{pmatrix} 2 & -1 & 0 \\ 0 & 1 & 1 \\ 1 & 0 & 0 \end{pmatrix}$.

6. $\begin{pmatrix} -1 & 1 & -2 \\ 2 & 2 & 0 \\ 3 & 0 & 2 \end{pmatrix}$.

7. (1),(2),(3) 的矩阵均为

$$\frac{1}{2}\begin{pmatrix} -4 & -3 & 3 \\ 2 & 3 & 3 \\ 2 & 1 & -5 \end{pmatrix}.$$

附 录

2010—2020 年硕士研究生入学考试《高等数学》试题线性代数部分

(附参考答案与提示)

为了更系统地进行总复习及自我检查,我们选编了 2010—2020 年硕士研究生入学考试数学试卷中线性代数部分的试题. 分别按填空、选择、计算及证明等题型分类列出,并注明出处.

一、选择题

1. 设向量组(Ⅰ):$\boldsymbol{\alpha}_1,\boldsymbol{\alpha}_2,\cdots,\boldsymbol{\alpha}_r$ 可由向量组(Ⅱ):$\boldsymbol{\beta}_1,\boldsymbol{\beta}_2,\cdots,\boldsymbol{\beta}_s$ 线性表示,下列命题正确的是(　).

A. 若向量组(Ⅰ)线性无关,则 $r\leqslant s$　　B. 若向量组(Ⅰ)线性相关,则 $r>s$

C. 若向量组(Ⅱ)线性无关,则 $r\leqslant s$　　D. 若向量组(Ⅱ)线性相关,则 $r>s$

(2010 年数学二)

2. 设 $\boldsymbol{A}$ 为 $m\times n$ 矩阵,$\boldsymbol{B}$ 为 $n\times m$ 矩阵,$\boldsymbol{E}$ 为 m 阶单位矩阵. 若 $\boldsymbol{AB}=\boldsymbol{E}$,则(　).

A. $\mathrm{R}(\boldsymbol{A})=m,\mathrm{R}(\boldsymbol{B})=m$　　B. $\mathrm{R}(\boldsymbol{A})=m,\mathrm{R}(\boldsymbol{B})=n$

C. $\mathrm{R}(\boldsymbol{A})=n,\mathrm{R}(\boldsymbol{B})=m$　　D. $\mathrm{R}(\boldsymbol{A})=n,\mathrm{R}(\boldsymbol{B})=n$　　(2010 年数学一)

3. 设 $\boldsymbol{A}$ 为四阶实对称矩阵,且 $\boldsymbol{A}^2+\boldsymbol{A}=\boldsymbol{O}$. 若 $\boldsymbol{A}$ 的秩为 3,则 $\boldsymbol{A}$ 相似于(　).

A. $\begin{pmatrix}1&&&\\&1&&\\&&1&\\&&&0\end{pmatrix}$　　B. $\begin{pmatrix}1&&&\\&1&&\\&&-1&\\&&&0\end{pmatrix}$

C. $\begin{pmatrix}1&&&\\&-1&&\\&&-1&\\&&&0\end{pmatrix}$　　D. $\begin{pmatrix}-1&&&\\&-1&&\\&&-1&\\&&&0\end{pmatrix}$　　(2010 年数学一)

4. 设 $\boldsymbol{A}$ 为三阶方阵,将 $\boldsymbol{A}$ 的第 2 列加到第 1 列得到矩阵 $\boldsymbol{B}$,再交换 $\boldsymbol{B}$ 的第 2 行与第 3 行得到单位矩阵 $\boldsymbol{E}$,记矩阵 $\boldsymbol{P}_1=\begin{pmatrix}1&0&0\\1&1&0\\0&0&1\end{pmatrix}$,$\boldsymbol{P}_2=\begin{pmatrix}1&0&0\\0&0&1\\0&1&0\end{pmatrix}$,则 $\boldsymbol{A}=$(　).

A. $\boldsymbol{P}_1\boldsymbol{P}_2$　　B. $\boldsymbol{P}_1^{-1}\boldsymbol{P}_2$

C. $\boldsymbol{P}_2\boldsymbol{P}_1$　　D. $\boldsymbol{P}_2\boldsymbol{P}_1^{-1}$　　(2011 年数学一)

5. 设 $\boldsymbol{A}=(\boldsymbol{\alpha}_1,\boldsymbol{\alpha}_2,\boldsymbol{\alpha}_3,\boldsymbol{\alpha}_4)$ 是四阶方阵,$\boldsymbol{A}^*$ 为 $\boldsymbol{A}$ 的伴随矩阵. 若 $(1,0,1,0)^{\mathrm{T}}$ 是方程组 $\boldsymbol{Ax}=\boldsymbol{0}$ 的一个基础解系,则 $\boldsymbol{A}^*\boldsymbol{x}=\boldsymbol{0}$ 的基础解系可为(　).

A. $\boldsymbol{\alpha}_1,\boldsymbol{\alpha}_2$　　　　B. $\boldsymbol{\alpha}_1,\boldsymbol{\alpha}_3$

C. $\boldsymbol{\alpha}_1,\boldsymbol{\alpha}_2,\boldsymbol{\alpha}_3$　　　　D. $\boldsymbol{\alpha}_2,\boldsymbol{\alpha}_3,\boldsymbol{\alpha}_4$　　　　(2011 年数学一)

6. 设 $\boldsymbol{A}$ 为 4×3 矩阵,$\boldsymbol{\eta}_1,\boldsymbol{\eta}_2,\boldsymbol{\eta}_3$ 是非齐次线性方程组 $\boldsymbol{Ax}=\boldsymbol{b}$ 的三个线性无关的解,k_1,k_2 为任意常数,则 $\boldsymbol{Ax}=\boldsymbol{b}$ 的通解为(　).

A. $\dfrac{\boldsymbol{\eta}_2+\boldsymbol{\eta}_3}{2}+k_1(\boldsymbol{\eta}_2-\boldsymbol{\eta}_1)$

B. $\dfrac{\boldsymbol{\eta}_2-\boldsymbol{\eta}_3}{2}+k_2(\boldsymbol{\eta}_2-\boldsymbol{\eta}_1)$

C. $\dfrac{\boldsymbol{\eta}_2+\boldsymbol{\eta}_3}{2}+k_1(\boldsymbol{\eta}_2-\boldsymbol{\eta}_1)+k_2(\boldsymbol{\eta}_3-\boldsymbol{\eta}_1)$

D. $\dfrac{\boldsymbol{\eta}_2-\boldsymbol{\eta}_3}{2}+k_1(\boldsymbol{\eta}_2-\boldsymbol{\eta}_1)+k_2(\boldsymbol{\eta}_3-\boldsymbol{\eta}_1)$　　　　(2011 年数学三)

7. 设向量 $\boldsymbol{\alpha}_1=\begin{pmatrix}0\\0\\c_1\end{pmatrix},\boldsymbol{\alpha}_2=\begin{pmatrix}0\\1\\c_2\end{pmatrix},\boldsymbol{\alpha}_3=\begin{pmatrix}1\\-1\\c_3\end{pmatrix},\boldsymbol{\alpha}_4=\begin{pmatrix}-1\\1\\c_4\end{pmatrix}$,其中 c_1,c_2,c_3,c_4 为任意常数,则下列向量组线性相关的为(　).

A. $\boldsymbol{\alpha}_1,\boldsymbol{\alpha}_2,\boldsymbol{\alpha}_3$　　　　B. $\boldsymbol{\alpha}_1,\boldsymbol{\alpha}_2,\boldsymbol{\alpha}_4$

C. $\boldsymbol{\alpha}_1,\boldsymbol{\alpha}_3,\boldsymbol{\alpha}_4$　　　　D. $\boldsymbol{\alpha}_2,\boldsymbol{\alpha}_3,\boldsymbol{\alpha}_4$　　　　(2012 年数学二)

8. 设 $\boldsymbol{A}$ 为三阶方阵,$\boldsymbol{P}$ 为三阶可逆矩阵,且 $\boldsymbol{P}^{-1}\boldsymbol{AP}=\begin{pmatrix}1&0&0\\0&1&0\\0&0&2\end{pmatrix}$. 若 $\boldsymbol{P}=(\boldsymbol{\alpha}_1,\boldsymbol{\alpha}_2,\boldsymbol{\alpha}_3)$,$\boldsymbol{Q}=(\boldsymbol{\alpha}_1+\boldsymbol{\alpha}_2,\boldsymbol{\alpha}_2,\boldsymbol{\alpha}_3)$,则 $\boldsymbol{Q}^{-1}\boldsymbol{AQ}=$(　).

A. $\begin{pmatrix}1&0&0\\0&2&0\\0&0&1\end{pmatrix}$　　　　B. $\begin{pmatrix}1&0&0\\0&1&0\\0&0&2\end{pmatrix}$

C. $\begin{pmatrix}2&0&0\\0&1&0\\0&0&2\end{pmatrix}$　　　　D. $\begin{pmatrix}2&0&0\\0&2&0\\0&0&1\end{pmatrix}$　　　　(2012 年数学二)

9. 设 $\boldsymbol{A},\boldsymbol{B},\boldsymbol{C}$ 均为 n 阶方阵. 若 $\boldsymbol{AB}=\boldsymbol{C}$,且 $\boldsymbol{B}$ 可逆,则(　).

A. $\boldsymbol{C}$ 的行向量组与 $\boldsymbol{A}$ 的行向量组等价

B. $\boldsymbol{C}$ 的列向量组与 $\boldsymbol{A}$ 的列向量组等价

C. $\boldsymbol{C}$ 的行向量组与 $\boldsymbol{B}$ 的行向量组等价

D. $\boldsymbol{C}$ 的行向量组与 $\boldsymbol{B}$ 的列向量组等价　　　　(2013 年数学一)

10. 矩阵 $\begin{pmatrix}1&a&1\\a&b&a\\1&a&1\end{pmatrix}$ 和 $\begin{pmatrix}2&0&0\\0&b&0\\0&0&0\end{pmatrix}$ 相似的充要条件为(　).

A. $a=0,b=2$　　　　B. $a=0,b$ 为任意常数

C. $a=2,b=0$　　　　D. $a=2,b$ 为任意常数　　　　(2013 年数学一)

11. 行列式 $\begin{vmatrix}0&a&b&0\\a&0&0&b\\0&c&d&0\\c&0&0&d\end{vmatrix}=$(　).

A. $(ad-bc)^2$　　B. $-(ad-bc)^2$

C. $a^2d^2-b^2c^2$　　D. $b^2c^2-a^2d^2$　　(2014 年数学一)

12. 设 $\boldsymbol{\alpha}_1,\boldsymbol{\alpha}_2,\boldsymbol{\alpha}_3$ 是三维向量组,则对于任意常数 k,l,向量组 $\boldsymbol{\alpha}_1+k\boldsymbol{\alpha}_3,\boldsymbol{\alpha}_2+l\boldsymbol{\alpha}_3$ 线性无关是向量组 $\boldsymbol{\alpha}_1,\boldsymbol{\alpha}_2,\boldsymbol{\alpha}_3$ 线性无关的( ).

A. 必要不充分条件　　B. 充分不必要条件

C. 充要条件　　D. 既不充分也不必要条件　　(2014 年数学一)

13. 设矩阵 $\boldsymbol{A}=\begin{pmatrix}1&1&1\\1&2&a\\1&4&a^2\end{pmatrix}$,$\boldsymbol{b}=\begin{pmatrix}1\\d\\d^2\end{pmatrix}$. 若集合 $\Omega=\{1,2\}$,则线性方程组 $\boldsymbol{Ax}=\boldsymbol{b}$ 有无穷多组解的充要条件是( ).

A. $a\notin\Omega,d\notin\Omega$　　B. $a\notin\Omega,d\in\Omega$

C. $a\in\Omega,d\notin\Omega$　　D. $a\in\Omega,d\in\Omega$　　(2015 年数学一)

14. 设二次型 $f(x_1,x_2,x_3)$ 在正交变换 $\boldsymbol{x}=\boldsymbol{Py}$ 下的标准形为 $2y_1^2+y_2^2-y_3^2$,其中 $\boldsymbol{P}=(\boldsymbol{e}_1,\boldsymbol{e}_2,\boldsymbol{e}_3)$. 若 $\boldsymbol{Q}=(\boldsymbol{e}_1,-\boldsymbol{e}_3,\boldsymbol{e}_2)$,则 $f(x_1,x_2,x_3)$ 在正交变换 $\boldsymbol{x}=\boldsymbol{Qy}$ 下的标准形为( ).

A. $2y_1^2-y_2^2+y_3^2$　　B. $2y_1^2+y_2^2-y_3^2$

C. $2y_1^2-y_2^2-y_3^2$　　D. $2y_1^2+y_2^2+y_3^2$　　(2015 年数学一)

15. 设 $\boldsymbol{A},\boldsymbol{B}$ 是可逆矩阵,且 $\boldsymbol{A}$ 与 $\boldsymbol{B}$ 相似,则下列结论错误的是( ).

A. $\boldsymbol{A}^{\mathrm{T}}$ 与 $\boldsymbol{B}^{\mathrm{T}}$ 相似　　B. $\boldsymbol{A}^{-1}$ 与 $\boldsymbol{B}^{-1}$ 相似

C. $\boldsymbol{A}+\boldsymbol{A}^{\mathrm{T}}$ 与 $\boldsymbol{B}+\boldsymbol{B}^{\mathrm{T}}$ 相似　　D. $\boldsymbol{A}+\boldsymbol{A}^{-1}$ 与 $\boldsymbol{B}+\boldsymbol{B}^{-1}$ 相似　　(2016 年数学一)

16. 设二次型

$$f(x_1,x_2,x_3)=a(x_1^2+x_2^2+x_3^2)+2x_1x_2+2x_2x_3+2x_1x_3$$

的正、负惯性指数分别为 1,2,则( ).

A. $a>1$　　B. $a<-2$

C. $-2<a<1$　　D. $a=1$ 与 $a=-2$　　(2016 年数学二)

17. 设 $\boldsymbol{\alpha}$ 为 n 维单位列向量,$\boldsymbol{E}$ 为 n 阶单位矩阵,则( ).

A. $\boldsymbol{E}-\boldsymbol{\alpha\alpha}^{\mathrm{T}}$ 不可逆　　B. $\boldsymbol{E}+\boldsymbol{\alpha\alpha}^{\mathrm{T}}$ 不可逆

C. $\boldsymbol{E}+2\boldsymbol{\alpha\alpha}^{\mathrm{T}}$ 不可逆　　D. $\boldsymbol{E}-2\boldsymbol{\alpha\alpha}^{\mathrm{T}}$ 不可逆　　(2017 年数学一)

18. 已知矩阵 $\boldsymbol{A}=\begin{pmatrix}2&0&0\\0&2&1\\0&0&1\end{pmatrix}$,$\boldsymbol{B}=\begin{pmatrix}2&1&0\\0&2&0\\0&0&1\end{pmatrix}$,$\boldsymbol{C}=\begin{pmatrix}1&0&0\\0&2&0\\0&0&2\end{pmatrix}$,则( ).

A. $\boldsymbol{A}$ 与 $\boldsymbol{C}$ 相似,$\boldsymbol{B}$ 与 $\boldsymbol{C}$ 相似　　B. $\boldsymbol{A}$ 与 $\boldsymbol{C}$ 相似,$\boldsymbol{B}$ 与 $\boldsymbol{C}$ 不相似

C. $\boldsymbol{A}$ 与 $\boldsymbol{C}$ 不相似,$\boldsymbol{B}$ 与 $\boldsymbol{C}$ 相似　　D. $\boldsymbol{A}$ 与 $\boldsymbol{C}$ 不相似,$\boldsymbol{B}$ 与 $\boldsymbol{C}$ 不相似　　(2017 年数学一)

19. 下列与矩阵 $\begin{pmatrix}1&1&0\\0&1&1\\0&0&1\end{pmatrix}$ 相似的矩阵是( ).

A. $\begin{pmatrix}1&1&-1\\0&1&1\\0&0&1\end{pmatrix}$　　B. $\begin{pmatrix}1&0&-1\\0&1&1\\0&0&1\end{pmatrix}$

C. $\begin{pmatrix}1&1&-1\\0&1&0\\0&0&1\end{pmatrix}$　　D. $\begin{pmatrix}1&0&-1\\0&1&0\\0&0&1\end{pmatrix}$　　(2018 年数学一)

20. 设 $\boldsymbol{A},\boldsymbol{B}$ 为 n 阶方阵,记 $\mathrm{R}(\boldsymbol{X})$ 为矩阵 $\boldsymbol{X}$ 的秩,$(\boldsymbol{X},\boldsymbol{Y})$ 表示分块矩阵,则(　).

A. $\mathrm{R}(\boldsymbol{A},\boldsymbol{AB})=\mathrm{R}(\boldsymbol{A})$　　B. $\mathrm{R}(\boldsymbol{A},\boldsymbol{BA})=\mathrm{R}(\boldsymbol{A})$

C. $\mathrm{R}(\boldsymbol{A},\boldsymbol{B})=\max\{\mathrm{R}(\boldsymbol{A}),\mathrm{R}(\boldsymbol{B})\}$　　D. $\mathrm{R}(\boldsymbol{A},\boldsymbol{B})=\mathrm{R}(\boldsymbol{A}^{\mathrm{T}},\boldsymbol{B}^{\mathrm{T}})$　　(2018 年数学一)

21. 设 $\boldsymbol{A}$ 是三阶实对称矩阵,$\boldsymbol{E}$ 是三阶单位矩阵. 若 $\boldsymbol{A}^2+\boldsymbol{A}=2\boldsymbol{E}$,且 $|\boldsymbol{A}|=4$,则二次型 $\boldsymbol{x}^{\mathrm{T}}\boldsymbol{A}\boldsymbol{x}$ 的规范形为(　).

A. $y_1^2+y_2^2+y_3^2$　　B. $y_1^2+y_2^2-y_3^2$

C. $y_1^2-y_2^2-y_3^2$　　D. $-y_1^2-y_2^2-y_3^2$　　(2019 年数学一)

22. 设 $\boldsymbol{A}$ 是四阶方阵,$\boldsymbol{A}^*$ 是 $\boldsymbol{A}$ 的伴随矩阵. 若线性方程组 $\boldsymbol{Ax}=\boldsymbol{0}$ 的基础解系中只有两个解向量,则 $\boldsymbol{A}^*$ 的秩是(　).

A. 0　　B. 1

C. 2　　D. 3　　(2019 年数学二)

23. 若矩阵 $\boldsymbol{A}$ 经过初等列变换后化成矩阵 $\boldsymbol{B}$,则(　).

A. 存在矩阵 $\boldsymbol{P}$,使得 $\boldsymbol{PA}=\boldsymbol{B}$

B. 存在矩阵 $\boldsymbol{P}$,使得 $\boldsymbol{BP}=\boldsymbol{A}$

C. 存在矩阵 $\boldsymbol{P}$,使得 $\boldsymbol{PB}=\boldsymbol{A}$

D. 方程组 $\boldsymbol{Ax}=\boldsymbol{0}$ 与 $\boldsymbol{Bx}=\boldsymbol{0}$ 同解　　(2020 年数学一)

24. 设四阶方阵 $\boldsymbol{A}=(a_{ij})$ 不可逆,a_{12} 的代数余子式 $A_{12}\neq 0$,$\boldsymbol{\alpha}_1,\boldsymbol{\alpha}_2,\boldsymbol{\alpha}_3,\boldsymbol{\alpha}_4$ 为 $\boldsymbol{A}$ 的列向量组,$\boldsymbol{A}^*$ 为 $\boldsymbol{A}$ 的伴随矩阵,则方程组 $\boldsymbol{A}^*\boldsymbol{x}=\boldsymbol{0}$ 的通解为(　).

A. $\boldsymbol{x}=k_1\boldsymbol{\alpha}_1+k_2\boldsymbol{\alpha}_2+k_3\boldsymbol{\alpha}_3$,其中 k_1,k_2,k_3 为任意常数

B. $\boldsymbol{x}=k_1\boldsymbol{\alpha}_1+k_2\boldsymbol{\alpha}_2+k_3\boldsymbol{\alpha}_4$,其中 k_1,k_2,k_3 为任意常数

C. $\boldsymbol{x}=k_1\boldsymbol{\alpha}_1+k_2\boldsymbol{\alpha}_3+k_3\boldsymbol{\alpha}_4$,其中 k_1,k_2,k_3 为任意常数

D. $\boldsymbol{x}=k_1\boldsymbol{\alpha}_2+k_2\boldsymbol{\alpha}_3+k_3\boldsymbol{\alpha}_4$,其中 k_1,k_2,k_3 为任意常数　　(2020 年数学二)

25. 设 $\boldsymbol{A}$ 为三阶方阵,$\boldsymbol{\alpha}_1,\boldsymbol{\alpha}_2$ 为 $\boldsymbol{A}$ 的属于特征值 1 的线性无关的特征向量,$\boldsymbol{\alpha}_3$ 为 $\boldsymbol{A}$ 的属于特征值 -1 的特征向量,则满足 $\boldsymbol{P}^{-1}\boldsymbol{AP}=\begin{pmatrix}1&0&0\\0&-1&0\\0&0&1\end{pmatrix}$ 的可逆矩阵 $\boldsymbol{P}$ 可为(　).

A. $(\boldsymbol{\alpha}_1+\boldsymbol{\alpha}_3,\boldsymbol{\alpha}_2,-\boldsymbol{\alpha}_3)$　　B. $(\boldsymbol{\alpha}_1+\boldsymbol{\alpha}_2,\boldsymbol{\alpha}_2,-\boldsymbol{\alpha}_3)$

C. $(\boldsymbol{\alpha}_1+\boldsymbol{\alpha}_3,-\boldsymbol{\alpha}_3,\boldsymbol{\alpha}_2)$　　D. $(\boldsymbol{\alpha}_1+\boldsymbol{\alpha}_2,-\boldsymbol{\alpha}_3,\boldsymbol{\alpha}_2)$　　(2020 年数学二)

二、填空题

1. 设向量

$$\boldsymbol{\alpha}_1=(1,2,-1,0)^{\mathrm{T}},\quad \boldsymbol{\alpha}_2=(1,1,0,2)^{\mathrm{T}},\quad \boldsymbol{\alpha}_3=(2,1,1,a)^{\mathrm{T}}.$$

若由 $\boldsymbol{\alpha}_1,\boldsymbol{\alpha}_2,\boldsymbol{\alpha}_3$ 生成的向量空间的维数为 2,则 $a=$ ________.　　(2010 年数学一)

2. 设 $\boldsymbol{A},\boldsymbol{B}$ 为三阶方阵,且 $|\boldsymbol{A}|=3$, $|\boldsymbol{B}|=2$, $|\boldsymbol{A}^{-1}+\boldsymbol{B}|=2$,则 $|\boldsymbol{A}+\boldsymbol{B}^{-1}|=$ ________.

(2010 年数学二)

3. 若二次曲面的方程 $x^2+3y^2+z^2+2axy+2xz+2yz=4$ 经正交变换后化成 $y_1^2+4y_2^2=4$,则 $a=$ ________.　　(2011 年数学一)

4. 二次型

$$f(x_1,x_2,x_3)=x_1^2+3x_2^2+x_3^2+2x_1x_2+2x_1x_3+2x_2x_3,$$

则 f 的正惯性指数为________. (2011 年数学二)

5. 设二次型 $f(x_1,x_2,x_3)=\boldsymbol{x}^{\mathrm{T}}\boldsymbol{A}\boldsymbol{x}$ 的秩为 1,矩阵 $\boldsymbol{A}$ 的各行元素之和为 3,则 f 在正交变换 $\boldsymbol{x}=\boldsymbol{Q}\boldsymbol{y}$ 下的标准形为________. (2011 年数学三)

6. 设 $\boldsymbol{\alpha}$ 为三维单位列向量,$\boldsymbol{E}$ 为三阶单位矩阵,则矩阵 $\boldsymbol{E}-\boldsymbol{\alpha}\boldsymbol{\alpha}^{\mathrm{T}}$ 的秩为________.

(2012 年数学一)

7. 设 $\boldsymbol{A}$ 为三阶方阵,$|\boldsymbol{A}|=3$,$\boldsymbol{A}^*$ 为 $\boldsymbol{A}$ 的伴随矩阵. 若交换 $\boldsymbol{A}$ 的第 1 行与第 2 行得到矩阵 $\boldsymbol{B}$,则 $|\boldsymbol{B}\boldsymbol{A}^*|=$________. (2012 年数学二)

8. 设 $\boldsymbol{A}=(a_{ij})$ 是三阶非零矩阵,$|\boldsymbol{A}|$ 为 $\boldsymbol{A}$ 的行列式,A_{ij} 为 a_{ij} 的代数余子式. 若 $a_{ij}+A_{ij}=0$ $(i,j=1,2,3)$,则 $|\boldsymbol{A}|=$________. (2013 年数学一)

9. 设二次型

$$f(x_1,x_2,x_3)=x_1^2-x_2^2+2ax_1x_3+4x_2x_3$$

的负惯性指数是 1,则 a 的取值范围是________. (2014 年数学一)

10. n 阶行列式 $\begin{vmatrix} 2 & 0 & \cdots & 0 & 2 \\ -1 & 2 & \cdots & 0 & 2 \\ \vdots & \vdots & & \vdots & \vdots \\ 0 & 0 & \cdots & 2 & 2 \\ 0 & 0 & \cdots & -1 & 2 \end{vmatrix}=$________. (2015 年数学一)

11. 设三阶方阵 $\boldsymbol{A}$ 的特征值为 $2,-2,1$,$\boldsymbol{B}=\boldsymbol{A}^2-\boldsymbol{A}+\boldsymbol{E}$,其中 $\boldsymbol{E}$ 为三阶单位矩阵,则行列式 $|\boldsymbol{B}|=$________. (2015 年数学二、三)

12. 设矩阵 $\begin{pmatrix} a & -1 & -1 \\ -1 & a & -1 \\ -1 & -1 & a \end{pmatrix}$ 和 $\begin{pmatrix} 1 & 1 & 0 \\ 0 & -1 & 1 \\ 1 & 0 & 1 \end{pmatrix}$ 等价,则 $a=$________. (2016 年数学二)

13. 行列式 $\begin{vmatrix} \lambda & -1 & 0 & 0 \\ 0 & \lambda & -1 & 0 \\ 0 & 0 & \lambda & -1 \\ 4 & 3 & 2 & \lambda+1 \end{vmatrix}=$________. (2016 年数学一)

14. 设矩阵 $\boldsymbol{A}=\begin{pmatrix} 1 & 0 & 1 \\ 1 & 1 & 2 \\ 0 & 1 & 1 \end{pmatrix}$,$\boldsymbol{\alpha}_1,\boldsymbol{\alpha}_2,\boldsymbol{\alpha}_3$ 为线性无关的三维列向量组,则向量组 $\boldsymbol{A}\boldsymbol{\alpha}_1,\boldsymbol{A}\boldsymbol{\alpha}_2,\boldsymbol{A}\boldsymbol{\alpha}_3$ 的秩为________.

(2017 年数学一)

15. 设二阶方阵 $\boldsymbol{A}$ 有两个不同的特征值,$\boldsymbol{\alpha}_1,\boldsymbol{\alpha}_2$ 是 $\boldsymbol{A}$ 的线性无关的特征向量,$\boldsymbol{A}^2(\boldsymbol{\alpha}_1+\boldsymbol{\alpha}_2)=\boldsymbol{\alpha}_1+\boldsymbol{\alpha}_2$,则 $|\boldsymbol{A}|=$________. (2018 年数学一)

16. 设 $\boldsymbol{A}$ 为三阶方阵,$\boldsymbol{\alpha}_1,\boldsymbol{\alpha}_2,\boldsymbol{\alpha}_3$ 为线性无关的向量组. 若 $\boldsymbol{A}\boldsymbol{\alpha}_1=2\boldsymbol{\alpha}_1+\boldsymbol{\alpha}_2+\boldsymbol{\alpha}_3$,$\boldsymbol{A}\boldsymbol{\alpha}_2=\boldsymbol{\alpha}_2+2\boldsymbol{\alpha}_3$,$\boldsymbol{A}\boldsymbol{\alpha}_3=-\boldsymbol{\alpha}_2+\boldsymbol{\alpha}_3$,则 $\boldsymbol{A}$ 的实特征值为________. (2018 年数学二)

17. 设 $\boldsymbol{A}=(\boldsymbol{\alpha}_1,\boldsymbol{\alpha}_2,\boldsymbol{\alpha}_3)$ 为三阶方阵. 若 $\boldsymbol{\alpha}_1,\boldsymbol{\alpha}_2$ 线性无关,且 $\boldsymbol{\alpha}_3=-\boldsymbol{\alpha}_1+2\boldsymbol{\alpha}_2$,则齐次线性方程组 $\boldsymbol{A}\boldsymbol{x}=\boldsymbol{0}$ 的通解为________. (2019 年数学一)

18. 已知矩阵 $A=\begin{pmatrix} 1 & -1 & 0 & 0 \\ -2 & 1 & -1 & 1 \\ 3 & -2 & 2 & -1 \\ 0 & 0 & 3 & 4 \end{pmatrix}$，$A_{ij}$ 表示元素 a_{ij} 的代数余子式，则 $A_{11}-A_{12}=$ ________. (2019 年数学二)

19. 设矩阵 $A=\begin{pmatrix} 1 & 0 & -1 \\ 1 & 1 & -1 \\ 0 & 1 & a^2-1 \end{pmatrix}$，$b=\begin{pmatrix} 0 \\ 1 \\ a \end{pmatrix}$. 若线性方程组 $Ax=b$ 有无穷多组解，则 $a=$ ________. (2019 年数学三)

20. 行列式 $\begin{vmatrix} a & 0 & -1 & 1 \\ 0 & a & 1 & -1 \\ -1 & 1 & a & 0 \\ 1 & -1 & 0 & a \end{vmatrix}=$ ________. (2020 年数学一)

三、计算题与证明题

1. 设矩阵 $A=\begin{pmatrix} \lambda & 1 & 1 \\ 0 & \lambda-1 & 0 \\ 1 & 1 & \lambda \end{pmatrix}$，$b=\begin{pmatrix} a \\ 1 \\ 1 \end{pmatrix}$，且线性方程组 $Ax=b$ 存在两个不同的解. 求：

(1) λ, a 的值；

(2) $Ax=b$ 的通解. (2010 年数学一)

2. 已知二次型 $f(x_1,x_2,x_3)=x^{\mathrm{T}}Ax$ 在正交变换 $x=Qy$ 下的标准形为 $y_1^2+y_2^2$，且矩阵 Q 的第 3 列为 $\left(\frac{\sqrt{2}}{2},0,\frac{\sqrt{2}}{2}\right)^{\mathrm{T}}$.

(1) 求矩阵 A；

(2) 证明：$A+E$ 为正定矩阵，其中 E 为三阶单位矩阵. (2010 年数学一)

3. 设矩阵 $A=\begin{pmatrix} 0 & -1 & 4 \\ -1 & 3 & a \\ 4 & a & 0 \end{pmatrix}$，存在正交矩阵 Q，使得 $Q^{\mathrm{T}}AQ$ 为对角矩阵. 若 Q 的第 1 列为 $\frac{1}{\sqrt{6}}(1,2,1)^{\mathrm{T}}$，求 a 的值及矩阵 Q. (2010 年数学二)

4. 设向量组 $\alpha_1=(1,0,1)^{\mathrm{T}}$，$\alpha_2=(0,1,1)^{\mathrm{T}}$，$\alpha_3=(1,3,5)^{\mathrm{T}}$ 不能由向量组 $\beta_1=(1,1,1)^{\mathrm{T}}$，$\beta_2=(1,2,3)^{\mathrm{T}}$，$\beta_3=(3,4,a)^{\mathrm{T}}$ 线性表示.

(1) 求 a 的值；

(2) 将向量 β_1,β_2,β_3 分别用 $\alpha_1,\alpha_2,\alpha_3$ 线性表示. (2011 年数学一)

5. 设 A 为三阶实对称矩阵，A 的秩为 2，且 $A\begin{pmatrix} 1 & 1 \\ 0 & 0 \\ -1 & 1 \end{pmatrix}=\begin{pmatrix} -1 & 1 \\ 0 & 0 \\ 1 & 1 \end{pmatrix}$. 求：

(1) A 的特征值与特征向量；

(2) A. (2011 年数学一)

6. 设矩阵

$$A=\begin{pmatrix}1&a&0&0\\0&1&a&0\\0&0&1&a\\a&0&0&1\end{pmatrix},\quad b=\begin{pmatrix}1\\-1\\0\\0\end{pmatrix}.$$

(1) 求 $|A|$;

(2) 已知线性方程组 $Ax=b$ 有无穷多组解,求 a 的值及 $Ax=b$ 的通解. (2012 年数学一)

7. 已知矩阵 $A=\begin{pmatrix}1&0&1\\0&1&1\\-1&0&a\end{pmatrix}$,二次型 $f(x_1,x_2,x_3)=x^T(A^TA)x$ 的秩为 2. 求:

(1) 实数 a 的值;

(2) 正交变换 $x=Qy$ 将 f 化为标准形. (2012 年数学一、二、三)

8. 设矩阵 $A=\begin{pmatrix}1&a\\1&0\end{pmatrix}$,$B=\begin{pmatrix}0&1\\1&b\end{pmatrix}$. 问当 a,b 为何值时,存在矩阵 C,使得 $AC-CA=B$? 并求所有矩阵 C. (2013 年数学二)

9. 设二次型

$$f(x_1,x_2,x_3)=2(a_1x_1+a_2x_2+a_3x_3)^2+(b_1x_1+b_2x_2+b_3x_3)^2.$$

记 $\alpha=(a_1,a_2,a_3)^T$,$\beta=(b_1,b_2,b_3)^T$.

(1) 证明:二次型 f 对应的矩阵为 $2\alpha\alpha^T+\beta\beta^T$;

(2) 若 α,β 正交且均为单位向量,证明:二次型 f 在正交变换下的标准形为 $2y_1^2+y_2^2$.

(2013 年数学一)

10. 设矩阵 $A=\begin{pmatrix}1&-2&3&-4\\0&1&-1&1\\1&2&0&-3\end{pmatrix}$,$E$ 为三阶单位矩阵. 求:

(1) 方程组 $Ax=0$ 的一个基础解系;

(2) 满足 $AB=E$ 的所有矩阵 B. (2014 年数学一)

11. 证明:n 阶方阵 $\begin{pmatrix}1&1&\cdots&1\\1&1&\cdots&1\\\vdots&\vdots&&\vdots\\1&1&\cdots&1\end{pmatrix}$ 与 $\begin{pmatrix}0&0&\cdots&0&1\\0&0&\cdots&0&2\\\vdots&\vdots&&\vdots&\vdots\\0&0&\cdots&0&n\end{pmatrix}$ 相似. (2014 年数学一)

12. 设向量组 $\alpha_1,\alpha_2,\alpha_3$ 是 $\mathbf{R}^3$ 的一个基,已知 $\beta_1=2\alpha_1+2k\alpha_3$,$\beta_2=2\alpha_2$,$\beta_3=\alpha_1+(k+1)\alpha_3$.

(1) 证明:向量组 β_1,β_2,β_3 为 $\mathbf{R}^3$ 的一个基;

(2) 问当 k 为何值时,存在非零向量 ξ 在基 $\alpha_1,\alpha_2,\alpha_3$ 与基 β_1,β_2,β_3 下的坐标相同? 并求所有的 ξ.

(2015 年数学一)

13. 设矩阵 $A=\begin{pmatrix}0&2&-3\\-1&3&-3\\1&-2&a\end{pmatrix}$ 相似于矩阵 $B=\begin{pmatrix}1&-2&0\\0&b&0\\0&3&1\end{pmatrix}$. 求:

(1) a,b 的值;

(2) 可逆矩阵 P,使得 $P^{-1}AP$ 为对角矩阵. (2015 年数学一)

14. 设矩阵 $\boldsymbol{A}=\begin{pmatrix}a & 1 & 0\\ 1 & a & -1\\ 0 & 1 & a\end{pmatrix}$，且 $\boldsymbol{A}^3=\boldsymbol{O}$.

(1) 求 a 的值；

(2) 若矩阵 $\boldsymbol{X}$ 满足 $\boldsymbol{X}-\boldsymbol{X}\boldsymbol{A}^2-\boldsymbol{A}\boldsymbol{X}+\boldsymbol{A}\boldsymbol{X}\boldsymbol{A}^2=\boldsymbol{E}$，其中 $\boldsymbol{E}$ 为三阶单位矩阵，求 $\boldsymbol{X}$.

（2015 年数学二、三）

15. 设矩阵

$$\boldsymbol{A}=\begin{pmatrix}1 & -1 & -1\\ 2 & a & 1\\ -1 & 1 & a\end{pmatrix},\quad \boldsymbol{B}=\begin{pmatrix}2 & 2\\ 1 & a\\ -a-1 & -2\end{pmatrix},$$

问当 a 为何值时，方程 $\boldsymbol{A}\boldsymbol{X}=\boldsymbol{B}$ 无解、有唯一解、有无穷多组解？并在有解时，求其解.（2016 年数学一）

16. 已知矩阵

$$\boldsymbol{A}=\begin{pmatrix}0 & -1 & 1\\ 2 & -3 & 0\\ 0 & 0 & 0\end{pmatrix}.$$

(1) 求 $\boldsymbol{A}^{99}$；

(2) 设三阶方阵 $\boldsymbol{B}=(\boldsymbol{\alpha}_1,\boldsymbol{\alpha}_2,\boldsymbol{\alpha}_3)$ 满足 $\boldsymbol{B}^2=\boldsymbol{B}\boldsymbol{A}$，记 $\boldsymbol{B}^{100}=(\boldsymbol{\beta}_1,\boldsymbol{\beta}_2,\boldsymbol{\beta}_3)$，将向量 $\boldsymbol{\beta}_1,\boldsymbol{\beta}_2,\boldsymbol{\beta}_3$ 分别表示为 $\boldsymbol{\alpha}_1,\boldsymbol{\alpha}_2,\boldsymbol{\alpha}_3$ 的线性组合.（2016 年数学一）

17. 设矩阵

$$\boldsymbol{A}=\begin{pmatrix}1 & 1 & 1-a\\ 1 & 0 & a\\ a+1 & 1 & 1+a\end{pmatrix},\quad \boldsymbol{\beta}=\begin{pmatrix}0\\ 1\\ 2a-2\end{pmatrix},$$

且方程组 $\boldsymbol{A}\boldsymbol{x}=\boldsymbol{\beta}$ 无解. 求：

(1) a 的值；

(2) 方程组 $\boldsymbol{A}^{\mathrm{T}}\boldsymbol{A}\boldsymbol{x}=\boldsymbol{A}^{\mathrm{T}}\boldsymbol{\beta}$ 的通解.（2016 年数学二）

18. 设三阶方阵 $\boldsymbol{A}=(\boldsymbol{\alpha}_1,\boldsymbol{\alpha}_2,\boldsymbol{\alpha}_3)$ 有三个不同的特征值，且 $\boldsymbol{\alpha}_3=\boldsymbol{\alpha}_1+2\boldsymbol{\alpha}_2$.

(1) 证明：$\mathrm{R}(\boldsymbol{A})=2$；

(2) 若 $\boldsymbol{\beta}=\boldsymbol{\alpha}_1+\boldsymbol{\alpha}_2+\boldsymbol{\alpha}_3$，求方程组 $\boldsymbol{A}\boldsymbol{x}=\boldsymbol{\beta}$ 的通解.（2017 年数学一）

19. 设二次型 $f(x_1,x_2,x_3)=2x_1^2-x_2^2+ax_3^2+2x_1x_2-8x_1x_3+2x_2x_3$ 在正交变换 $\boldsymbol{x}=\boldsymbol{Q}\boldsymbol{y}$ 下的标准形为 $f=\lambda_1y_1^2+\lambda_2y_2^2$，求 a 的值及正交矩阵 $\boldsymbol{Q}$.（2017 年数学一）

20. 设二次型 $f(x_1,x_2,x_3)=(x_1-x_2+x_3)^2+(x_2+x_3)^2+(x_1+ax_3)^2$，其中 a 是参数. 求：

(1) $f(x_1,x_2,x_3)=0$ 的解；

(2) $f(x_1,x_2,x_3)$ 的规范形.（2018 年数学一）

21. 已知 a 是常数，且矩阵 $\boldsymbol{A}=\begin{pmatrix}1 & 2 & a\\ 1 & 3 & 0\\ 2 & 7 & -a\end{pmatrix}$ 可经初等变换化为矩阵 $\boldsymbol{B}=\begin{pmatrix}1 & a & 2\\ 0 & 1 & 1\\ -1 & 1 & 1\end{pmatrix}$. 求：

(1) a 的值；

(2) 满足 $\boldsymbol{A}\boldsymbol{P}=\boldsymbol{B}$ 的可逆矩阵 $\boldsymbol{P}$.（2018 年数学一）

22. 设向量组 $\boldsymbol{\alpha}_1=(1,2,1)^{\mathrm{T}},\boldsymbol{\alpha}_2=(1,3,2)^{\mathrm{T}},\boldsymbol{\alpha}_3=(1,a,3)^{\mathrm{T}}$ 为 $\mathbf{R}^3$ 的一个基,$\boldsymbol{\beta}=(1,1,1)^{\mathrm{T}}$ 在这个基下的坐标为 $(b,c,1)^{\mathrm{T}}$.

(1) 求 a,b,c 的值;

(2) 证明:$\boldsymbol{\alpha}_2,\boldsymbol{\alpha}_3,\boldsymbol{\beta}$ 为 $\mathbf{R}^3$ 的一个基,并求从基 $\boldsymbol{\alpha}_2,\boldsymbol{\alpha}_3,\boldsymbol{\beta}$ 到基 $\boldsymbol{\alpha}_1,\boldsymbol{\alpha}_2,\boldsymbol{\alpha}_3$ 的过渡矩阵.

(2019 年数学一)

23. 已知矩阵 $\boldsymbol{A}=\begin{pmatrix}-2&-2&1\\2&x&-2\\0&0&-2\end{pmatrix}$ 与矩阵 $\boldsymbol{B}=\begin{pmatrix}2&1&0\\0&-1&0\\0&0&y\end{pmatrix}$ 相似. 求:

(1) x,y 的值;

(2) 可逆矩阵 $\boldsymbol{P}$,使得 $\boldsymbol{P}^{-1}\boldsymbol{AP}=\boldsymbol{B}$. (2019 年数学一)

24. 已知向量组

$$(\mathrm{I}):\boldsymbol{\alpha}_1=\begin{pmatrix}1\\1\\4\end{pmatrix},\boldsymbol{\alpha}_2=\begin{pmatrix}1\\0\\4\end{pmatrix},\boldsymbol{\alpha}_3=\begin{pmatrix}1\\2\\a^2+3\end{pmatrix};$$

$$(\mathrm{II}):\boldsymbol{\beta}_1=\begin{pmatrix}1\\1\\a+3\end{pmatrix},\boldsymbol{\beta}_2=\begin{pmatrix}0\\2\\1-a\end{pmatrix},\boldsymbol{\beta}_3=\begin{pmatrix}1\\3\\a^2+3\end{pmatrix}.$$

若向量组(Ⅰ)和向量组(Ⅱ)等价,求 a 的值,并将 $\boldsymbol{\beta}_3$ 用 $\boldsymbol{\alpha}_1,\boldsymbol{\alpha}_2,\boldsymbol{\alpha}_3$ 线性表示. (2019 年数学二)

25. 设二次型 $f(x_1,x_2)=x_1^2-4x_1x_2+4x_2^2$ 经正交变换 $\begin{pmatrix}x_1\\x_2\end{pmatrix}=\boldsymbol{Q}\begin{pmatrix}y_1\\y_2\end{pmatrix}$ 化为二次型 $g(y_1,y_2)=ay_1^2+4y_1y_2+by_2^2$,其中 $a\geqslant b$. 求:

(1) a,b 的值;

(2) 正交变换矩阵 $\boldsymbol{Q}$. (2020 年数学一)

26. 设 $\boldsymbol{A}$ 为二阶方阵,$\boldsymbol{P}=(\boldsymbol{\alpha},\boldsymbol{A\alpha})$,其中 $\boldsymbol{\alpha}$ 是非零向量且不是 $\boldsymbol{A}$ 的特征向量.

(1) 证明:$\boldsymbol{P}$ 为可逆矩阵;

(2) 若 $\boldsymbol{A}^2\boldsymbol{\alpha}+\boldsymbol{A\alpha}-6\boldsymbol{\alpha}=\boldsymbol{0}$,求 $\boldsymbol{P}^{-1}\boldsymbol{AP}$,并判断 $\boldsymbol{A}$ 是否相似于对角矩阵. (2020 年数学一)

27. 设二次型 $f(x_1,x_2,x_3)=x_1^2+x_2^2+x_3^2+2ax_1x_2+2ax_1x_3+2ax_2x_3$ 经可逆的线性变换 $\boldsymbol{x}=\boldsymbol{Py}$ 化为 $g(y_1,y_2,y_3)=y_1^2+y_2^2+4y_3^2+2y_1y_2$. 求:

(1) a 的值;

(2) 可逆矩阵 $\boldsymbol{P}$. (2020 年数学二)

最新考研真题

参考答案与提示

一、选择题

1. ～5.　AADDD　6. ～10.　CCBBB　11. ～15.　BADAC

16. ～20.　CABAA　21. ～25.　CABCD

二、填空题

1. 1；　2. 3；　3. 1；　4. 2；　5. $3y_1^2$；　6. 2；　7. -27；

8. -1；　9. $-2\leqslant a\leqslant 2$；　10. $2^{n+1}-2$；　11. 21；　12. 2；

13. $\lambda^4+\lambda^3+2\lambda^2+3\lambda+4$；　14. 2；　15. -1；　16. 2；

17. $\boldsymbol{x}=k(1,-2,1)^{\mathrm{T}},k\in\mathbf{R}$；　18. -4；　19. 1；　20. a^4-4a^2.

三、计算题与证明题

1. (1) 因为非齐次线性方程组 $\boldsymbol{Ax}=\boldsymbol{b}$ 有两个不同的解，即其解不唯一，所以系数行列式 $|\boldsymbol{A}|=0$，得 $\lambda=-1$ 或 1，可验证 1 舍去.

当 $\lambda=-1$ 时，对方程组 $\boldsymbol{Ax}=\boldsymbol{b}$ 的增广矩阵 $(\boldsymbol{A},\boldsymbol{b})$ 施行初等行变换，结合 $\boldsymbol{Ax}=\boldsymbol{b}$ 有解，可得 $a=-2$.

(2) 方程组 $\boldsymbol{Ax}=\boldsymbol{b}$ 的通解为 $\boldsymbol{x}=\dfrac{1}{2}\begin{pmatrix}3\\-1\\0\end{pmatrix}+k\begin{pmatrix}1\\0\\1\end{pmatrix}$.

2. (1) 由已知得

$$\boldsymbol{Q}^{-1}\boldsymbol{AQ}=\boldsymbol{Q}^{\mathrm{T}}\boldsymbol{AQ}=\begin{pmatrix}1&&\\&1&\\&&0\end{pmatrix},$$

并且可求得

$$\boldsymbol{Q}=\begin{pmatrix}\frac{\sqrt{2}}{2}&0&\frac{\sqrt{2}}{2}\\0&1&0\\-\frac{\sqrt{2}}{2}&0&\frac{\sqrt{2}}{2}\end{pmatrix},$$

所以

$$\boldsymbol{A}=\boldsymbol{Q}\begin{pmatrix}1&&\\&1&\\&&0\end{pmatrix}\boldsymbol{Q}^{\mathrm{T}}=\frac{1}{2}\begin{pmatrix}1&0&-1\\0&2&0\\-1&0&1\end{pmatrix}.$$

(2) 因为 $\boldsymbol{A}$ 的特征值为 1,1,0，所以 $\boldsymbol{A}+\boldsymbol{E}$ 的特征值为 2,2,1. 又 $\boldsymbol{A}+\boldsymbol{E}$ 为实对称矩阵，故 $\boldsymbol{A}+\boldsymbol{E}$ 是正定矩阵.

或分别计算 $\boldsymbol{A}+\boldsymbol{E}$ 的顺序主子式：$\Delta_1=\dfrac{3}{2}>0,\Delta_2=3>0,\Delta_3=4>0$，故 $\boldsymbol{A}+\boldsymbol{E}$ 正定.

3. $a=-1$； $\boldsymbol{Q}=\begin{pmatrix}\frac{1}{\sqrt{6}} & \frac{1}{\sqrt{3}} & -\frac{1}{\sqrt{2}}\\ \frac{2}{\sqrt{6}} & -\frac{1}{\sqrt{3}} & 0\\ \frac{1}{\sqrt{6}} & \frac{1}{\sqrt{3}} & \frac{1}{\sqrt{2}}\end{pmatrix}$.

4. (1) 可由行列式 $|\boldsymbol{\beta}_1,\boldsymbol{\beta}_2,\boldsymbol{\beta}_3|=\begin{vmatrix}1 & 1 & 3\\ 1 & 2 & 4\\ 1 & 3 & a\end{vmatrix}=a-5=0$,得 $a=5$.

(2) $\boldsymbol{\beta}_1=2\boldsymbol{\alpha}_1+4\boldsymbol{\alpha}_2-\boldsymbol{\alpha}_3,\boldsymbol{\beta}_2=\boldsymbol{\alpha}_1+2\boldsymbol{\alpha}_2,\boldsymbol{\beta}_3=5\boldsymbol{\alpha}_1+10\boldsymbol{\alpha}_2-2\boldsymbol{\alpha}_3$.

5. (1) $\boldsymbol{A}$ 的所有特征值为 $-1,1,0$,与之对应的特征向量分别为

$$\begin{pmatrix}1\\0\\-1\end{pmatrix},\quad\begin{pmatrix}1\\0\\1\end{pmatrix},\quad\begin{pmatrix}0\\1\\0\end{pmatrix}.$$

(2) $\boldsymbol{A}=\begin{pmatrix}0 & 0 & 1\\ 0 & 0 & 0\\ 1 & 0 & 0\end{pmatrix}$.

6. (1) $|\boldsymbol{A}|=\begin{vmatrix}1 & a & 0 & 0\\ 0 & 1 & a & 0\\ 0 & 0 & 1 & a\\ a & 0 & 0 & 1\end{vmatrix}=\begin{vmatrix}1 & a & 0\\ 0 & 1 & a\\ 0 & 0 & 1\end{vmatrix}-a\begin{vmatrix}a & 0 & 0\\ 1 & a & 0\\ 0 & 1 & a\end{vmatrix}=1-a^4$.

(2) $a=-1$ 时,方程组 $\boldsymbol{Ax}=\boldsymbol{\beta}$ 有无穷多组解,其通解为

$$\boldsymbol{x}=\begin{pmatrix}0\\-1\\0\\0\end{pmatrix}+k\begin{pmatrix}1\\1\\1\\1\end{pmatrix}\quad(k\text{ 为任意常数}).$$

7. (1) 因为 $2=\mathrm{R}(\boldsymbol{A}^{\mathrm{T}}\boldsymbol{A})=\mathrm{R}(\boldsymbol{A})$,所以可对 $\boldsymbol{A}$ 施行初等行变换:

$$\boldsymbol{A}=\begin{pmatrix}1 & 0 & 1\\ 0 & 1 & 1\\ -1 & 0 & a\end{pmatrix}\xrightarrow{\text{初等行变换}}\begin{pmatrix}1 & 0 & 1\\ 0 & 1 & 1\\ 0 & 0 & a+1\end{pmatrix},$$

得 $a=-1$.

(2) $\boldsymbol{Q}=\begin{pmatrix}\frac{1}{\sqrt{2}} & \frac{1}{\sqrt{6}} & \frac{1}{\sqrt{3}}\\ -\frac{1}{\sqrt{2}} & \frac{1}{\sqrt{6}} & \frac{1}{\sqrt{3}}\\ 0 & \frac{2}{\sqrt{6}} & -\frac{1}{\sqrt{3}}\end{pmatrix}$.

8. 当 $a=-1,b=0$ 时,存在满足条件的矩阵 $\boldsymbol{C}$,且

$$\boldsymbol{C}=\begin{pmatrix}1+k_1+k_2 & -k_1\\ k_1 & k_2\end{pmatrix},$$

其中 k_1,k_2 为任意常数.

9. (1) 记列向量 $\boldsymbol{x}=\begin{pmatrix}x_1\\x_2\\x_3\end{pmatrix}$,则

$$a_1x_1+a_2x_2+a_3x_3=(x_1,x_2,x_3)\begin{pmatrix}a_1\\a_2\\a_3\end{pmatrix}=(a_1,a_2,a_3)\begin{pmatrix}x_1\\x_2\\x_3\end{pmatrix}.$$

类似地,$b_1x_1+b_2x_2+b_3x_3$ 也有对应的表达式. 于是

$$\begin{aligned}f(x_1,x_2,x_3)&=2(a_1x_1+a_2x_2+a_3x_3)^2+(b_1x_1+b_2x_2+b_3x_3)^2\\&=2(x_1,x_2,x_3)\begin{pmatrix}a_1\\a_2\\a_3\end{pmatrix}(a_1,a_2,a_3)\begin{pmatrix}x_1\\x_2\\x_3\end{pmatrix}+(x_1,x_2,x_3)\begin{pmatrix}b_1\\b_2\\b_3\end{pmatrix}(b_1,b_2,b_3)\begin{pmatrix}x_1\\x_2\\x_3\end{pmatrix}\\&=2\boldsymbol{x}^{\mathrm{T}}\boldsymbol{\alpha}\boldsymbol{\alpha}^{\mathrm{T}}\boldsymbol{x}+\boldsymbol{x}^{\mathrm{T}}\boldsymbol{\beta}\boldsymbol{\beta}^{\mathrm{T}}\boldsymbol{x}=\boldsymbol{x}^{\mathrm{T}}(2\boldsymbol{\alpha}\boldsymbol{\alpha}^{\mathrm{T}}+\boldsymbol{\beta}\boldsymbol{\beta}^{\mathrm{T}})\boldsymbol{x}.\end{aligned}$$

又 $(2\boldsymbol{\alpha}\boldsymbol{\alpha}^{\mathrm{T}}+\boldsymbol{\beta}\boldsymbol{\beta}^{\mathrm{T}})^{\mathrm{T}}=2\boldsymbol{\alpha}\boldsymbol{\alpha}^{\mathrm{T}}+\boldsymbol{\beta}\boldsymbol{\beta}^{\mathrm{T}}$,即 $2\boldsymbol{\alpha}\boldsymbol{\alpha}^{\mathrm{T}}+\boldsymbol{\beta}\boldsymbol{\beta}^{\mathrm{T}}$ 是对称矩阵,故二次型 f 对应的矩阵为 $2\boldsymbol{\alpha}\boldsymbol{\alpha}^{\mathrm{T}}+\boldsymbol{\beta}\boldsymbol{\beta}^{\mathrm{T}}$.

(2) 记矩阵 $\boldsymbol{A}=2\boldsymbol{\alpha}\boldsymbol{\alpha}^{\mathrm{T}}+\boldsymbol{\beta}\boldsymbol{\beta}^{\mathrm{T}}$. 由于 $\boldsymbol{\alpha},\boldsymbol{\beta}$ 是相互正交的单位向量,即

$$\boldsymbol{\alpha}^{\mathrm{T}}\boldsymbol{\alpha}=\boldsymbol{\beta}^{\mathrm{T}}\boldsymbol{\beta}=1,\quad \boldsymbol{\alpha}^{\mathrm{T}}\boldsymbol{\beta}=0,$$

因此

$$\boldsymbol{A}\boldsymbol{\alpha}=(2\boldsymbol{\alpha}\boldsymbol{\alpha}^{\mathrm{T}}+\boldsymbol{\beta}\boldsymbol{\beta}^{\mathrm{T}})\boldsymbol{\alpha}=2\boldsymbol{\alpha},$$
$$\boldsymbol{A}\boldsymbol{\beta}=(2\boldsymbol{\alpha}\boldsymbol{\alpha}^{\mathrm{T}}+\boldsymbol{\beta}\boldsymbol{\beta}^{\mathrm{T}})\boldsymbol{\beta}=\boldsymbol{\beta}.$$

故 $\lambda_1=2,\lambda_2=1$ 是矩阵 $\boldsymbol{A}$ 的特征值.

又 $\mathrm{R}(\boldsymbol{A})=\mathrm{R}(2\boldsymbol{\alpha}\boldsymbol{\alpha}^{\mathrm{T}}+\boldsymbol{\beta}\boldsymbol{\beta}^{\mathrm{T}})\leqslant\mathrm{R}(2\boldsymbol{\alpha}\boldsymbol{\alpha}^{\mathrm{T}})+\mathrm{R}(\boldsymbol{\beta}\boldsymbol{\beta}^{\mathrm{T}})\leqslant 2$,即 $\boldsymbol{A}$ 不是满秩矩阵,所以 $\lambda_3=0$ 也是矩阵 $\boldsymbol{A}$ 的特征值. 故二次型 f 在正交变换下的标准形为 $f=2y_1^2+y_2^2$.

10. (1) 方程组 $\boldsymbol{A}\boldsymbol{x}=\boldsymbol{0}$ 的一个基础解系为 $\boldsymbol{\alpha}=\begin{pmatrix}-1\\2\\3\\1\end{pmatrix}$.

(2) $\boldsymbol{B}=\begin{pmatrix}2&6&-1\\-1&-3&1\\-1&-4&1\\0&0&0\end{pmatrix}+\boldsymbol{\alpha}(k_1,k_2,k_3)$,其中 k_1,k_2,k_3 为任意常数.

11. 设矩阵 $\boldsymbol{A}=\begin{pmatrix}1&1&\cdots&1\\1&1&\cdots&1\\\vdots&\vdots&&\vdots\\1&1&\cdots&1\end{pmatrix}$,$\boldsymbol{B}=\begin{pmatrix}0&0&\cdots&0&1\\0&0&\cdots&0&2\\\vdots&\vdots&&\vdots&\vdots\\0&0&\cdots&0&n\end{pmatrix}$. 因为

$$|\boldsymbol{A}-\lambda\boldsymbol{E}|=\begin{vmatrix}1-\lambda&1&\cdots&1\\1&1-\lambda&\cdots&1\\\vdots&\vdots&&\vdots\\1&1&\cdots&1-\lambda\end{vmatrix}=(n-\lambda)\lambda^{n-1},$$

$$|\boldsymbol{B}-\lambda\boldsymbol{E}|=\begin{vmatrix}-\lambda&0&\cdots&0&1\\0&-\lambda&\cdots&0&2\\\vdots&\vdots&&\vdots&\vdots\\0&0&\cdots&0&n-\lambda\end{vmatrix}=(n-\lambda)\lambda^{n-1},$$

所以 $\boldsymbol{A}$ 与 $\boldsymbol{B}$ 有相同的特征值 $\lambda_1=n,\lambda_2=0(n-1$ 重).

由于 $\boldsymbol{A}$ 为实对称矩阵,因此 $\boldsymbol{A}$ 相似于对角矩阵 $\boldsymbol{\Lambda}=\begin{pmatrix} n & & & \\ & 0 & & \\ & & \ddots & \\ & & & 0 \end{pmatrix}$.

因为 $\mathrm{R}(\boldsymbol{B}-\lambda_2\boldsymbol{E})=\mathrm{R}(\boldsymbol{B})=1$,所以 $\boldsymbol{B}$ 对应于特征值 $\lambda_2=0$ 有 $n-1$ 个线性无关的特征向量. 于是,$\boldsymbol{B}$ 也相似于 $\boldsymbol{\Lambda}$,故 $\boldsymbol{A}$ 与 $\boldsymbol{B}$ 相似.

12. (1) 由于

$$(\boldsymbol{\beta}_1,\boldsymbol{\beta}_2,\boldsymbol{\beta}_3)=(2\boldsymbol{\alpha}_1+2k\boldsymbol{\alpha}_3,2\boldsymbol{\alpha}_2,\boldsymbol{\alpha}_1+(k+1)\boldsymbol{\alpha}_3)=(\boldsymbol{\alpha}_1,\boldsymbol{\alpha}_2,\boldsymbol{\alpha}_3)\boldsymbol{P},$$

其中 $\boldsymbol{P}=\begin{pmatrix} 2 & 0 & 1 \\ 0 & 2 & 0 \\ 2k & 0 & k+1 \end{pmatrix}$,且 $|\boldsymbol{P}|=4\neq 0$,因此 $\boldsymbol{\beta}_1,\boldsymbol{\beta}_2,\boldsymbol{\beta}_3$ 是 $\mathbf{R}^3$ 的一个基.

(2) 设 $\boldsymbol{\xi}$ 在基 $\boldsymbol{\alpha}_1,\boldsymbol{\alpha}_2,\boldsymbol{\alpha}_3$ 与基 $\boldsymbol{\beta}_1,\boldsymbol{\beta}_2,\boldsymbol{\beta}_3$ 下的坐标同为 $\boldsymbol{x}$,则

$$\boldsymbol{\xi}=(\boldsymbol{\alpha}_1,\boldsymbol{\alpha}_2,\boldsymbol{\alpha}_3)\boldsymbol{x}=(\boldsymbol{\beta}_1,\boldsymbol{\beta}_2,\boldsymbol{\beta}_3)\boldsymbol{x}=(\boldsymbol{\alpha}_1,\boldsymbol{\alpha}_2,\boldsymbol{\alpha}_3)\boldsymbol{P}\boldsymbol{x},$$

即 $(\boldsymbol{P}-\boldsymbol{E})\boldsymbol{x}=\boldsymbol{0}$.

对 $\boldsymbol{P}-\boldsymbol{E}$ 施行初等行变换:

$$\boldsymbol{P}-\boldsymbol{E}=\begin{pmatrix} 1 & 0 & 1 \\ 0 & 1 & 0 \\ 2k & 0 & k \end{pmatrix}\xrightarrow{\text{初等行变换}}\begin{pmatrix} 1 & 0 & 1 \\ 0 & 1 & 0 \\ 0 & 0 & -k \end{pmatrix},$$

所以当 $k=0$ 时,方程组 $(\boldsymbol{P}-\boldsymbol{E})\boldsymbol{x}=\boldsymbol{0}$ 有非零解,且所有非零解为

$$\boldsymbol{x}=k\begin{pmatrix} 1 \\ 0 \\ -1 \end{pmatrix}\quad(k\text{ 为任意非零常数}).$$

故在两个基下坐标相同的所有非零向量为

$$\boldsymbol{\xi}=(\boldsymbol{\alpha}_1,\boldsymbol{\alpha}_2,\boldsymbol{\alpha}_3)\begin{pmatrix} k \\ 0 \\ -k \end{pmatrix}=k(\boldsymbol{\alpha}_1-\boldsymbol{\alpha}_3).$$

13. (1) 由于矩阵 $\boldsymbol{A}$ 与 $\boldsymbol{B}$ 相似,因此 $\operatorname{tr}\boldsymbol{A}=\operatorname{tr}\boldsymbol{B}$, $|\boldsymbol{A}|=|\boldsymbol{B}|$. 于是有方程组 $\begin{cases} 3+a=2+b, \\ 2a-3=b, \end{cases}$ 解得 $a=4,b=5$.

(2) $\boldsymbol{P}=\begin{pmatrix} 2 & -3 & -1 \\ 1 & 0 & -1 \\ 0 & 1 & 1 \end{pmatrix}$,且 $\boldsymbol{P}^{-1}\boldsymbol{A}\boldsymbol{P}=\begin{pmatrix} 1 & 0 & 0 \\ 0 & 1 & 0 \\ 0 & 0 & 5 \end{pmatrix}$.

14. (1) 由 $\boldsymbol{A}^3=\boldsymbol{O}$,得 $|\boldsymbol{A}|=\begin{vmatrix} a & 1 & 0 \\ 1 & a & -1 \\ 0 & 1 & a \end{vmatrix}=a^3=0$,于是 $a=0$.

(2) 由于 $\boldsymbol{X}-\boldsymbol{X}\boldsymbol{A}^2-\boldsymbol{A}\boldsymbol{X}+\boldsymbol{A}\boldsymbol{X}\boldsymbol{A}^2=\boldsymbol{E}$,因此

$$(\boldsymbol{E}-\boldsymbol{A})\boldsymbol{X}(\boldsymbol{E}-\boldsymbol{A}^2)=\boldsymbol{E}.$$

由(1)知

$$E-A=\begin{pmatrix}1&-1&0\\-1&1&1\\0&-1&1\end{pmatrix},\quad E-A^2=\begin{pmatrix}0&0&1\\0&1&0\\-1&0&2\end{pmatrix},$$

所以 $E-A$ 与 $E-A^2$ 均可逆,且

$$X=(E-A)^{-1}(E-A^2)^{-1}=\begin{pmatrix}3&1&-2\\1&1&-1\\2&1&-1\end{pmatrix}.$$

15. $a=-2$ 时,无解.

$a=1$ 时,有无穷多组解 $X=\begin{pmatrix}3&3\\-k_1-1&-k_2-1\\k_1&k_2\end{pmatrix}$.

$a\neq-2$ 且 $a\neq1$ 时,有唯一解 $X=\begin{pmatrix}1&\frac{3a}{a+2}\\0&\frac{a-4}{a+2}\\-1&0\end{pmatrix}$.

16. (1) $\begin{pmatrix}-2+2^{99}&1-2^{99}&2-2^{98}\\-2+2^{100}&1-2^{100}&2-2^{99}\\0&0&0\end{pmatrix}$;

(2) $\boldsymbol{\beta}_1=(-2+2^{99})\boldsymbol{\alpha}_1+(-2+2^{100})\boldsymbol{\alpha}_2$,

$\boldsymbol{\beta}_2=(1-2^{99})\boldsymbol{\alpha}_1+(1-2^{100})\boldsymbol{\alpha}_2$,

$\boldsymbol{\beta}_3=(2-2^{98})\boldsymbol{\alpha}_1+(2-2^{99})\boldsymbol{\alpha}_2$.

17. (1) $a=0$;

(2) $\boldsymbol{x}=k\begin{pmatrix}0\\-1\\1\end{pmatrix}+\begin{pmatrix}1\\-2\\0\end{pmatrix}$ (k 为任意常数).

18. (1) 由 $\boldsymbol{\alpha}_3=\boldsymbol{\alpha}_1+2\boldsymbol{\alpha}_2$ 知 $\boldsymbol{\alpha}_1,\boldsymbol{\alpha}_2,\boldsymbol{\alpha}_3$ 线性相关,故 $|A|=0$,则 $\lambda=0$ 是 A 的特征值. 又 A 有三个不同的特征值,设为 $\lambda_1,\lambda_2,0$,则 A 可对角化为 $\begin{pmatrix}\lambda_1&&\\&\lambda_2&\\&&0\end{pmatrix}$,故 A 的秩为 2.

(2) $\begin{pmatrix}1\\1\\1\end{pmatrix}+k\begin{pmatrix}1\\2\\-1\end{pmatrix}$ (k 为任意常数).

19. $a=2$; $Q=\begin{pmatrix}\frac{1}{\sqrt{2}}&\frac{1}{\sqrt{3}}&\frac{1}{\sqrt{6}}\\0&-\frac{1}{\sqrt{3}}&\frac{2}{\sqrt{6}}\\-\frac{1}{\sqrt{2}}&\frac{1}{\sqrt{3}}&\frac{1}{\sqrt{6}}\end{pmatrix}$.

20. (1) 由 $f(x_1,x_2,x_3)=0$ 得方程组

$$\begin{cases}x_1-x_2+\ x_3=0,\\ \qquad x_2+\ x_3=0,\\ x_1\qquad +ax_3=0,\end{cases}$$

系数矩阵

$$\boldsymbol{A}=\begin{pmatrix}1&-1&1\\0&1&1\\1&0&a\end{pmatrix}\xrightarrow{\text{初等行变换}}\begin{pmatrix}1&0&2\\0&1&1\\0&0&a-2\end{pmatrix}.$$

于是,当 $a\neq 2$ 时,$\mathrm{R}(\boldsymbol{A})=3$,方程组有唯一零解 $x_1=x_2=x_3=0$;当 $a=2$ 时,$\mathrm{R}(\boldsymbol{A})=2$,方程组有无穷多组解 $\boldsymbol{x}=k\begin{pmatrix}-2\\-1\\1\end{pmatrix}$,其中 k 为任意常数.

(2) 当 $a\neq 2$ 时,其规范形为 $f=y_1^2+y_2^2+y_3^2$;当 $a=2$ 时,其规范形为 $f=z_1^2+z_2^2$.

21. (1) 因 $\boldsymbol{A}$ 与 $\boldsymbol{B}$ 等价,则 $\mathrm{R}(\boldsymbol{A})=\mathrm{R}(\boldsymbol{B})$. 又

$$\boldsymbol{A}=\begin{pmatrix}1&2&a\\1&3&0\\2&7&-a\end{pmatrix}\xrightarrow{\text{初等行变换}}\begin{pmatrix}1&2&a\\0&1&-a\\0&0&0\end{pmatrix},$$

$$\boldsymbol{B}=\begin{pmatrix}1&a&2\\0&1&1\\-1&1&1\end{pmatrix}\xrightarrow{\text{初等行变换}}\begin{pmatrix}1&a&2\\0&1&1\\0&0&2-a\end{pmatrix},$$

得 $a=2$.

(2) 原问题等价于解矩阵方程 $\boldsymbol{Ax}=\boldsymbol{B}$. 由

$$(\boldsymbol{A}\mid\boldsymbol{B})=\left(\begin{array}{ccc:ccc}1&2&2&1&2&2\\1&3&0&0&1&1\\2&7&-2&-1&1&1\end{array}\right)\xrightarrow{\text{初等行变换}}\left(\begin{array}{ccc:ccc}1&0&6&3&4&4\\0&1&-2&-1&-1&-1\\0&0&0&0&0&0\end{array}\right),$$

得

$$\boldsymbol{P}=\begin{pmatrix}-6k_1+3&-6k_2+4&-6k_3+4\\2k_1-1&2k_2-1&2k_3-1\\k_1&k_2&k_3\end{pmatrix}\quad(k_1,k_2,k_3\text{ 为任意常数}).$$

对 $\boldsymbol{P}$ 施行初等行变换:

$$\boldsymbol{P}\xrightarrow{\text{初等行变换}}\begin{pmatrix}1&1&1\\0&1&1\\0&0&k_3-k_2\end{pmatrix},$$

又 $\boldsymbol{P}$ 可逆,故 $|\boldsymbol{P}|\neq 0$,即 $k_2\neq k_3$.

22. (1) 设 $b\boldsymbol{\alpha}_1+c\boldsymbol{\alpha}_2+\boldsymbol{\alpha}_3=\boldsymbol{\beta}$,则

$$\begin{cases}b+c+1=1,\\2b+3c+a=1,\\b+2c+3=1,\end{cases}$$

解得 $a=3,b=2,c=-2$.

(2) 设过渡矩阵为 $\boldsymbol{P}$,从而 $(\boldsymbol{\alpha}_2,\boldsymbol{\alpha}_3,\boldsymbol{\beta})\boldsymbol{P}=(\boldsymbol{\alpha}_1,\boldsymbol{\alpha}_2,\boldsymbol{\alpha}_3)$,则

$$(\boldsymbol{\alpha}_2,\boldsymbol{\alpha}_3,\boldsymbol{\beta}\mid\boldsymbol{\alpha}_1,\boldsymbol{\alpha}_2,\boldsymbol{\alpha}_3)=\left(\begin{array}{ccc|ccc}1&1&1&1&1&1\\3&3&1&2&3&3\\2&3&1&1&2&3\end{array}\right)\xrightarrow{\text{初等行变换}}\left(\begin{array}{ccc|ccc}1&0&0&1&1&0\\0&1&0&-\frac{1}{2}&0&1\\0&0&1&\frac{1}{2}&0&0\end{array}\right).$$

由于 $R(\boldsymbol{\alpha}_2,\boldsymbol{\alpha}_3,\boldsymbol{\beta})=3$,因此 $\boldsymbol{\alpha}_2,\boldsymbol{\alpha}_3,\boldsymbol{\beta}$ 为 $\mathbf{R}^3$ 的一个基,且

$$\boldsymbol{P}=\begin{pmatrix}1&1&0\\-\frac{1}{2}&0&1\\\frac{1}{2}&0&0\end{pmatrix}.$$

23. (1) 由于矩阵 $\boldsymbol{A}$ 与 $\boldsymbol{B}$ 相似,因此 $\operatorname{tr}\boldsymbol{A}=\operatorname{tr}\boldsymbol{B}$ 且 $|\boldsymbol{A}|=|\boldsymbol{B}|$. 于是得方程组 $\begin{cases}2x+y=4,\\x-y=5,\end{cases}$ 解得 $x=3,y=-2$.

(2) 由 $|\boldsymbol{A}-\lambda\boldsymbol{E}|=|\boldsymbol{B}-\lambda\boldsymbol{E}|=0$,得 $\boldsymbol{A},\boldsymbol{B}$ 的特征值为 $\lambda_1=2,\lambda_2=-1,\lambda_3=-2$.

当 $\lambda_1=2$ 时,由 $(\boldsymbol{A}-2\boldsymbol{E})\boldsymbol{x}=\boldsymbol{0}$,$(\boldsymbol{B}-2\boldsymbol{E})\boldsymbol{x}=\boldsymbol{0}$ 可得 $\boldsymbol{A},\boldsymbol{B}$ 的属于特征值 $\lambda_1=2$ 的线性无关的特征向量分别为 $\boldsymbol{\alpha}_1=(-1,2,0)^{\mathrm{T}}$,$\boldsymbol{\beta}_1=(1,0,0)^{\mathrm{T}}$.

当 $\lambda_2=-1$ 时,由 $(\boldsymbol{A}+\boldsymbol{E})\boldsymbol{x}=\boldsymbol{0}$,$(\boldsymbol{B}+\boldsymbol{E})\boldsymbol{x}=\boldsymbol{0}$ 可得 $\boldsymbol{A},\boldsymbol{B}$ 的属于特征值 $\lambda_2=-1$ 的线性无关的特征向量分别为 $\boldsymbol{\alpha}_2=(-2,1,0)^{\mathrm{T}}$,$\boldsymbol{\beta}_2=(-1,3,0)^{\mathrm{T}}$.

当 $\lambda_3=-2$ 时,由 $(\boldsymbol{A}+2\boldsymbol{E})\boldsymbol{x}=\boldsymbol{0}$,$(\boldsymbol{B}+2\boldsymbol{E})\boldsymbol{x}=\boldsymbol{0}$ 可得 $\boldsymbol{A},\boldsymbol{B}$ 的属于特征值 $\lambda_3=-2$ 的线性无关的特征向量分别为 $\boldsymbol{\alpha}_3=(-1,2,4)^{\mathrm{T}}$,$\boldsymbol{\beta}_3=(0,0,1)^{\mathrm{T}}$.

令可逆矩阵 $\boldsymbol{P}_1=(\boldsymbol{\alpha}_1,\boldsymbol{\alpha}_2,\boldsymbol{\alpha}_3)$,$\boldsymbol{P}_2=(\boldsymbol{\beta}_1,\boldsymbol{\beta}_2,\boldsymbol{\beta}_3)$,则

$$\boldsymbol{P}_1^{-1}\boldsymbol{A}\boldsymbol{P}_1=\boldsymbol{P}_2^{-1}\boldsymbol{B}\boldsymbol{P}_2=\begin{pmatrix}2&&\\&-1&\\&&-2\end{pmatrix},$$

从而有

$$\boldsymbol{P}_2\boldsymbol{P}_1^{-1}\boldsymbol{A}\boldsymbol{P}_1\boldsymbol{P}_2^{-1}=\boldsymbol{B}.$$

故令可逆矩阵 $\boldsymbol{P}=\boldsymbol{P}_1\boldsymbol{P}_2^{-1}=\begin{pmatrix}-1&-1&-1\\2&1&2\\0&0&4\end{pmatrix}$,使得 $\boldsymbol{P}^{-1}\boldsymbol{A}\boldsymbol{P}=\boldsymbol{B}$.

24. 令矩阵 $\boldsymbol{A}=(\boldsymbol{\alpha}_1,\boldsymbol{\alpha}_2,\boldsymbol{\alpha}_3)$,$\boldsymbol{B}=(\boldsymbol{\beta}_1,\boldsymbol{\beta}_2,\boldsymbol{\beta}_3)$,则

$$(\boldsymbol{A},\boldsymbol{B})=\begin{pmatrix}1&1&1&1&0&1\\1&0&2&1&2&3\\4&4&a^2+3&a+3&1-a&a^2+3\end{pmatrix}$$

$$\xrightarrow{\text{初等行变换}}\begin{pmatrix}1&1&1&1&0&1\\0&-1&1&0&2&2\\0&0&a^2-1&a-1&1-a&a^2-1\end{pmatrix}.$$

当 $a=1$ 时,$R(\boldsymbol{A})=R(\boldsymbol{B})=R(\boldsymbol{A},\boldsymbol{B})=2$.

当 $a=-1$ 时,$R(\boldsymbol{A})=R(\boldsymbol{B})=2$,但 $R(\boldsymbol{A},\boldsymbol{B})=3$.

当 $a\neq\pm1$ 时,$R(\boldsymbol{A})=R(\boldsymbol{B})=R(\boldsymbol{A},\boldsymbol{B})=3$.

综上,当向量组(Ⅰ)和向量组(Ⅱ)等价时,$a\neq-1$.

当 $a=1$ 时，

$$(\boldsymbol{\alpha}_1,\boldsymbol{\alpha}_2,\boldsymbol{\alpha}_3,\boldsymbol{\beta}_3)=\begin{pmatrix}1&1&1&1\\1&0&2&3\\4&4&4&4\end{pmatrix}\xrightarrow{\text{初等行变换}}\begin{pmatrix}1&0&2&3\\0&1&-1&-2\\0&0&0&0\end{pmatrix},$$

故 $\boldsymbol{\beta}_3=(3-2k)\boldsymbol{\alpha}_1+(-2+k)\boldsymbol{\alpha}_2+k\boldsymbol{\alpha}_3$($k$ 为任意常数).

当 $a\neq\pm1$ 时，

$$(\boldsymbol{\alpha}_1,\boldsymbol{\alpha}_2,\boldsymbol{\alpha}_3,\boldsymbol{\beta}_3)=\begin{pmatrix}1&1&1&1\\1&0&2&3\\4&4&a^2+3&a^2+3\end{pmatrix}\xrightarrow{\text{初等行变换}}\begin{pmatrix}1&0&0&1\\0&1&0&-1\\0&0&1&1\end{pmatrix},$$

故 $\boldsymbol{\beta}_3=\boldsymbol{\alpha}_1-\boldsymbol{\alpha}_2+\boldsymbol{\alpha}_3$.

25. (1) 设 $f=\boldsymbol{x}^{\mathrm{T}}\boldsymbol{A}\boldsymbol{x}$,其中 $\boldsymbol{A}=\begin{pmatrix}1&-2\\-2&4\end{pmatrix}$,经正交变换 $\boldsymbol{x}=\boldsymbol{Q}\boldsymbol{y}$ 化为 g,则

$$f=\boldsymbol{y}^{\mathrm{T}}\boldsymbol{Q}^{\mathrm{T}}\boldsymbol{A}\boldsymbol{Q}\boldsymbol{y}=\boldsymbol{y}^{\mathrm{T}}\boldsymbol{B}\boldsymbol{y}=g,$$

其中 $\boldsymbol{B}=\begin{pmatrix}a&2\\2&b\end{pmatrix}$,可知 $\boldsymbol{Q}^{\mathrm{T}}\boldsymbol{A}\boldsymbol{Q}=\boldsymbol{Q}^{-1}\boldsymbol{A}\boldsymbol{Q}=\boldsymbol{B}$,即 $\boldsymbol{A}$ 相似于 $\boldsymbol{B}$. 于是 $\operatorname{tr}\boldsymbol{A}=\operatorname{tr}\boldsymbol{B}$, $|\boldsymbol{A}|=|\boldsymbol{B}|$,即 $\begin{cases}1+4=a+b,\\ab=4,\end{cases}$ 解得 $a=4,b=1$.

(2) 设正交矩阵 $\boldsymbol{P}_1,\boldsymbol{P}_2$ 分别使得 $\boldsymbol{P}_1^{-1}\boldsymbol{A}\boldsymbol{P}_1=\boldsymbol{\Lambda},\boldsymbol{P}_2^{-1}\boldsymbol{B}\boldsymbol{P}_2=\boldsymbol{\Lambda}$,则 $(\boldsymbol{P}_1\boldsymbol{P}_2^{-1})^{-1}\boldsymbol{A}(\boldsymbol{P}_1\boldsymbol{P}_2^{-1})=\boldsymbol{B}$,故

$$\boldsymbol{Q}=\boldsymbol{P}_1\boldsymbol{P}_2^{-1}.$$

由 $|\boldsymbol{A}-\lambda\boldsymbol{E}|=\begin{vmatrix}1-\lambda&-2\\-2&4-\lambda\end{vmatrix}=0$,得基础解系 $\boldsymbol{\xi}_1=(2,1)^{\mathrm{T}},\boldsymbol{\xi}_2=(1,-2)^{\mathrm{T}}$,即 $\boldsymbol{P}_1=\begin{pmatrix}2&1\\1&-2\end{pmatrix}$.

由 $|\boldsymbol{B}-\lambda\boldsymbol{E}|=\begin{vmatrix}4-\lambda&2\\2&1-\lambda\end{vmatrix}=0$,得基础解系 $\boldsymbol{\eta}_1=(1,-2)^{\mathrm{T}},\boldsymbol{\eta}_2=(2,1)^{\mathrm{T}}$,即 $\boldsymbol{P}_2=\begin{pmatrix}1&2\\-2&1\end{pmatrix}$.

故 $\boldsymbol{Q}=\boldsymbol{P}_1\boldsymbol{P}_2^{-1}=\begin{pmatrix}\frac{4}{5}&-\frac{3}{5}\\-\frac{3}{5}&-\frac{4}{5}\end{pmatrix}$.

26. (1) $\boldsymbol{\alpha}$ 是非零向量且不是 $\boldsymbol{A}$ 的特征向量,则 $\boldsymbol{A}\boldsymbol{\alpha}\neq k\boldsymbol{\alpha}$($k$ 为常数),即 $\boldsymbol{A}\boldsymbol{\alpha},\boldsymbol{\alpha}$ 线性无关. 故 $\mathrm{R}(\boldsymbol{P})=2$,矩阵 $\boldsymbol{P}$ 可逆.

(2) 设 $\boldsymbol{P}^{-1}\boldsymbol{A}\boldsymbol{P}=\boldsymbol{B}$,则 $\boldsymbol{A}\boldsymbol{P}=\boldsymbol{P}\boldsymbol{B}$,即

$$\boldsymbol{A}(\boldsymbol{\alpha},\boldsymbol{A}\boldsymbol{\alpha})=(\boldsymbol{A}\boldsymbol{\alpha},\boldsymbol{A}^2\boldsymbol{\alpha})=(\boldsymbol{A}\boldsymbol{\alpha},6\boldsymbol{\alpha}-\boldsymbol{A}\boldsymbol{\alpha})=(\boldsymbol{\alpha},\boldsymbol{A}\boldsymbol{\alpha})\begin{pmatrix}0&6\\1&-1\end{pmatrix}.$$

于是 $\boldsymbol{P}^{-1}\boldsymbol{A}\boldsymbol{P}=\boldsymbol{B}=\begin{pmatrix}0&6\\1&-1\end{pmatrix}$,即 $\boldsymbol{A}$ 相似于 $\boldsymbol{B}$.

由 $|\boldsymbol{B}-\lambda\boldsymbol{E}|=\begin{vmatrix}-\lambda&6\\1&-1-\lambda\end{vmatrix}=0$,得 $\lambda_1=-3,\lambda_2=2$. 因为 $\lambda_1\neq\lambda_2$,所以 $\boldsymbol{B}$ 可以相似对角化,则 $\boldsymbol{A}$ 也可以相似对角化.

27. (1) 令二次型 $f(x_1,x_2,x_3)$ 的矩阵为 $\boldsymbol{A}=\begin{pmatrix}1&a&a\\a&1&a\\a&a&1\end{pmatrix}$，二次型 $g(y_1,y_2,y_3)$ 的矩阵为 $\boldsymbol{B}=\begin{pmatrix}1&1&0\\1&1&0\\0&0&4\end{pmatrix}$. 显然，$\mathrm{R}(\boldsymbol{B})=2$，$f$ 经可逆的线性变换 $\boldsymbol{x}=\boldsymbol{P}\boldsymbol{y}$ 得到 g，则 $\mathrm{R}(\boldsymbol{A})=\mathrm{R}(\boldsymbol{B})=2$. 由于

$$|\boldsymbol{A}|=\begin{vmatrix}1&a&a\\a&1&a\\a&a&1\end{vmatrix}=(1+2a)(1-a)^2=0,$$

解得 $a=1$ 或 $a=-\dfrac{1}{2}$. 当 $a=1$ 时，得 $\mathrm{R}(\boldsymbol{A})=1$(舍去)，故 $a=-\dfrac{1}{2}$.

(2) 利用配方法将二次型 $f(x_1,x_2,x_3)$ 化为规范形. 显然，

$$f(x_1,x_2,x_3)=\left(x_1-\frac{1}{2}x_2-\frac{1}{2}x_3\right)^2+\frac{3}{4}(x_2-x_3)^2.$$

令 $\begin{cases}z_1=x_1-\dfrac{1}{2}x_2-\dfrac{1}{2}x_3,\\ z_2=\dfrac{\sqrt{3}}{2}(x_2-x_3),\\ z_3=x_3,\end{cases}$ 即令矩阵 $\boldsymbol{P}_1=\begin{pmatrix}1&-\dfrac{1}{2}&-\dfrac{1}{2}\\0&\dfrac{\sqrt{3}}{2}&-\dfrac{\sqrt{3}}{2}\\0&0&1\end{pmatrix}$，有 $\boldsymbol{z}=\boldsymbol{P}_1\boldsymbol{x}$，则规范形为

$$f(x_1,x_2,x_3)=z_1^2+z_2^2.$$

利用配方法将二次型 $g(y_1,y_2,y_3)$ 化为规范形. 显然，

$$g(y_1,y_2,y_3)=(y_1+y_2)^2+4y_3^2.$$

令 $\begin{cases}z_1=y_1+y_2,\\ z_2=2y_3,\\ z_3=y_2,\end{cases}$ 即令矩阵 $\boldsymbol{P}_2=\begin{pmatrix}1&1&0\\0&0&2\\0&1&0\end{pmatrix}$，有 $\boldsymbol{z}=\boldsymbol{P}_2\boldsymbol{y}$，则规范形为 $g(y_1,y_2,y_3)=z_1^2+z_2^2$. 故 $\boldsymbol{P}_1\boldsymbol{x}=\boldsymbol{P}_2\boldsymbol{y}$，即 $\boldsymbol{x}=\boldsymbol{P}_1^{-1}\boldsymbol{P}_2\boldsymbol{y}$，于是

$$\boldsymbol{P}=\boldsymbol{P}_1^{-1}\boldsymbol{P}_2=\begin{pmatrix}1&\dfrac{1}{\sqrt{3}}&1\\0&\dfrac{2}{\sqrt{3}}&1\\0&0&1\end{pmatrix}\begin{pmatrix}1&1&0\\0&0&2\\0&1&0\end{pmatrix}=\begin{pmatrix}1&2&\dfrac{2}{3}\sqrt{3}\\0&1&\dfrac{4}{3}\sqrt{3}\\0&1&0\end{pmatrix}.$$

参 考 文 献

[1] 北京大学数学系前代数小组. 高等代数. 5 版. 北京:高等教育出版社,2019.
[2] 居余马,李海中. 代数与几何. 2 版. 北京:高等教育出版社,2003.
[3] 同济大学数学系. 工程数学:线性代数. 6 版. 北京:高等教育出版社,2014.
[4] 陈治中. 线性代数. 2 版. 北京:科学出版社,2009.

图书在版编目(CIP)数据

线性代数/周勇，李继猛主编. —2 版. —北京：北京大学出版社，2022.1
ISBN 978-7-301-32724-1

Ⅰ. ①线…　Ⅱ. ①周… ②李…　Ⅲ. ①线性代数—高等学校—教材　Ⅳ. ①O151.2

中国版本图书馆 CIP 数据核字(2021)第 237073 号

书　　名　线性代数（第二版）
　　　　　XIANXING DAISHU (DI-ER BAN)
著作责任者　周　勇　李继猛　主编
责任编辑　刘　啸
标准书号　ISBN 978-7-301-32724-1
出版发行　北京大学出版社
地　　址　北京市海淀区成府路 205 号　100871
网　　址　http://www.pup.cn
电子邮箱　zpup@pup.cn
新浪微博　@北京大学出版社
电　　话　邮购部 010-62752015　发行部 010-62750672　编辑部 010-62754271
印 刷 者　湖南省众鑫印务有限公司
经 销 者　新华书店
　　　　　787 毫米×1092 毫米　16 开本　14 印张　323 千字
　　　　　2018 年 7 月第 1 版
　　　　　2022 年 1 月第 2 版　2024 年 12 月第 8 次印刷
定　　价　49.80 元
